Zeta电位
实用指南

许人良　编著

化学工业出版社
·北京·

内 容 简 介

随着纳米科学技术的发展，表征固液界面相互作用的 zeta 电位应用得越来越广泛，测定 zeta 电位的技术也逐渐呈现多样化。本书围绕 zeta 电位，介绍 zeta 电位基本概念、具体实验测量与计算、zeta 电位的影响因素，通过一些普遍应用的电动/动电现象测量的各类物理量来计算 zeta 电位的方法与公式，并通过一些具体的实例来阐述 zeta 电位在实际科研与生产中的应用。

本书可作为从事电化学及材料相关领域科研人员和技术人员的参考用书。

图书在版编目（CIP）数据

Zeta 电位实用指南/许人良编著. —北京：化学工业出版社，2023.8
ISBN 978-7-122-43637-5

Ⅰ.①Z…　Ⅱ.①许…　Ⅲ.①电化学-指南
Ⅳ.①O646-62

中国国家版本馆 CIP 数据核字（2023）第 104749 号

责任编辑：李晓红　　　　　　　　　　　文字编辑：任雅航
责任校对：李露洁　　　　　　　　　　　装帧设计：王晓宇

出版发行：化学工业出版社（北京市东城区青年湖南街 13 号　邮政编码 100011）
印　　装：北京盛通商印快线网络科技有限公司
710mm×1000mm　1/16　印张 14¼　字数 252 千字　2023 年 9 月北京第 1 版第 1 次印刷

购书咨询：010-64518888　　　　　　　　售后服务：010-64518899
网　　址：http://www.cip.com.cn
凡购买本书，如有缺损质量问题，本社销售中心负责调换。

定　　价：128.00 元　　　　　　　　　　　　　版权所有　违者必究

　　笔者自从进入科学仪器行业以后，30多年来一直在跟zeta电位打交道：从zeta电位的理论研究，测量仪器的设计与工程，各类样品的测量，到全球性的技术推广、产品支持以及用户指导；并于2008年在国际标准化组织的颗粒表征专业委员会中创建了"zeta电位测定"的工作小组，担任召集人至今。在与同行专家、仪器生产商以及zeta电位应用者的长期交往中，深深感觉到随着科技的发展与商业仪器的日益增多，这个两相交界面奇妙参数的应用越来越广泛，几乎涉及各行各业。

　　由于在高等教育中尚普遍缺乏有关的课程与教材，专业书籍与参考资料也是寥寥无几，很多仪器使用者甚至科研工作者对这一界面科学里起着重要作用的参数理解不多，概念模糊，应用错误，误区很多。因而亟须一本适合于科研工作人员与大专院校师生的，系统性地介绍zeta电位的实用参考书籍，能帮助读者全面地理解这个参数、正确地进行测量，以及对数据进行适当与合理的阐释。所以在2022年上半年完成了《颗粒表征的光学技术及应用》一书之后，笔者就开始着笔这本有关zeta电位的实用书籍，终于在半年多后完稿了。

　　如果本书能够给在工作中牵涉到zeta电位方方面面的广大科技工作者提供一些实用性的帮助，并且抛砖引玉，激起读者的兴趣，进一步从书中所引的文献中得到更多的知识，那就达到了撰写本书的小小愿望。

　　鉴于笔者学识有限，对于本书中牵涉到的很多理论及各类测量技术与实际应用的陈述介绍，定会存在疏漏与不足之处，全书的系统性与可读性也定有不当之处，敬请同行专家和广大读者批评指正和不吝赐教。

　　最后，感谢李兆军、韩鹏、刘伟、何希盛、孙俊平在本书资料收集过程中的帮助。

许人良

2023年4月

目录
CONTENTS

Zeta 电位是处于两相交界的滑移面处电动电位的科学术语。在文献中，它通常用希腊字母 ζ 表示。它的 SI 单位是伏特（V），但更常见的是用毫伏（mV）来表示。此两相中其中一相为液体介质（水相或非水相），另一相可分为几种情况：①颗粒状物体，可为固体、液体（液滴）、气体（气泡）或凝胶，其中的固体或凝胶颗粒可以是无孔或多孔的，表面也可附有其他物质；②颗粒沉淀物；③无孔或多孔宏观材料，例如滤膜。本书中的界面，如没有特指，则是液体与上述任一物质的交界处。滑移面是当液体相对于另一相有运动时将移动液体与仍然附着在表面上的液体分开的界面。此滑移面可处在各类不同颗粒物的外表面，也可以为多孔颗粒物的内表面，或者宏观的固体表面。液体-液体的交界为两类互不相溶液体的界面，通常为某一液滴分散在另一不互溶液体中，例如水中的油滴，这类体系称为乳（化）液。固体或凝胶颗粒分散在液体中称为悬浮液；气泡分散在液体中可称为（含）泡液，该名称尚未被普遍使用。另外，当高分子化合物或聚合物在液体中形成真溶液时，溶质与介质（溶剂）没有相的差别，但由于溶质的质量较大，在进行物理表征时，也用到与颗粒表征同样的方式。

简言之，zeta 电位是分散介质（体液相）与附着在界面上的固定流体层之间的电位差。Zeta 电位并不等于界面的电位，它是由滑移面边界区域内包含的净电荷引起的，它的值取决于该平面的位置。Zeta 电位通常是表征双电层性质的可行途径。

Zeta 电位是分析胶体分散体系稳定性的重要参数，也是液体中颗粒表面表征的特性参数。但它的值不是直接测量得到的，而是通过测量其他物理量，然后应用适当的理论模型而计算得到的。Zeta 电位的大小表示相邻的、带类似电荷的颗粒在悬浮液、乳化液或含泡液中的静电排斥程度。对于足够小的高分子化合物或聚合物和颗粒，高 zeta 电位将赋予颗粒分散的稳定性，而当 zeta 电位较低时，颗粒间吸引力可能超过排斥力，颗粒就可能发生絮凝、集聚、团聚，从而破坏分散体系的稳定性。

Zeta 电位也可用于很难使用常规方法准确测量的复杂聚合物 pK_a 的估计，帮助研究各种合成和天然聚合物在各种条件下的电离行为，并有助于建立聚合物的溶解度-pH 阈值[1]。

Zeta 电位在涉及电解质溶液的各种化学/物理/生物现象和工艺过程中发挥着关键作用，如电容器和电池中的能量储存[2,3]、胶体系统的稳定和控制其结构[4-6]、药物输送[7]。Zeta 电位是用于制备或破坏胶体分散和很多产品制造过程中的关键表征指标，广泛应用于工业和学术领域，以监测和调整胶体分散体系的行为[8]。Zeta 电位在包括吸附、生物医学技术[9]、黏土技术[10]、洗涤剂、陶瓷[11]、矿物和矿石浮选[12,13]、油井技术、化学机械研磨液[14]、生物细胞研究[15]、涂料[16]、造纸、制药、食品[17,18]、废物处理、分离膜[19-22]等很多领域内有越来越广泛的应用。

例如在废水处理过程中，最难去除的是胶体悬浮固体，它们很不容易通过沉淀和过滤去除。有效去除胶体的关键是使用凝结剂（如明矾、氯化铁和/或阳离子聚合物）降低其 zeta 电位，然后通过絮凝池中的轻微搅动导致胶体碰撞，形成微团并成长为大的絮凝颗粒，通过快速沉降或过滤去除[23]。在造纸过程中，监测"头盒"中颗粒的 zeta 电位是一个快速的质量控制手段。Zeta 电位的改变可导致一系列的问题，包括淀粉流失、转子沉淀、强度减低与树脂沉淀。适合的淀粉量、止流剂量与其它材料的添加量也可通过 zeta 电位来控制。通过调控 zeta 电位，可以提高细颗粒和纤维的保留率，从而减少废水处理设施产生的污泥量以及白水循环系统的负荷[24]。在矿石处理中，许多如铜、铅、锌和钨的原矿，都是通过首先研磨矿石，并将其与改变矿物表面疏水性的捕收剂混合并悬浮在水中，然后通入气泡浮选。该过程的效率取决于捕收剂和矿物之间的吸附程度，这是由颗粒的 zeta 电位控制的。类似的过程也被用在煤的浮选中[25]。用在油井生产中的钻井液，称为钻井泥浆。初始钻井作业需要高电荷悬浮液，使泥浆中的颗粒保持离散，使其渗透到钻孔的多孔壁中，堵塞土壤孔隙，形成一个薄的不透水滤饼，防止钻井液流失。在钻机附近，需要较低的颗粒表面电荷来形成絮凝悬浮液，以便油井的泵送区不会堵塞。涂料中的颜料必须充分分散，才能形成具有正确颜色的光滑表面。不正确的 zeta 电位会使颜料结块而导致涂料的光泽、纹理和颜色发生变化，因此，涂料中 zeta 电位的测量和控制对于确保产品的稳定性至关重要。药物悬浮液的物理性质根据产品的设计分为两类：一类是稳定分散的悬浮剂，通过提高颗粒的 zeta 电位，在相邻颗粒之间产生最大的排斥力来实现很长的保质期；另一类有时更有效的方法是配制弱絮凝悬浮液。悬浮颗粒通过范德华力形成轻而蓬松的团块，沉降后形成松散的沉积物，但不是滤饼，轻轻搅拌将很容易使颗粒再悬浮。这类弱絮凝要求颗粒的 zeta 电位几乎为零。

另外，各种微机电系统（MEMS）和微流体技术正在改变着应用科学和工程的许多方面，例如热交换器、泵、燃烧器、气体吸收器、溶剂提取器、燃料处理器以及生物医学和生物化学分析仪器中的芯片。这些 MEMS 和微流体装置涉及的微流体和纳米流体中的传输过程与现象，都与液固界面电动现象有关[26]。

随着 zeta 电位测量商业仪器生产厂家的增多与各类测试仪器在上述领域以及其他领域内的普及，zeta 电位的测量不仅被用于产品研发的理论设计、各个阶段的试验、最终产品的参数设定，而且在生产中也越来越多地被用于过程控制，以及中间产品或最终产物的质量控制[27-30]，zeta 电位的在线测量也有报道[31-33]。搜索关键词"zeta potential"，在 2011—2022 年间，共有超过 16 万篇论文，绝大部分是应用性论文，跨越几乎各行各业。

可是迄今为止，有关 zeta 电位的专业书籍极少，中文的更少。在全球超过 1 万个图书馆联网的"WorldCat"中搜索与"zeta potential"专题有关的各种语言、各类有关领域中的专业图书，不包括毕业论文、国际标准、会议论文集，1980—1999 年为 29 本，2000—2010 年为 15 本，2010 年以后为 12 本，其中只有一本是中文的[34]。以泛 zeta 电位为主题，而不限于某一领域的，则近几十年内出版的只有两本[35,36]。在各类有关领域的专业图书中涉及的 zeta 电位专业知识也不尽详细。在高等教育中，除了某些专业的研究生课程以及本科胶体化学专业课程内可能有涉及，本科物理化学教育中涉及的很少。由于这一现实，很多使用 zeta 电位进行研究或进行 zeta 电位测量的科研人员、质控人员或实验室技术人员，不是很清楚 zeta 电位究竟是什么，如何正确地进行样品制备与测量，如何正确地阐释测量结果，又如何将测量结果应用到所要解决的理论或实践问题中去；还有很多概念上的误解或错误的测量操作，例如希望知道干粉的 zeta 电位，在样品制备中用纯净水稀释样品，报告 zeta 电位结果不注明介质环境，等等。

本书希望通过系统地介绍 zeta 电位的定义、物理含义、计算方式、测量方法，以及一些典型的应用，给读者提供 zeta 电位的有关知识，起到普及教育的作用。本书尽可能提供最终能用于解释实验结果的公式。对于这些公式的理论基础以及数学推导与公式演变过程，一般加以省略，或者只提供大致的思路，但提供较详细的参考资料，以供有兴趣的读者进一步深究。本书尽可能全面地涵盖有关 zeta 电位与电动现象的最新发展，对尚未成熟或发展到可以运用到测量实际样品的理论与技术，只做简要概述，但列出相关文献。本书对 zeta 电位及相关技术的历史发展作简要陈述，对各类理论与技术，尽可能地列出最原始的文献以及有关的重要文献，所列五百多篇文献涵盖从 1800 年伏特（Volta）发明第一个稳定电流电源的论文至 2023 年的最新发表论文。书内并附上数位已故的、在此领域内有重要影响的科学家的简介，使读者对此领域有更广泛的了解。

Zeta 电位的描述必须从所谓的标准电动现象模型说起[37,38]。此模型体现了所有相关的界面电动学和流体动力学现象：电荷守恒，通过 Navier-Stokes 定律描述的流体动力学，Poisson 方程以及电场、离子扩散和传导的边界条件。此模型解析式的一般情况仅适用于具有薄的双电层和/或低表面电位的球形颗粒，对零电场频率的球形颗粒和高频率电场的球形颗粒可以有近似或渐近的解析解。其余很多不同颗粒体系涉及的不太有现实应用意义的数值计算公式，本书不做详细介绍。

本书分为 7 章。第 1 章为引言。第 2 章介绍界面的一般电状况、电荷的来源及其分布、双电层概念的历史发展以及常见的双电层平板与球状模型，这些模型是后续通过测量其他物理量并计算 zeta 电位的基础。第 3 章为界面的电动与动电现象及其测量，介绍当分散体与液体之间有相对运动时所产生的各类电动与动电现象及其测量方法。这些现象是测量某些物理量的实验基础，而 zeta 电位是通过测量这些物理量计算出来的。对某一特定技术介绍的详细程度与该技术的应用普遍性与成熟程度有关。对一些不常用或尚无商业仪器的技术，也进行了简要介绍，希望起到普及知识或引荐的作用，有兴趣的读者可从最新的文献中了解细节或这些技术的最新发展。第 4 章为 zeta 电位本身的定义及它与表面电位之间的关系，以及与 zeta 电位有关的其他一些专题。第 5 章为通过一些普遍应用的电动/动电现象测量的各类物理量来计算 zeta 电位的方法与公式。由于液液交界及气液交界有其特殊性，例如液滴有温度、压力、外加机械力的可塑性，气泡除了这些可塑性外，还有在液相的可溶性，所以单独在第 6 章中介绍液液与气液交界面的 zeta 电位。前列数章基本都是理论性的论述，对大部分读者来说，如何应用有关知识，通过测量电动参数得到 zeta 电位来解决实际科研生产问题更为重要。第 7 章挑选了一些 zeta 电位应用较为普遍的领域，列举了一些实际应用的例子。

参考文献

[1] Barbosa, J. A.; Abdelsadig, M. S.; Conway, B. R.; Merchant, H. A. Using Zeta Potential to Study the Ionisation Behaviour of Polymers Employed in Modified-Release Dosage Forms and Estimating Their pK_a. *Inter J Pharm*: *X*, 2019, 1: 100024.

[2] Vatamanu, J.; Bedrov, D. Capacitive Energy Storage: Current and Future Challenges. *J Phys Chem Lett*, 2015, 6(18): 3594-3609.

[3] Burgess, M.; Moore, J. S.; Rodríguez-López, J. Redox Active Polymers as Soluble Nanomaterials for Energy Storage. *Acc Chem Res*, 2016, 49(11): 2649-2657.

[4] Russel, W. B.; Saville, D. A.; Schowalter, W. R. *Colloidal Dispersions*. Cambridge University Press, 1999.

[5] Nihonyanagi, S.; Yamaguchi, S.; Tahara, T. Water Hydrogen Bond Structure Near Highly Charged Interfaces is not Like Ice. *J Am Chem Soc*, 2010, 132(20): 6867-6869.

[6] 蔡昭军, 施利毅, 杭建忠. 纳米 ATO 粉体制备及其悬浮液的分散稳定性. 材料科学与工程学报, 2007, 25(5): 755-759.

[7] Jiang, Y.; Tang, R.; Duncan, B.; Jiang, Z.; Yan, B.; Mout, R. Direct Cytosolic Delivery of siRNA Using Nanoparticle-stabilized Nanocapsules. *Angew Chem Int Ed Engl*, 2015, 54(2): 506-510.

[8] 陈云, 冯其明, 陈远道, 张国范. 超细二氧化钛在水溶液中分散性研究. 中国粉体技术, 2004, 5: 23-25.

[9] Zhang, P.; Gao, Z.; Cui, J.; Hao, J. Dual-Stimuli-Responsive Polypeptide Nanoparticles for Photothermal and Photodynamic Therapy. *ACS Appl Bio Mater*, 2019, 3(1): 561-569.

[10] 左研, 李少博, 王童彤, 徐英德, 张广才, 张昀, 高晓丹. 不同盐基离子对黑土胶体 zeta 电位及凝聚过程的影响. 土壤通报, 2020, 51(01): 99-104.

[11] 潘文平. 羟基磷灰石粉体表面 zeta 电位变化研究. 陶瓷, 2020, 2: 38-43.

[12] 田家亮, 阮代镓, 周骏宏. Zeta 电位法研究磷矿浮选影响因素. 广州化工, 2019, 47(19): 57-59.

[13] 吴寿英, 王玉林, 周骏宏, 周飞. 油酸钠用量及 pH 对磷矿浮选过程中 Zeta 电位的影响研究. 磷肥与复肥, 2019, 34(06): 14-16.

[14] Grumbine, S.; Dysard, J.; Shen, E.; Cavanaugh, M. Colloidal Silica Chemical-mechanical Polishing Composition. *US Patent 9499721B2*, 2016.

[15] 吴正洁, 王成, 康立丽. 轻龄和老龄红细胞表面 zeta 电位测量条件的研究. 生物物理学报, 2013, 29(11): 853-862.

[16] 顾勇, 杜茂平, 徐新春, 钱蕾. 钛白粉的 zeta 电位对丙烯酸乳胶漆应用性能的影响. 涂料工业, 2020, 50(11): 81-83.

[17] Cano-Sarmiento, C. T. D. I.; Téllez-Medina, D. I.; Viveros-Contreras, R.; Cornejo-Mazón, M.; Figueroa-Hernández, C. Y.; García-Armenta, E.; Alamilla-Beltrán, L.; García, H. S.; Gutiérrez-López, G. F. Zeta potential of Food Matrices. *Food Eng Rev*, 2018, 10: 113-138.

[18] 赵正涛, 李全阳, 赵红玲, 卫晓英. 牛乳中酪蛋白的分离及其特性的研究. 食品与发酵工业, 2009, 35(1): 169-172.

[19] 高旭, 孙道宝, 刘露露. Zeta 电位在分离膜中的应用. 天津科技, 2020, 47(08): 43-46.

[20] 王旭亮, 李宗雨, 赵静红, 潘献辉, 郝军. 基于 zeta 电位法研究超滤膜污染和清洗过程. 应用化工, 2018, 47(11): 2336-2339.

[21] 赵静红, 王旭亮, 李宗雨, 张艳萍, 董泽亮, 张梦. Zeta 电位法表征γ-球蛋白对超滤膜污染研究. 当代化工, 2021, 50(03): 567-570.

[22] 夏雪, 李国平, 骆霁月, 马依文. 季铵盐接枝提高玻璃纤维膜表面 Zeta 电位. 净水技术, 2020, 39(03): 82-88.

[23] Porada, S.; Weinstein, L.; Dash, R.; van der Wal, A.; Bryjak, M.; Gogotsi, Y. Water Desalination Using Capacitive Deionization with Microporous Carbon Electrodes. *ACS Appl Mater Interfaces*, 2012, 4(3): 1194-1199.

[24] 李昭成, 盛利, 徐玉红. 纸料 zeta 电位对纸张质量性能的影响. 山东轻工业学院学报(自然科学版), 2003, 17(2): 13-16.

[25] 郑云婷. 不同因素对低阶煤表面 zeta 电位的影响. 选煤技术, 2021(02): 28-32.

[26] Sparreboom, W.; van den Berg, A.; Eijkel, J. C. T. Principles and Applications of Nanofluidic

Transport. *Nat Nanotechnol*, 2009, 4: 713-720.

[27] 蔡颖莹,肖香珍. 单分散 SiO₂ 胶体粒子的 zeta 电位研究. 河南机电高等专科学校学报, 2015, 23(2): 24-27.

[28] 张立永,贾树妍,肖光辉,陈平,张连富,生庆海. 应用 zeta 电位研究液态奶的稳定机制. 中国乳品工业, 2007, 35(12): 38-41.

[29] 王思玲, 李玉娟, 张景海, 刘秀兰, 李德馨, 苏德森. 电泳光散射法测定异丙酚微乳剂的动电电位. 沈阳药科大学学报, 2002, 19(5): 313-315.

[30] 李双洋, 黎振球. 利用 zeta 电位分析蝎酒稳定性. 中国酿造, 2015, 34(7): 101-103.

[31] 邱书波, 綦星光, 贾磊. 纸浆 zeta 电位在线检测装置的研制. 中华纸业, 2001, 22(5): 24-26.

[32] 张玉华. Zeta 电位实时在线测定与监测系统(硕士论文). 南宁: 广西大学, 2014.

[33] 王晓燕. Zeta 电位实时在线监测系统的研究及其在废水处理中的应用（硕士论文）. 南宁: 广西大学, 2016.

[34] 郑忠, 李宁. 分子力与胶体的稳定和聚沉. 北京: 高等教育出版社, 1995.

[35] Hunter, R. J. Zeta Potential in Colloid Science: Principles and Applications. Academic Press, 1981.

[36] 北原文雄, 古澤邦夫, 尾崎正孝, 大島広行. ゼータ電位-微粒子界面の物理化学. サイエンティスト社, 1995.

[37] Russel, W. B.; Russel, W. B.; Saville, D. A.; Schowalter, W. R. *Colloidal Dispersions*. Cambridge University Press, 1991.

[38] Lyklema, J. *Solid-liquid Interfaces*. Academic Press, 1995.

中 Ag^+ 和 Cl^- 的浓度，AgCl 固体表面的带电性就会改变，当离子浓度相差超过 10 倍时，甚至可以使其表面电位改变为 59.2mV/pH。

界面电位的影响因素

蛋白质表面的氨基基团和羧基基团会随环境的酸碱性不同而发生变化，其表面电位也随之改变。参见蛋白质表面上的电荷，当 pH 值高于其氨基酸的解离常数 K_a 时的 pK_a 时，羧基会解离成带负电的 COO^- 基团。当 pH 值低于其氨基酸的解离常数时，氨基会质子化成带正电的基团，因此蛋白质表面的正负电荷随溶液的 pH 而改变。由此当溶液中有足够多的氢离子时因而使表面正电荷增多，此表现出等电点 pH 值较高的特征，见图 2-2。

第2章
界面附近的电荷及其分布

2.1 双电层的一般概念

任何一个相的表面，甚至在真空中的纯金属，在其表面一到几个分子的距离之内，都会由于正负电荷的分离而造成不同的电位。曾两次获得诺贝尔奖的 Bardeen 在 1936 年计算出金属表面的电子会从表面突出生成一个负电荷层，其电位会被表面内部的一个正电荷层中和[1]。任何两相接触时，都会由其表面的带电部分——不管是电子还是离子，而导致表面分子的偶极在两相中有选择地定向。对液体中的颗粒（包括固体颗粒或晶体，液滴，气泡，或被液体饱和浸润的孔隙），液体介质是中性的，液-粒界面的电荷除了表面分子的偶极定向以外，全部来自于由于电离、表面吸附等产生的表面电荷。常见的表面基团有 O^-、S^-、SO_3^-、CO_2^-。表面电荷的主要来源有不同离子在两相中的亲和力不同、表面基团的解离和非移动电荷的物理吸附三类。

（1）不同离子在两相中的亲和力不同

① 阴离子与阳离子在两个不互溶液体中的分布。

② 电解质溶液中的离子在表面的选择性吸附。

③ 晶体晶格中的不同离子在液体中的不同溶解性。例如当 AgI 的晶体分散在水中时，如果等同量的 Ag^+ 与 I^- 溶解，表面是中性的；但如果由于溶解度的不同，有更多的 Ag^+ 溶解，则会造成带负电的表面，见图 2-1。离子溶解的量也与溶液中同离子的浓度有关。例如根据溶液

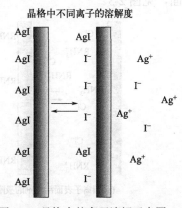

晶格中不同离子的溶解度

图 2-1　晶格中的离子溶解示意图

中 Ag⁺和 Cl⁻的浓度，AgCl 可以带正或负的净表面电荷。当离子浓度每增加 10 倍，其表面电位变化约为 59.2mV[2]。

（2）表面基团的解离

表面基团的直接解离或电离，是大多数聚合物乳胶获得电荷的机制。表面任何酸性基团的解离都会使表面带上负电，当 pH 值高于这些基团解离的 pK_a 时，它们中的大多数将被电离，使表面呈负电性。任何碱性基团的解离都会使表面带上正电，当 pH 值低于这些基团解离的 pK_a 时，它们中的大多数将被电离，使表面呈正电性。氧化物或两性离子表面基团可以产生正电荷或负电荷，这取决于溶液的 pH 值。电荷的多少取决于表面酸碱的强度与溶液的 pH 值，见图 2-2。

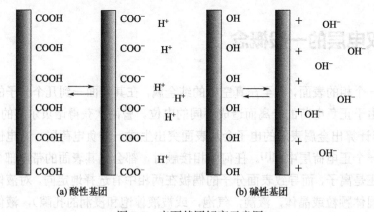

图 2-2　表面基团解离示意图

（3）非移动电荷的物理吸附

① 介质中的离子型分子、表面活性剂、离子型聚合物的表面吸附。阳离子表面活性剂的吸附会造成带正电的表面，阴离子表面活性剂的吸附会造成带负电的表面，见图 2-3。

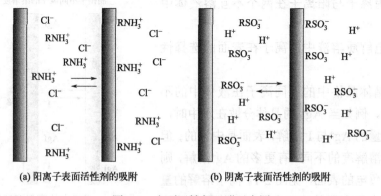

图 2-3　表面活性剂吸附示意图

② 离子在固体中的物理渗透，发生在很多有缺陷的晶体与一些矿物质中。

这些表面电荷将会排斥同离子而吸引反离子，这样就会造成两层极性相反的离子层。如果取远离界面的介质电位为零电位，则这些净表面电荷所造成的电位称为表面电位。

带电表面附近的电状态由表面电荷及其周围离子的空间分布决定。亥姆霍兹（Helmholtz）首先提出了双电层（EDL）的概念[3]，其中的一层为固定电荷，即表面电荷或可滴定电荷，与颗粒表面牢固结合，而另一层则或多或少地分散在与表面接触的溶液中。这一层含有过量的反离子（与固定电荷符号相反的离子）与较少的共离子（与固定电荷符号相同的离子）。

亥姆霍兹模型没有考虑在界面附近介质中的离子扩散及介质分子与表面的作用。Gouy 与 Chapman 独立地对前述模型通过引进离子的扩散进行了修正。在现在统称为 Gouy-Chapman 扩散模型中，离子浓度随表面距离的变化遵循 Maxwell-Boltzmann 统计方程，即电位从界面开始呈现指数下降直到降至介质深处（体液相）的零电位[4,5]。

但是 Gouy-Chapman 扩散模型不能用于很高的表面电位。Stern 通过结合亥姆霍兹模型与 Gouy-Chapman 扩散模型，考虑到离子的尺寸大小（离子中心距离离子表面的最近距离为离子的半径），提出了 Stern 模型[6]。在 Stern 模型中，表面和水合反离子之间的区域称为 Stern 层，此层之外的离子形成扩射层（也被称为 Gouy 层，或 Gouy-Chapman 层）。

Grahame 认为某些离子脱去周围的介质分子，可以直接穿透 Stern 层与表面接触，他称这些离子为特定吸附离子。他提出的模型包括三个区域：①特定吸附离子中心的内亥姆霍兹面（IHP）；②离表面最近的溶剂化离子中心的外亥姆霍兹面（OHP）；③在 OHP 以外的扩散层[7]。区分这三个区域的原因在于普通离子仅通过静电力与表面电荷相互作用，它们被带相同符号电荷的表面排斥，被带相反符号电荷的表面吸引，并且不优先吸附在不带电的表面上。而某些离子与表面间除了纯粹的库仑相互作用外，还有对表面的化学的或特定的（包括除纯库仑作用以外的所有相互作用）亲和力，这些离子不通过静电力便可在表面吸附。现在通常将表面离子的概念限制在固体的组成部分，以及质子（H^+）和羟基离子（OH^-）。将后二者包括在内是因为它们总是存在于水溶液中，它们的表面吸附可以通过电位滴定等方法进行测量，并且它们对许多表面具有特别高的亲和力。而术语"特定吸附"则用于描述对表面具有特定亲和力的所有其他离子的吸附，特别是位于 Stern 层内的电荷吸附。

此经典模型现在统称为 Gouy-Chapman-Stern-Grahame 模型，IHP 是特性吸附离子的所在点，OHP 确定扩散层的起点，扩散层是双电层由纯静电力导致的部分。图 2-4 为此模型的图形表示。

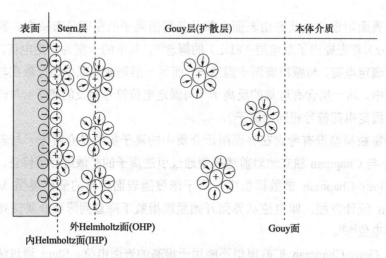

图 2-4　Gouy-Chapman-Stern-Grahame 模型

通过 OHP 将双电层分为两部分是相当实用的，因为有关离子大小、选择性吸附、离散电荷和表面不均匀性的所有复杂性都存在于 Stern 层中。但是其确切厚度很难确定，只能说大约小于 1nm[8]。

尽管上述模型都假设为"双"电层，但实际结构可能非常复杂，在许多情况下无法完全解析，从固体表面延伸不同的距离可能包含三层或更多的层次。

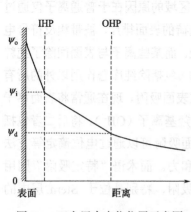

图 2-5　双电层内电位位置示意图

由于除了通过原子力显微镜等某些特殊技术外，微纳米尺寸的颗粒无法直接连接到外部电路，因此不可能通过施加外部电场随意改变其表面电位。不进行模型假设，无法得知表面电位 ψ_0。因此对于分散体系的研究，往往将表面电荷作为主要参数，而不是表面电位。OHP 处的电位称为扩散层电位 ψ_d（也称为 Stern 电位），它是双电层扩散部分开始处的电位。所有电位都是相对于本体介质（体液相）中的电位，即令远离界面的介质的电位为零来定义的。图 2-5 是双电层内电位位置示意图。

2.2　德拜长度

德拜（Debye）和他的助手休克尔（Hückel）注意到含有离子的悬浮液即使在很低的浓度下也不理想，因而必须考虑溶液中离子的相互作用能。他们推导出了德拜-休克尔（Debye-Hückel）方程[9]与一个在研究表面电位与双电层时的重要参数——德拜-休克尔参数κ。此参数的倒数被称为双电层特征厚度，又被称为德拜长度。德拜-休克尔参数的表达式为：

$$\kappa = \left(\frac{e^2 \sum n_i z_i^2}{\varepsilon_o \varepsilon_r k_B T}\right)^{1/2} = \left(\frac{2000^2}{\varepsilon_o \varepsilon_r RT}\right)^{1/2} \sqrt{\frac{1}{2}\sum c_i z_i^2} = 3.288\sqrt{I} \tag{2-1}$$

式中，e 为基本电荷；n_i 为体液相中离子 i 的数量浓度；z_i 为离子 i 所带电荷数；ε_o 为真空介电常数；ε_r 为液体介质的相对介电常数；k_B 为玻耳兹曼常数；T 为热力学温度；R 为气体常数；c_i 为体液相中离子 i 的浓度；I 为体液相离子强度，mol/L。第二个等式中数值的单位为 m^{-1}，第三个等式适用于在水相中 25℃时，其数值单位为 nm^{-1}。对单一电解质悬浮液，可以根据电解质阴离子与阳离子所带电荷数，通过表 2-1 进行不同电解质中离子强度与浓度的换算。

表 2-1　不同电解质离子强度 I 与浓度 c 换算表

电解质类型 （阳离子与阴离子所带电荷数之比）	离子强度与浓度的关系
1:1	$I = \frac{1}{2}[c \times 1^2 + c \times 1^2] = c$
1:2 或 2:1	$I = \frac{1}{2}[2c \times 1^2 + c \times 2^2] = 3c$
2:2	$I = \frac{1}{2}[c \times 2^2 + c \times 2^2] = 4c$
1:3 或 3:1	$I = \frac{1}{2}[3c \times 1^2 + c \times 3^2] = 6c$
2:3 或 3:2	$I = \frac{1}{2}[3c \times 2^2 + 2c \times 3^2] = 15c$
3:3	$I = \frac{1}{2}[c \times 3^2 + c \times 3^2] = 9c$

通过式（2-1），可以计算出不同类型的离子在不同浓度下在悬浮液颗粒表面的德拜长度，如表 2-2 所示。

表 2-2　不同类型的离子在不同浓度下在悬浮液颗粒表面的德拜长度

浓度/（mol/L）	德拜长度/nm					
	1:1	1:2,2:1	2:2	1:3,3:1	3:3	2:3,3:2
10^{-1}	0.96	0.55	0.48	0.39	0.32	0.25
10^{-2}	3.04	1.76	1.52	1.24	1.02	0.79
10^{-3}	9.61	5.55	4.81	3.92	3.20	2.48
10^{-4}	30.4	17.6	15.2	12.4	10.2	7.85
10^{-5}	96.1	55.5	48.1	39.2	32.0	24.8
10^{-6}	304	176	152	124	102	78.5
10^{-7}	961	555	481	392	320	248

从表 2-2 可以看出，双电层的特征厚度受悬浮液中离子的种类与浓度影响，可以从小于纳米直到微米大小。用计算方法求得德拜长度必须知道悬浮液中所有离子的种类与浓度，而且受限于其中的杂质。另外可以通过测量电导率来估计德拜长度[10]：

$$\kappa^{-1} \approx \sqrt{\frac{\varepsilon_o \varepsilon_r D_{eff}}{K_L}} \qquad (2-2)$$

式中，D_{eff} 为离子的有效扩散系数；K_L 为离子溶液的电导率。其中离子的有效扩散系数是个未知数。由于所有水相中离子在室温的扩散系数在 $0.6 \times 10^{-9} \sim 2 \times 10^{-9} m^2/s$ 之间，它们均方根的差别仅会造成不到两倍的不确定性。

以上所述为单个颗粒或界面的双电层，且假设周围为纯介质。可是在实际分散体系中，除非颗粒浓度很小或者孔径很大，否则此界面的不远处便会有另一个类似界面存在。对于悬浮液、乳液或泡液，另一界面就是另一个颗粒的表面；对孔状物，就是同一孔径的其他部分。如图 2-6，这两个界面的扩散层会相互影响，影响的程度取决于双电层的特征厚度与此两界面的距离 d，一般用 d 与德拜长度的比 κ_d 作为一个无量纲参数来表征。在颗粒悬浮液中，d 是颗粒之间的距离；对孔状材料，d 是孔径。d 可以是任何值，表面双电层可能与另一

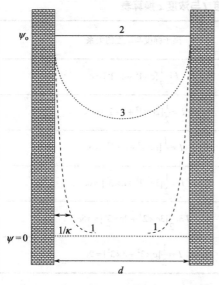

图 2-6　两个相邻表面之间的电位示意图
1—两个双电层相互完全没有交界；2—两个双电层
完全重合；3—部分重合的双电层

表面的双电层完全无关，也可能完全重合；当双电层不是很薄，或两表面的距离不是很远时，双电层就会部分重合甚至完全重合。

在第二种情况下，双电层会失去其原有的指数扩散结构，重叠区域变得很均匀，可以认为带电表面是被均匀的反离子云屏蔽了，这就是所谓的"均质双电层模型"[11]。对于孔隙较小的多孔材料，将孔径与浸润液体的德拜长度进行比较非常重要，以便决定孔隙中电位的空间分布。

根据 Derjaguin 与 Landau[12]和 Verwey 与 Overbeek[13]相隔 7 年独立形成的DLVO 理论：①当两个颗粒接近时，双电层开始相互干扰。静电排斥曲线在颗粒几乎接触时具有最大值，而在双电层之外降至零。②当颗粒相互靠近时，它们之间还有范德华（van der Waals）吸引力。这两种相反的力的相对强弱决定了颗粒会聚集起来还是保持分散：如果吸引力大，颗粒就会聚集；否则就会相互排斥。最大的净排斥能量称为能量位垒。图 2-7 显示了当两个颗粒接近时它们之间排斥力与吸引力所造成的净能量状况。其中的次要最小值往往发生在高离子浓度的环境中，这时颗粒会形成可逆转的凝聚或絮凝。这些弱聚合不会通过布朗（Brownian）运动而分散，但可以通过搅拌等外力而被分散。

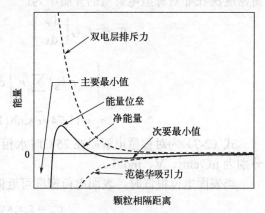

图 2-7　颗粒接近时的能量位垒

2.3　双电层的经典理论

上述理论中，经典的古伊-查普曼（Gouy-Chapmen）模型有解析式，Stern 与Grahame 以及很多更近期的修订模型，由于电位变化不完全是连续函数，所以很难列出解析式。但是当表面电位或双电层内任何一处的电位不是很大时（$ze\psi/k_BT<4$），经典模型与众多修订模型通过数值化计算得到的结果差别不是很大。下面是经典模型的一些表达公式[14,15]。

2.3.1　平板模型

在平板模型中，电位ψ分布的泊松-玻耳兹曼（Poisson-Boltzmann）公式为：

$$\nabla^2\psi = \frac{d^2\psi}{dx^2} = -\frac{e}{\varepsilon_r\varepsilon_o}\sum_i n_i z_i \exp\left(-\frac{z_i e\psi}{k_B T}\right) \tag{2-3}$$

$$\frac{d\psi}{dx} = -\frac{2\kappa k_B T}{ze}\sinh\left(\frac{ze\psi}{2k_B T}\right) \tag{2-4}$$

式中，∇ 为二阶导数，即 $\Delta = \frac{d^2}{dx^2}$；$x$ 为距表面的距离。

当电位很低时，可以得出双电层中电位分布为指数衰变型：

$$\psi = \psi_o e^{-\kappa x} \tag{2-5}$$

式中，ψ_o 为表面电位。当 x 趋向无穷时（体液相），$\psi = 0$。平板模型的表面电荷密度 σ_o 在非对称型电解质的介质中为：

$$\sigma_o = -\varepsilon_o\varepsilon_r\left(\frac{d\psi}{dx}\right)_{x=0} \tag{2-6}$$

$$= \left\{2\varepsilon_o\varepsilon_r k_B T\sum_i n_i\left[\exp\left(-\frac{z_i e\psi_o}{k_B T}\right)-1\right]\right\}^{\frac{1}{2}}$$

$$\sigma_o = 11.74\sqrt{c}\sinh(19.46z\psi_o) \tag{2-7}$$

式（2-7）为对称型电解质在 25℃时水相中的数值表达，其中 σ_o、ψ_o、c 的单位分别为 $\mu C/cm^2$、V、mol/L。

当表面电位很低时，表面电荷密度可近似为：

$$\sigma_o = \varepsilon_o\varepsilon_r\kappa\psi_o \tag{2-8}$$

2.3.2 球状模型

对球状物，其电位分布类似于式（2-3）所表示的情况，但需要改成球状坐标，

$$\nabla^2\psi = \frac{1}{r^2}\times\frac{d}{dr}\left(r^2\frac{d\psi}{dr}\right) = -\frac{e}{\varepsilon_r\varepsilon_o}\sum_i n_i z_i\exp\left(-\frac{z_i e\psi}{k_B T}\right) \tag{2-9}$$

式中，r 为距表面的距离。

这个公式没有解析解，但是当电位较低时，可以使用德拜-休克尔（Debye-Hückel）方程近似得出：

$$\psi = \psi_o a\frac{e^{-\kappa(r-a)}}{r} \tag{2-10}$$

式中，a 为颗粒的半径。相应的近似表面电荷密度为：

$$\sigma_o = \frac{\varepsilon_o\varepsilon_r}{a}(1+\kappa a)\psi_o \tag{2-11}$$

2.3.3　柱状模型

柱状物在对称性电解质中，其电位分布也类似于式（2-3）所表示的情况，但需要改成柱状坐标，

$$\nabla^2\psi = \frac{1}{R} \times \frac{d}{dR}\left[R\frac{d\left(\dfrac{ze}{k_BT}\right)}{dR}\right] = \sinh\left(-\frac{ze\psi}{k_BT}\right) \tag{2-12}$$

式中，$R = \kappa r$。这个公式也没有解析解，但是当电位较低时，可以有下述公式[16]：

$$\psi = \frac{\sigma K_0(\kappa r)}{\varepsilon_o\varepsilon_r\kappa K_1(\kappa a)} \tag{2-13}$$

式中，a 是柱状体的半径；K_0 与 K_1 是零阶与一阶的第二类修正 Bessel 函数。如果电荷均匀地分布在柱状体表面，则相应的近似表面电荷密度为：

$$\sigma_0 = \frac{\psi_o\varepsilon_o\varepsilon_r\kappa K_1(\kappa a)}{K_0(\kappa a)} \tag{2-14}$$

2.3.4　双电层的计算

德拜长度是双电层的一个特征厚度。可能由于公式简单，德拜长度被广泛用以双电层厚度的表征，但该参数没有考虑有关的其他一些因素，例如离子体积、离子静电相关性、颗粒大小、短程范德华特定相互作用、极化效应、颗粒表面电荷密度等。近年来提出了另一个表示双电层特征厚度的参数——电容紧凑度 τ。τ 考虑了上述因素，一些研究由数值运算或模拟计算得出了 τ 在某些特定体系内的值[17,18]。

但是与 κ^{-1} 一样，τ 也只是一个特征厚度，并不表示双电层的厚度。双电层的厚度是从界面到体液相的距离，即从界面到扩散层终点的距离。

如果以电位为参数，并设定当电位从界面开始下降到某一个值时为扩散层的终点，则可以通过积分法将电位 ψ 分布的泊松-玻耳兹曼公式在不同坐标系中（平板形在直角坐标系中，圆柱形在柱形坐标系中和球形在球形坐标系中），得到精确或近似解[19]。由于表面电位的直接测量相当困难或几乎不可能，所以最后的解析式往往以表面电荷密度来表述。

如果设定在 $\psi = 0.01\psi_o$ 处为扩散层的终点，即定义双电层的厚度 W 为从界面至 $\psi = 0.01\psi_o$ 处，对对称型的单一电解质悬浮液，以表面电荷密度与德拜长度为参数，对平板形、球形与圆柱形的颗粒双电层的泊松-玻耳兹曼公式进行运算，可得到这些形状颗粒的双电层厚度的数学解析式，其中球形与圆柱形的公式十分复杂，平板

形的公式则相对简单：

$$W_{平板} = \frac{1}{\kappa} \ln \frac{\tan\left[\dfrac{\sinh^{-1}\left(\dfrac{\sigma}{\sqrt{2n\varepsilon_r\varepsilon_o k_B T}}\right)}{2}\right]}{\tanh\left[\dfrac{\sin^{-1}\left(\dfrac{\sigma}{\sqrt{2n\varepsilon_r\varepsilon_o k_B T}}\right)}{200}\right]} \tag{2-15}$$

式（2-15）中对数项值的范围为 3.5～4.5。为简单起见，如果取在各种电荷密度时的平均值，则有下述双电层厚度与德拜长度之间的近似关系：

$$W_{平板} \approx 3.69\kappa^{-1} \tag{2-16}$$

对于半径为 a 的球形颗粒和柱体半径为 a 的圆柱形颗粒，用同样的近似方法，则有下述双电层厚度与德拜长度之间的近似关系：

$$W_{球} \approx \kappa^{-1}[3.68 - 5.61e^{-1.71(\kappa a)^{0.263}}] \approx 3.68\kappa^{-1} \tag{2-17}$$

$$W_{柱} \approx \kappa^{-1}[3.76 - 2.02e^{-1.29(\kappa a)^{0.217}}] \approx 3.76\kappa^{-1} \tag{2-18}$$

式（2-17）与式（2-18）中的第二个近似式是对应于 $\kappa a \gg 1$ 的情况。

对于双电层厚度计算的另一个有趣的结论是：当颗粒为中性（即 $\sigma_o = 0$）时，双电层厚度也不趋于零，即在没有表面电荷的情况下也可能存在双电层。对于某些特定的颗粒尺寸，在零表面电荷的极限下，双电层厚度仅为德拜长度的函数。这种被称为零表面电荷双电层的行为可以证明是由离子在狭窄的界面区域内因为阴离子和阳离子渗透到界面区的能力不同而造成的[20,21]。对于不带电的颗粒，具有特定粒径的中性颗粒的双电层厚度仅由取决于溶液的温度和性质的德拜长度控制。

有关悬浮液或乳化液界面电位的理论近百年来不断地在更新[22,23]，这些理论往往需要通过繁琐的数值化计算，或者具有极其复杂的解析式来得到电位在双电层中的分布与变化。除了利用汞电极测量金属与液体界面的电位外，尚无有效的手段可以测量颗粒-液体界面处的电位来直接验证这些理论，因此实用意义不大，本书不拟介绍，有兴趣的读者可通过参考文献进一步了解[24]。

2.4　非平衡态表面电动力学

前面数小节列举的都是在热力学平衡下的界面表面现象，都以电荷分布处在稳态的状态为条件。然而在外场作用下，特别是在频繁变换的外场作用下，双电层内部由于偶极子的生成与离子的流动，双电层会从平衡状态转变为非平衡状态。这时需要从平衡热力学讨论进一步发展到宏观电动力学讨论[25]。已经发现了许多由双电层非平衡状态引起的胶体电化学现象，称为非平衡电表面现象（nonequilibrium electric surface phenomena，NESP），相应的非平衡态表面力理论以及双电层相互作用的动力学理论也随之建立了起来[26]。NESP 和经典的电动现象有些不同，有些 NESP 不是二阶现象，因此不能被视为电动现象。在很多情况下，双电层的不平衡通常可以忽略不计，所以在很多常见的电动现象中，可以不考虑 NESP。

下面用最简单的均匀表面球状颗粒作为例子来定性地说明平衡态双电层与非平衡态双电层的区别。具有均匀带电表面的球形颗粒平衡态的双电层是球对称的，即整个颗粒没有净的偶极矩。在外部电场作用下，由于离子的切向流动，使它们在表面上重新分布，双电层发生变形并极化，偏离了原来的球对称结构。双电层中的离子切向流动通过电解质体积被锁定，并且双电层和相邻电解质体积之间的固定离子交换仅通过由于外加电场而出现的空间电流分布产生。由于双电层极化产生的偶极子会产生一个长程场，因此球形颗粒的非平衡双电层可以描述为对称双电层和诱导偶极子的叠加。

如果双电层很薄，满足 $\kappa a \gg 1$，则可以认为双电层处于局部平衡状态，在本书中描述的很多经典理论和公式都是在当双电层厚度与颗粒大小相比很小时成立。沿着颗粒表面电解质浓度的增加引起双电层扩散部分的压缩，从而导致表面电荷恒定值下 Stern 电位的降低。但如果双电层很厚，表面电位很高，在外电场是交流电场时，就需要考虑双电层滞流层内的电荷移动与表面电导，以及 Stern 层的电导对电动输运和低频介电特性的影响。Stern 层的不平衡对颗粒相互作用动力学也有很大的影响。

2.4.1　表面电导

表面电导是指由于双电层的存在而在分散系统中发生的过量导电。它们中的多余电荷可能会在切向表面施加的电场的影响下移动。表面电导由表面电导率 K^σ 表示，它是体积电导率 K_L 的表面等效值。无论表面电荷分布如何，K^σ 都可以用类似欧姆（Ohm）定律来定义，不过是二维的：

$$j^\sigma = K^\sigma E \tag{2-19}$$

式中，j^σ 是（过量）表面电流密度。式（2-19）是欧姆定律的二维表现。j^σ 是单位长度的电流，是与欧姆定律中的体电流密度不同的线性电流密度。表面电导率的相对重要性由表面电导率 K^σ 和体积电导率 K_L 之比的无量纲的 Dukhin 数（Du）给出[23]：

$$Du = \frac{K^{\sigma}}{K_{L}a} \tag{2-20}$$

式中，a 是表面的局部曲率半径。对于悬浮液体系，总电导率 K 可以表示为溶液贡献和表面贡献之和。例如，对于圆柱形毛细管，有以下表达式：

$$K = (K_{L} + K^{\sigma}/a) = K_{L}(1+2Du) \tag{2-21}$$

第二个等式中的 2 对应于圆柱形的几何因子，对于其他形状，此因子会有所不同。本章前述小节的讨论中，没有考虑表面电导，推导双电层内的切向电场时仅考虑了溶液电导率 K_{L}。因此前述公式其实假设了 $Du \ll 1$。

表面电荷对表面电导率的贡献又可按照几何位置分为滑移面外的扩散层电荷导致的电导率 $K^{\sigma d}$ 和滑移面内的滞流层电荷导致的电导率 $K^{\sigma i}$。滞流层即溶剂分子的薄层，在切向运动时，该薄层仍黏附在固体表面上。滞流层的电荷包括特定吸附电荷和扩散层内电荷的一部分。界面上的电荷通常被认为是不动的，对 $K^{\sigma i}$ 没有贡献。滑移面外扩散层的电导率 $K^{\sigma d}$ 由两部分组成：①电荷相对于液体运动引起的迁移；②由液体在滑移面外的电渗而导致电荷的额外迁移率。$K^{\sigma d}$ 被称为 Bikerman 表面电导率，他推导出了 $K^{\sigma d}$ 在一些条件下的简单表达式[27]，对于对称型的电解质：

$$K^{\sigma d} = \sqrt{8\varepsilon_{r}\varepsilon_{o}ck_{B}T}\left(\frac{\mu_{+}}{A-1} - \frac{\mu_{-}}{A+1} + \frac{4\varepsilon_{r}\varepsilon_{o}ck_{B}T}{\eta zF} \times \frac{1}{A^{2}-1}\right) \tag{2-22}$$

$$A = \coth\left(-\frac{zF\zeta}{4k_{B}T}\right) \tag{2-23}$$

式中，c 为电解质浓度；z 为电解质所带电荷数；μ_{+} 为阳离子迁移率；μ_{-} 为阴离子迁移率；ε_{r} 为介质的相对介电常数；η 为介质的动态黏度；F 为法拉第常数。

当 $\kappa a \gg 1$ 而 zeta 电位不是很大时，对所带电荷数为 z、阴离子与阳离子有着相同离子迁移率的对称型电解质，Du 可表达为：

$$Du = \frac{2}{\kappa a}\left(1 + \frac{3m}{z^{2}}\right)\left[\cosh\left(\frac{ze\zeta}{2k_{B}T}\right) - 1\right]\left(1 + \frac{K^{\sigma i}}{K^{\sigma d}}\right) \tag{2-24}$$

$$m = \frac{2}{3}\left(\frac{k_{B}T}{e}\right)^{2}\frac{\varepsilon_{r}\varepsilon_{o}}{\eta D_{i}} \tag{2-25}$$

式（2-25）中，m、D_{i} 为无量纲的离子迁移率与离子扩散系数。

式（2-24）表明 Du 数取决于 zeta 电位、介质中的离子迁移率和 $K^{\sigma i}/K^{\sigma d}$。要满足 $Du \ll 1$，即表面电导可忽略不计，需要 $\kappa a \gg 1$，zeta 电位相当低，并且 $K^{\sigma i}/K^{\sigma d} < 1$。

如果 $Du \approx 1$，双电层的极化不能忽略，就必须考虑表面传导。这时电动现象同时又是非平衡电表面现象，必须要用 NESP 的方法表征扩散层与 Stern 层，除了测量 zeta 电位以外，也需要测量 K_L。

2.4.2　广义标准电动模型（GSEM）和扩展电表面表征

在测量 zeta 电位时也考虑滑移面靠近界面一边的传导而测量滞流层的电导，是电动传输模型的一个新标准，可以称为广义标准电动模型（generalized standard electrokinetic model, GSEM）[28,29]。GSEM 适用范围更广，并且在分子水平上没有表面光滑度的要求。作为一级近似，滞流层的电导率 $K^{\sigma i}$ 表征了 Stern 层。在这个过程中，所需要修正的 Stern 层离子与体液相离子的离子迁移率的差异往往不大[30,31]。这包括两个电表面现象的扩展电表面表征，使我们能够确定扩散层和 Stern 层之间的电荷分布。

2.5　非水相体系

以上所述都主要用于水相体系，经过近百年的理论与实验，水相体系中颗粒周围双电层的理论特性已知道得很清楚了。所有双电层一般理论都假定它们适用于任何具有相对介电常数 ε_r 和黏度 η 两种体积特性的液体介质。其中 ε_r 是液相的一个重要参数，它决定了介质中电解质的解离程度。大多数非水溶剂的极性低于水，其 ε_r 值比水低。

所有液体可大致归类为非极性（$\varepsilon_r \leqslant 5$）、弱极性（$5 < \varepsilon_r \leqslant 12$）、中等极性（$12 < \varepsilon_r \leqslant 40$）和极性（$\varepsilon_r > 40$）。对于极性液体，大多数溶解电解质的解离是完全的，所有关于双电层或电动现象的方程保持不变，只不过需要用此液体的 ε_r 值。对于中等极性介质，电解质解离不完全，这意味着带电离子浓度可能低于相应的电解质浓度。例如，在 $Ba(NO_3)_2$ 溶液中，不仅可以发现 Ba^{2+} 和 NO_3^-，还可以发现 $[Ba(NO_3)]^+$ 络合物。

弱极性介质类别是向非极性液体类别的过渡，其中相对介电常数（在无限高频率下）等于折射率的平方。在这种液体中电解质几乎完全解离的概念失去了意义。然而，即使在这种介质中，特殊类型的分子也可能在一定程度上解离，并导致双电层的形成。与在水介质中不同，这些溶剂中的分子离解仅发生在含有离子大小很不相同的电解质中，然而阴离子与阳离子的浓度非常小（其浓度可以通过电导率测量来获得）。当一种类型的离子可以被优先吸附时，这类液体介质中的颗粒可以带电。

非水性介质,特别是在纯非极性介质中的电荷和颗粒表面电位是一个极其复杂且尚无完全理论上定论的课题,可能电离机制与在水介质中不同[32]。对弱极性或甚至非极性介质中颗粒的带电现象,学者们提出了一些不同的解释机理。其中一种认为颗粒表面与溶剂/溶质分子之间的酸碱(布朗斯特酸碱)相互作用是此类体系表面电荷形成的原因。在仅由带质子颗粒(PH)和带质子溶剂(SH)组成的系统中,有以下颗粒带电机制:

$$PH + SH \Longleftrightarrow P^- + SH_2^+ \qquad (2\text{-}26)$$

或

$$PH + SH \Longleftrightarrow PH_2^+ + S^- \qquad (2\text{-}27)$$

颗粒通过向溶剂提供质子而获得负电荷,颗粒也可以通过接受来自溶剂的质子而获得正电荷。因此,对于给定的系统,表面电荷的符号取决于颗粒和溶剂的相对酸碱性质。在相对介电常数从 1.9～84 的 16 种介质中,对两种炭黑样品粒度与 zeta 电位测量的详细研究佐证了颗粒表面和介质之间的路易斯酸碱基对(或电子供体-电子受体)相互作用的理论[33]。

由于从非水体系中完全去除水非常困难,因此在许多实际应用中,非水体系中颗粒的表面电荷是由极微量的残余水引起的。即使是微量的水,非水体系的电性能也会受到非常强烈的影响。水(含 H^+ 和 OH^-)的解离对于完全非质子系统中(不带质子的颗粒 P 和溶剂 S)的电荷也有影响[34]:

$$P + S + H^+ + OH^- \Longleftrightarrow PH^+ + SOH^- \qquad (2\text{-}28)$$

或

$$P + S + H^+ + OH^- \Longleftrightarrow POH^- + SH^+ \qquad (2\text{-}29)$$

若颗粒表面比溶剂分子碱性更强,则反应式(2-28)占主导地位;如果溶剂比颗粒表面碱性更强,则反应式(2-29)将占主导地位。

通常非水介质中颗粒的表面电荷比水溶液中的要低几个数量级。然而由于双电层的电容非常低,因此产生的表面电位以及 zeta 电位却仍与水相中具有相同的数量级。

在弱极性介质中,表面电位随距离的衰减极其缓慢。这样表面和滑动面之间的衰减可以忽略不计,zeta 电位就近似于表面电位而简化了分析。又由于衰变缓慢,胶体颗粒在远距离都能"感觉"到彼此的存在。因此,即使是稀悬浮液,其物理行为也可能与浓溶液相似,较易形成凝聚或团聚物。通过研究电泳迁移率对颗粒浓度的依赖性,可以区分出此体系表现为浓悬浮液还是稀悬浮液。如果不存在依赖性,则是稀悬浮液的行为。在这种情况下,可以使用测量稀悬浮液的方法与数据处理。否则,则需要使用适合于测量浓悬浮液的方法,例如超声法。

赫尔曼·亥姆霍兹（Hermann von Helmholtz, 1821—1894），德国物理学家和内科医生，在生理学、心理学、物理学、化学、哲学等多个领域做出了重大贡献。德国最大的研究机构协会——亥姆霍兹协会，是以他的名字命名的。

彼特·德拜（Petrus Debije, 1884—1966），美籍荷兰裔物理化学家。光散射应用的开创者。由于分子结构与 X 射线衍射的研究而获 1936 年诺贝尔化学奖。

奥托·斯特恩（Otto Stern, 1888—1969），美籍德裔物理学家，由于分子束的研究而获 1943 年诺贝尔物理学奖。他是史上被提名诺贝尔物理学奖次数第二多之人（82 次）。

参考文献

[1] Bardeen, J. Theory of the Work Function. Ⅱ. The Surface Double Layer. *Phys Rev*, 1936, 49(9): 653-662.

[2] Hunter, R. J. *Foundations of Colloid Science*. Oxford University Press, 2001.

[3] Helmholtz, H. Studien über electrische Grenzschichten. *Ann Phys*, 1879, 243(7): 337-382.

[4] Gouy, M. Sur la constitution de la charge électrique à la surface d'un electrolyte. *J Phys Theor Appl*, 1910, 9(1): 457-468.

[5] Chapman, D. L. A Contribution to the Theory of Electrocapillarity. *Lond Edinb Dublin Philos Mag J Sci*, 1913, 25(148): 475-481.

[6] Stern, O. Zur Theorie der Elektrolytischen Doppelschicht. *Zeitschrift für Elektrochemie*, 1924, 30: 508-516.

[7] Grahame, D. C. The Electrical Double Layer and the Theory of Electrocapillarity. *Chem Rev*, 1947, 41 (3): 441-501.

[8] Kijlstra, J. Double Layer Relaxation in Colloids. *Ph.D. Thesis*, Wageningen University, 1992.

[9] Debye, P.; Hückel, E. Zur Theorie der Elektrolyte. I. Gefrierpunktserniedrigung und verwandte Erscheinungen. *Physikalische Zeitschrift*, 1923, 24 (9): 185-206. (Translated by Braus, M. J.; The Theory of Electrolytes. I. Freezing Point Depression and Related Phenomenon, 2019).

[10] Dukhin, A. S.; Goetz, P. J. Ultrasound for Characterizing Colloids-Particle Sizing. *Zeta Potential, Rheology*, Elsevier, 2002.

[11] Shilov, V. N.; Borkovskaya, Y. B.; Dukhin, A. S. Electroacoustic Theory for Concentrated Colloids with Overlapped DLs at Arbitrary κa: I. Application to Nanocolloids and Nonaqueous Colloids. *J Colloid Interf Sci*, 2004, 277 (2): 347-358.

[12] Derjaguin, B.; Landau, L. Theory of the Stability of Strongly Charged Lyophobic Sols and of the Adhesion of Strongly Charged Particles in Solutions of Electrolytes. *Acta Physico Chimica URSS*,

1941, 14: 633.

[13] Verwey, E. J. W.; Overbeek, J. Th. G. Theory of the Stability of Lyophobic Colloids. *J Phys Colloid Chem*, 1948, 51(3): 631-636.

[14] Hunter, R. J. *Zeta Potential in Colloid Science*. Academic Press, 1981.

[15] Ohshima, H. Theory of Colloid and Interfacial Electric Phenomena. Elsevier-Technology & Engineering, 2006.

[16] Dube, G. P. Electrical Energy of Two Cylindrical Charged Particles. *Indian J Phys*, 1943, 17: 189-192.

[17] González-Tovar, E.; Jiménez-Ángeles, F.; Messina, R.; Lozada-Cassou, M. A New Correlation Effect in the Helmholtz and Surface Potentials of the Electrical Double Layer. *J Chem Phys*, 2004, 120: 9782-9792.

[18] Guerrero-García, G. I.; González-Tovar, E.; Chávez-Páez, M.; Kłos, J.; Lamperski, S. Quantifying the Thickness of the Electrical Double Layer Neutralizing a Planar Electrode: the Capacitive Compactness. *Phys Chem Chem Phys*, 2018, 20(1): 262-275.

[19] Saboorian-Jooybari, H.; Chen, Z. Calculation of Re-defined Electrical Double Layer Thickness in Symmetrical Electrolyte Solutions. *Results Phys*, 2019, 15: 102501.

[20] Derjaguin, B. V.; Dukhin, S. S.; Yaroshchuk, A. E. On the Role of the Electrostatic Factor in Stabilization of Dispersions Protected by Adsorption Layers of Polymers. *J Colloid Interf Sci*, 1987, 115(1): 234-239.

[21] Manciu, M.; Ruckenstein, E. The Polarization Model for Hydration/Double Layer Interactions: The Role of the Electrolyte Ions. *Adv Colloid Interf*, 2004, 112(1-3): 109-128.

[22] Bockris, J. O. M.; Devanathan, M. A. V.; Müller, K. On the Structure of Charged Interfaces. *Proc Roy Soc Ser A*, 1963, 274(1356): 55-79.

[23] Lyklema, J. Fundamentals of Interfaces and Colloid Science. *Vol II*, Chpts 3-4, Academic Press, 1995.

[24] Sakong, S.; Huang, J.; Eikerling, M.; Groß, A. The Structure of the Electric Double Layer: Atomistic Versus Continuum Approaches. *Curr Opin Electrochem*, 2022, 33: 100953.

[25] Dukhin, S. S. Non-equilibrium Electric Surface Phenomena. *Adv Colloid Interf Sci*, 1993, 44: 1-34.

[26] Lyklema, J.; Kijlstra, J.; Dukhin, S. S.; Shulepov, S. Y. Kinetika Desorbtsii Ionov B Elementarnom Akte Perekineticheskoi Koagulyatsii I Energiya Vzaimodeistviya Kolloignykh Chastits. *Kolloidn Zh*, 1992, 54: 92-108.

[27] Bikerman, J. J. Electrokinetic Equations and Surface Conductance. A Survey of the Diffuse Double Layer Theory of Colloidal Solutions. *T Faraday Soc*, 1940, 35: 154-160.

[28] Dukhin, S. S.; Zimmermann, R.; Werner, C. A Concept for the Generalization of the Standard Electrokinetic Model. *Colloid Surface A, 2001*, 195(1-3): 103-112.

[29] López-García, J. J.; Grosse, C.; Horno, J. A New Generalization of the Standard Electrokinetic Model. *J Phys Chem B*, 2007, 111(30): 8985-8992.

[30] Lyklema, J.; Minor, M. On Surface Conduction and Its Role in Electrokinetics. *Colloid Surface A*, 1998, 140(1-3): 33-41.

[31]　Löbbus, M.; van Leeuwen, H. P.; Lyklema, J. Streaming Potentials and Conductivities of Latex Plugs. Influence of the Valency of the Counterion. *Colloid Surface A*, 2000, 161(1): 103-113.

[32]　Rubio-Hernández, F.J. Is DLVO Theory Valid for Non-Aqueous Suspensions? *J Non-Equil Thermody*, 1999, 24(1): 75-79.

[33]　Xu, R.; Wu, C.; Xu, H. Particle Size and Zeta Potential of Carbon Black in Liquid Media. *Carbon*, 2007, 45: 2806-2809.

[34]　Kitahara, A. in *Electrical Phenomena at Interfaces*. ed. Kitahara, A.; Watanabe, A. pp119-143, Marcel Dekker, 1984.

第 **3** 章

界面的电动与动电现象及其测量

第 2 章主要描述了液相与颗粒两相交界处在静态下的电荷与电位状态及其分布。尽管有很多理论模型与公式，但是对于实际分散体系的界面电荷电位，这些理论与计算仅能提供一些定性，最多是半定量的信息。因为大部分实际的分散体系都不是那么理想化，例如颗粒的形状很少会是理想化的平板、球形或圆柱形，而某一样品介质中的电解质种类与浓度也不都是完全知晓的。对于具有颗粒粒径与形状多分散性的样品，现有理论更是束手无策。要定量或半定量地获知一个分散体系界面电荷电位的信息，从而对科研生产能起到作用，必须用实验手段对分散体系进行表征，测量某些实用的参数，这些参数能直接或间接地表征两相界面的电荷电位。

对于液体介质中的颗粒或多孔固体，现在几乎所有的实验手段都是让介质与其有相对运动，通过对相对运动的测量来表征界面的电状况。有两类实验：一类是外加一个电场，然后测量颗粒（或多孔固体）或介质在这一外加电场中的运动或者此运动产生的衍生场；另一类是外加一力场（流动场、重力场、超声场）使颗粒发生运动，然后测量此运动所产生的电效应。在英文中这两类现象都称为 electrokinetic phenomenon。中文可以统称为电动现象。另外也可将外加电场的实验称为电动现象，包括电泳、电渗、电声振幅、电震效应等；而将另一类现象称为动电现象，包括流动电位、沉降电位、胶体振动电位、震电效应等。其中沉降电位又可依据外力的不同及颗粒与介质密度的不同，分为沉降电位、离心电位和浮力电位。

根据所加场的频率，电动现象又可分为传统电动现象与电声现象。电声现象是在高频振荡电场或声场中发生的一系列电动效应。当物体与液体接触时，由于物体界面附近电荷的空间分布，电声和电动现象都会出现。电声学和电动学都是电场和机械场耦合的结果。电声现象有两点与传统电动现象不同：①在 MHz 范围内，超声的波长仅比颗粒粒度或孔隙度大几个数量级，例如超声波在水中 1~100MHz 时的波长为 1500~15μm，所以需要用波的现象来描述，而不是传统的电动现象。可是此波长仍然比颗粒大很多，这种"长波长极限"导致了巨大的理论简化及方便的实验数据处理。②液体介质在此尺度上具有可压缩性。

电动现象是双电层对不同外力产生的响应，这些外力在双电层内引起离子通量和液体通量。测量的电动参数是这些通量延伸到双电层之外而与表面附近电荷和电位有关的信息来源。电动现象通常是二阶现象，即从某种热力学力产生另一种类型的通量。例如，在电渗和电泳中，电力导致机械运动；而在流动电流（电位）中，施加的机械力产生电流（电位）。

电动与动电现象是表面科学与胶体科学中最古老的领域，当代利用这些现象进行实验的主要目的，就是得到本书所要讨论的 zeta 电位。表 3-1 总结了各类电动现象，本章将分节描述、讨论各类电动现象、测量方法及主要测量参数。表 3-1 中的技术往往两两对应，从动得到电的结果与从电得到动的结果有对称性。例如同样的液体介质运动，由电产生液体运动的电渗测量所得到的 zeta 电位，与由液体动而产生电的流动电位测量所得到的 zeta 电位是一致的。这一互换性称为 Saxén 定律[1]，是 Onsager 倒易关系在电动现象中的体现[2,3]。

表 3-1　主要电动现象分类

分类	运动物体	传统电动现象	电动测量参数	电声现象	电声测量参数
电动	颗粒	电泳 （electrophoresis）	电泳迁移率 （electrophoretic mobility）	电声振幅 （electrokinetic sonic amplitude）	动态电泳迁移率 （dynamic electrophoretic mobility）
电动	介质	电渗 （electroosmosis）	电渗迁移率 （electroosmotic mobility）	电震效应 （electroseismic effect）	电震转换 （electroseismic conversion）
动电	颗粒	沉降电位 （sedimentation potential）	沉降电位 （sedimentation potential）	胶体振动电位 （colloid vibration potential）	动态电泳迁移率 （dynamic electrophoretic mobility）
动电	介质	流动电位 （streaming potential）	流动电位 （streaming potential）	震电效应 （seismoelectric effect）	电声信号振幅 （electroacoustic signal magnitude）

各类不同的样品有不同的浓度，不同的技术也都有适合测量的样品浓度范围。例如对图 3-1 中一系列浓度的脂质体样品，光散射方法适合于测量稀溶液，因为浓溶液存在多重散射或者光无法透过。而电声法适合于浓溶液，因为稀溶液产生的电声信号太弱。所以全面了解各种电动现象以及测量方法，可以在实践中选择对待测样品最适合的技术。

图 3-1　各种不同浓度（质量分数）的悬乳液
A—10^{-4}%；B—10^{-3}%；C—0.005%；D—0.01%；E—0.05%；F—0.1%；G—0.5%；
H—0.75%；I—1%；J—2%；K—10%

由于测量技术在不断地改进，仪器设计细节也在不断革新，商业仪器型号层出不穷，本章不拟讨论任何具体商业仪器，只讨论与测量原理以及与主要测量参数有关的基本公式与主要方法，以及测量装置的示意图。由于电泳法在实践中用得最多，所以对电泳法测量部分的介绍略微详细一些。

近几十年来，又有一些新的电动现象问世，被统称为胶体的电化学宏观动力现象（electrochemical macrokinetics of colloids）。这些现象与上述经典电动现象的不同之处在于颗粒往往是处在不均匀场内，并且有些还处于热力学不平衡状态。新电动现象包括：扩散泳（diffusiophoresis）[4]、溶剂泳（solvophoresis）[5]、毛细管渗透（capillary osmosis）[6]、反向毛细管渗透（reverse capillary osmosis）[6]、电扩散泳（electrodiffusiophoresis）[7]等。非平衡电表面现象有：介电色散（dielectric dispersion）[8]、介电电泳（dielectrophoresis）[9]、电双折射（electric birefringence）[10]、电旋转（electrorotation）[11]、偶极电泳（dipolophoresis）[12]、非周期性电泳漂移（aperiodic electrophoretic drift）[13]、电黏效应（electroviscous effects）[14]等。

由于这些现象及理论与在实际应用中研究颗粒体系尚有一定距离，本书不拟详细讨论这些现象与理论，仅对其中的几个进行简单的介绍。

3.1　电泳及其测量

电泳是在外部电场的影响下，浸没在液体中的带电胶体颗粒或聚电解质的运动。测量的参数是颗粒的电泳速度 v_e，由此得到单位电场强度下的运动速度——电泳迁移率 μ。如果颗粒向较低电位（负极）移动，则迁移率为正，反之为负。

电泳现象的发现可以追溯到 1801 年法国化学家 Gautherot 所观察到的在两块通过电连接的金属板之间的水滴中发生的电泳现象[15]，而那时伏特（Volta）刚在

1798 年用锌板与银板连接浸在盐水中的纸，发明了第一个有稳定电流的伏特堆[16]。

有几类实验方法可以测量颗粒在介质中的电泳运动。

3.1.1　早期的电泳技术

（1）移动边界法[17]

用机械的方法在含颗粒的悬浮液和纯缓冲液之间产生一个边界。在电场作用下，固体颗粒的迁移导致边界的移动，其速度与 v_e 成比例。移动边界法在今天很少使用，因为速度慢而且很难解释浓度梯度和边界状况的异常。传统的移动边界法对分离与研究蛋白质、聚电解质和胶体做出了很大的贡献，Tiselius 为此获得 1948 年的诺贝尔化学奖[18]。此方法后来发展成凝胶电泳法，成为目前在蛋白质、DNA、遗传等生物学领域内重要的实验手段[19]。

（2）质量传输电泳[20]

将已知的电位差应用于悬浮液会导致颗粒从储液器迁移到收集器。电泳迁移率是根据一段时间后通过称重收集器来确定颗粒移动量而推算出来的。

3.1.2　微电泳法

（1）经典微电泳法

微电泳法是确定电泳迁移率经典和直接的方法。在微电泳实验中，悬浮液被加到两端有一对电极的毛细管中。用眼睛（通常在光学显微镜的帮助下）或其他光学元件直接观察在光照射下由于悬浮颗粒的光散射所生成的光点的运动。外加电场使带电颗粒朝相反电极运动，颗粒在短时间内（$<10^{-6}$s）加速，直到在静止液体中的黏性阻力与电场吸引力达到平衡。单个颗粒在两个给定距离的确定点之间的移动时间由操作员测定，根据时间和距离计算颗粒的电泳迁移速度。从电流、溶液的电导性以及样品池的横截面积可以确定电场强度，从而计算出电泳迁移率。

这种方法有许多严重的缺点：①非常缓慢、乏味和耗时；②只能跟踪几个颗粒；③统计意义较低；④仅限于光学显微镜下可见的颗粒，测量颗粒的粒径下限在 0.5μm 左右；⑤不能用于确定迁移率分布；⑥偏向于易见颗粒；⑦长时间观察使眼睛难以忍受。

（2）颗粒跟踪法

近几十年发展起来的颗粒跟踪分析法，利用在激光照射下的颗粒散射亮点跟踪颗粒由介质分子的热运动而造成的颗粒布朗运动，通过与动态光散射类似的 Stokes-Einstein 公式而进行基于数量的颗粒粒度分析[21,22]。当加了电场后，颗粒跟踪分析仪就成了当代微电泳仪。它使用高精度、高速度的图像记录设施以及先进的图像分析软件，在计算机的控制下大大提高了在电场下颗粒运动的测量精度和速度，操作人员也摆脱了伤眼神的操作。然而仍然存在着很多限制与不足之处：①该方法基于对单个颗粒的测量，虽然分辨率很高，可是由于所测量的颗粒数少，统计精度低，尤其是对于具有多分散电泳迁移率的样品；②为了记录准确的移动距离而需要长时间外加应用电场，这可能会带来焦耳热、pH 变化等一些不利影响；③为了跟踪单个颗粒，颗粒浓度不能过高。这个方法要成为可以普遍应用于实际样品的技术[23]，还需要在操作者主观性、对焦、相机位置与检测阈值等方面进行改进。

样品池的电渗会影响正确的电泳迁移率测量。下面在 3.1.5 节中将专门讨论电泳测量中的液体电渗问题。

3.1.3 电泳光散射

电泳光散射（ELS）是一种通过散射光的多普勒（Doppler）位移自动快速测量电泳迁移率的技术[24]。该方法与雷达对移动物体速度的测定非常相似——雷达通过测量物体反射的微波的多普勒位移来获得物体的速度。在电泳光散射实验中，相干入射光照射在应用电场中分散在液体介质中的颗粒上，带电颗粒朝向阳极或阴极移动，移动方向取决于其净电荷的符号。由于颗粒运动产生的多普勒效应，颗粒散射光的频率将不同于入射光的频率。从频率移位可以确定液体中颗粒的电泳和扩散运动。利用电泳光散射中相位分析光散射方法（PALS）可以测量运动非常缓慢的颗粒，例如当环境条件接近颗粒等电点时，或在非水性介质中的测量。PALS 能够检测低至 $10^{-4}\mu m^2/(V \cdot s)$ 的电泳迁移率。

与微电泳法相比，电泳光散射是一种间接的群体方法，无需校准即可快速、准确、自动、高重复性地对悬浮在水或非水性介质中的复杂颗粒样品进行检测。只要介质是透明的，此方法可以测量小至几纳米，大至几十微米的各类颗粒。由于 ELS 方法是测量在平面内的运动，颗粒垂直方向的沉降运动并不会干扰测量，只要检测体积中还有颗粒，就可以进行测量，当然统计代表性可能有所变化。电泳光散射分析所需样品量很小，测量结果具有很好的重现性，典型的标准偏差小于 2%。自 1971年以来，电泳光散射已成为测量从蛋白质到活细胞等生物颗粒以及从金溶胶到多组分钻井泥浆的胶体颗粒电泳迁移率最流行的方法，在工业和学术实验室中起着越来越大的作用[25-31]。欧盟联合研究中心已使用 7 种参考物质与标准参考物质，对电泳光散射法测量 zeta 电位的中间精度、真实度、重复性、扩展综合不确定度进行了细致的验证[32]。

（1）电泳光散射仪器的光学

电泳光散射使用一束不同频率的光与散射光混合的外差法测量在外加电场中悬浮颗粒光散射强度波动的自相关函数或功率频谱。电泳光散射仪器与动态光散射仪器非常相似，使用相同的原理，测量类似的信号。当不加电场时，电泳光散射仪器就可以进行外差模式下的动态光散射实验，而当参考光也不用时，电泳光散射仪器与普通的动态光散射仪器就没有什么不同了，许多商业仪器具有测量粒度分布与电泳迁移率分布的双重功能。电泳光散射仪器由相干光源、入射光学部件、参考光学部件、可外加电场的样品池、探测光学部件、探测器、相关器或频谱分析仪，以及控制实验、分析数据和报告结果的计算机组成。

从相干光源激光发出的入射光被分为两束，其中的一束在进入样品池之前被进行预频移。预频移通过光传输过程中以恒定速率变化光路的长短来实现。改变路径长度的传统方法是在光路上插入两面镜子，第一面镜子反射的光指向第二面镜子，并进一步反射后进入样品池。两面镜子之间的距离可以通过使用压电驱动以恒定的速度移动一个或两个镜子来改变，从而有效地改变光频率[33]。频移也可利用光纤的灵活性和光导特性来实现：将光纤缠绕在压电陶瓷管上，用闭环伺服控制的电场使压电陶瓷管的直径发生线性变化从而导致光纤长度的线性变化。这种频移方式可使整个仪器更小、更坚固[34]。

参考光与散射光有两种混合方式。在参考光束法中，直接射入探测器的参考光与在某一个散射角接收到的散射光在探测器中混合，通过两束光的频率"拍打"而探测散射光频率的变化。可以使用多束参考光，用在不同散射角的探测器进行同时多角度测量。在交叉光束法中，探测器位于两个光束之间。每个颗粒的散射是受到两束光分别照射后在不同散射角度的产物。由于两束光是相干的，它们在样品中形成干涉条纹图形，电泳运动是通过检测颗粒在条纹间距中运动所产生的两束散射光的频率差来完成的。

（2）电泳光散射测量的样品池

电泳光散射中的样品池用于盛放样品，允许入射光（以及参考光）进入和散射光放出，以及提供电场。电场应均匀、稳定，不干扰样品，不阻碍光学测量。样品池的温度测量、控制和稳定也很重要，特别是在应用电场期间需要高效地散热，以尽量减少由焦耳热导致的样品温度升高。样品池的材料必须与要测量的样品有化学兼容性，并且易于清洁。

目前使用的样品池主要有三类：一是在两端加电场的毛细管样品池；二是使用普通的方形比色皿作为样品池，样品处于插在比色皿中的两个平行电极之间；三是专门测量浓溶液的样品池。

　　毛细管样品池使用几毫米至几厘米长的毛细管,可以是直的也可以弯成U形,光路进出部分的横截面为圆形或矩形,但前后窗口一般为具有光学质量的平面。直的毛细管样品池内电场均匀,U形的电场强度在弯曲处不均匀,探测位置的微小变动会导致电场强度的变化[35,36]。两个电极位于毛细管的末端,散射体积位于毛细管的中心。电场在毛细管中被局限在狭小的空间内,在探测散射的直毛细管中心,电场是平行、均匀的。由于电极距离散射体积较远,从电极表面产生的任何可能干扰,如气泡、表面反应或样品的焦耳热,都不会有太大的影响。毛细管样品池能测量的散射角范围可以很大,通常大于30°,因为电极不会阻挡散射路径。以不同角度测得的频谱允许对颗粒粒度分布进行定性测定,并可以对频谱进行分析,判断峰值是由于噪声还是样品的迁移运动。在测量海水等高电导率悬浮液时,可以用如图3-2所示的电极设计[27]。此电极与液体接触的电极表面比毛细管横截面大几十倍。因此电场在电极表面被有效地"稀释",或者说电场在毛细管中被"聚焦"。这样可以在散射体积处获得高电场强度而电极表面的强度仍然相对较低,而且大容量金属电极很容易散热,毛细管的狭窄空间抑制了焦耳热产生的对流。与微电泳法中的毛细管样品池一样,此类样品的主要缺点是液体电渗的影响,将在本章3.1.5节中专门讨论。

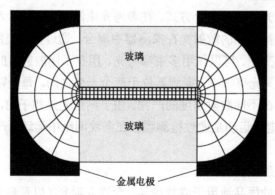

图 3-2　带半球状腔电极的矩形毛细管样品池
半球状腔内及毛细管中的线为电力线的描述

　　另一类样品池是类似于吸收光谱中所用的,由塑料或玻璃制成的正方形比色皿。样品池中平行插入两个间隙通常为1~4mm的平板电极,在其之间的悬浮液内形成电场[37]。这类样品池很容易使用,没有复杂的组装结构,而且完全没有电渗。为了使颗粒产生定向的电泳运动,必须有一定大小的电极才能在电极间隙的中心产生平行和均匀的电场,而且两电极不能分得很开,否则电场均匀性、边缘效应和任何电极的不平行性都可能带来误差。散射体积必须在样品池的中间，否则可能得到完全错误的结果[38]。对于高导电性样品，电极之间液体的温度将高于电极后面的液体，导致电极之间液体的向上对流，出现湍流，颗粒的电泳运动几乎无法测量。对于给定的介质，在电极表面有一个电流密度限制，超过这个限度将会发生表面反应，导致电极氧化、气泡形成和污染，这些现象极大地影响测量准确度。由于电极之间的间隙狭窄且长，可用的散射角度（大于 15° 的散射可能会被电极挡住）以及散射体积的大小有限。

　　许多情形下必须测量浓样品中颗粒的电泳。在高浓度样品中用电泳光散射测量时，除了颗粒的多重散射，入射光不能在悬浮液中行进得很远，散射光也只能来自于浅层的颗粒。为此必须使用独特的样品池。此样品池有一涂有透明电极的光学厚窗用于接收入射光与传递散射光。从厚窗一侧进入的入射光经折射后通过垂直于侧面的、涂有透明金属层的窗口内表面再一次折射后进到样品单元。颗粒在此电极和另一个普通电极产生的电场中进行电泳。厚窗表面附近颗粒的散射光在从厚窗出来之前折射两次（图 3-3）[39]。此设计貌似背散射，但却是在一个较小的散射角度（$\theta \approx 35°$）测量以避免大角度测量时扩散运动对频谱峰的极度增宽。此样品池在电场关闭时也可以用来进行浓样品的粒度测量[40]。

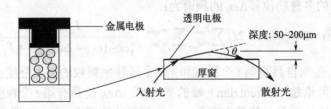

图 3-3　测量浓溶液的电泳光散射样品池

（3）电泳光散射的测量模式

　　电泳光散射有两种测量模式，即时间域中的相关函数测量与频率域中的频谱测量。时间域中的测量用探测器在设定采样时间 τ 内采集样品散射的光子数。这些光子数由硬件或软件相关器按照式（3-1）进行自相关函数（ACF）计算：

$$\mathrm{ACF} = G^{(2)}(\tau_j) = <n(t)n(t+\tau_j)> = \lim_{T \to \infty} \frac{1}{2T} \int_0^{2T} n(t)n(t+\tau_j)\mathrm{d}t \qquad (3\text{-}1)$$

　　式中，中间的尖括弧为测量期间（$2T$）的系综平均值；τ 为延迟时间，是两次采样之间的时间差；t 为测量期间内的任何时间。ACF 的物理含义：对在时间 t 和在时间 $(t+\tau)$ 进行的测量，如果 τ 较小，则这两个测量值 [$n(t)$ 与 $n(t+\tau)$] 所包含的信号或信息应以某种方式关联（相关）。τ 值越大，系统在时间 $(t+\tau)$ 的状态距离在时间 t 的原始状态越远，也即这两种状态的关联性越小。当延迟时间 τ 无穷大时，这两个状态就变得完全不相关了。用延迟时间 τ_j 相隔的每一对数字进行相乘并在测量时间内取平均值形成自相关函数中的一个数据点。整个自相关函数是改变式（3-1）中的 j 值进行计算，即一系列的 τ 值，从 τ_0 直到 τ 足够大，以至于 $n(t)$ 和 $n(t+\tau_j)$ 之间没有任何相关性。

使用专门设计的或现成的硬件相关器或使用普通计算机的软件相关器，有许多方案可以用来进行式（3-1）的运算。

在频率域测量中，以满足分析最高所需频率的间隔对探测器发出的信号进行采样，然后进行快速傅里叶变换而得到功率频谱 $S(\omega)$。功率频谱与自相关函数是一对傅里叶变换[41]：

$$\langle n(t)n(t+\tau)\rangle = \int_{-\infty}^{\infty} S(\omega)e^{-i\omega\tau}\,d\omega \tag{3-2}$$

$$S(\omega) = \frac{1}{2\pi}\int_{-\infty}^{\infty} \langle n(t)n^*(t+\tau)\rangle e^{i\omega\tau}\,d\tau \tag{3-3}$$

式中，n^* 为 n 的共轭数（虚数）；i 为虚数；ω 为圆频率。

（4）从电泳光散射获得电泳速度

由于测量电泳光散射最后要表述的是电泳定向运动所产生的多普勒频率位移，所以无论采用哪种测试方法，最后都以频谱形式显示。具有粒径 i 与电泳迁移率 j 的颗粒所造成的多普勒位移 $\Delta\omega_{ij}$ 的频谱为：

$$S(\omega) = 2\pi I_L^2 \delta(\omega) + 2I_L \sum_{i=d_{\min}}^{d_{\max}} \sum_{j=\Delta\omega_{s,\min}}^{\Delta\omega_{s,\max}} \frac{I_{s,ij}\Gamma_i}{[\omega-(\omega_{ps}+\Delta\omega_{s,ij})]^2 + \Gamma_i^2} \tag{3-4}$$

式中，$I_{s,ij}$ 是来自具有第 i 个粒度和第 j 个迁移率颗粒的散射强度；Γ_i 是第 i 个粒度所对应的劳伦兹（Lorentzian）峰的半峰宽；$\Delta\omega_{ij}$ 是具有第 i 个粒度和第 j 个迁移率颗粒的电泳运动引起的频率变化；ω_{ps} 为预频移的频率；$\delta(\omega)$ 为圆频率的 δ 函数；$d_{\min}$ 和 $d_{\max}$ 为粒径的最小值与最大值；$\Delta\omega_{\min}$ 与 $\Delta\omega_{\max}$ 为频率位移的最小值与最大值。电泳光散射实验中测量的信号是散射体积中所有颗粒的电泳运动与扩散运动的总和。扩散运动导致式（3-4）中的劳伦兹峰，其宽度与颗粒的扩散系数有关，而电泳运动导致式（3-4）中的频率位移，位置与电泳迁移率相关。在式（3-4）中，假设（$\omega_{ps}+\Delta\omega_{ij}$）始终是正的，在实践中可以通过选择较大的预频移来满足此条件。自相关函数和功率频谱的绝对振幅在确定电泳速度时无关紧要。

得到 $\Delta\omega_{ij}$ 后，就可以根据仪器的光学结构，通过适当的公式求得该颗粒的电泳速度，进一步根据外加电场强度，得到电泳迁移率。

由于 $\Delta\omega_{ij}$ 是粒度和电泳迁移率的函数，可以有三类情况：

① 具有单分散电泳迁移率与单分散或多分散粒度的颗粒体系。功率频谱中峰值位置的频率差正比于电泳迁移率。

② 具有多分散迁移率与单分散粒度的颗粒体系。式（3-4）可以写为：

$$S(\omega) = 2\pi I_L^2 \delta(\omega) + 2I_L \sum_{j=\Delta\omega_{s,min}}^{\Delta\omega_{s,max}} \frac{I_{s,j}\Gamma}{[(\omega - (\omega_{ps} + \Delta\omega_{s,j}))]^2 + \Gamma^2} \tag{3-5}$$

一旦 Γ 可以从 $S_{\substack{E=0 \\ \omega_{ps}=0}}(\omega)$ 中得到，可以通过将非负最小二乘法或其他拟合算法应用到式（3-5）的矩阵形式中，从归一化的 $S(\omega)$ 中得到电泳迁移率的分布 $I_{s,j}$：

$$\begin{pmatrix} a_1 \\ \cdot \\ a_k \end{pmatrix} = \begin{pmatrix} b_{11} & \cdots & b_{1j} \\ \vdots & \ddots & \vdots \\ b_{k1} & \cdots & b_{kj} \end{pmatrix} \begin{pmatrix} I_{s,1} \\ \cdot \\ I_{s,j} \end{pmatrix} \tag{3-6}$$

式中，a_k 为 $S(\omega_k)$；b_{kj} 是转换元素 $\Gamma / \{[\omega_k - (\omega_{ps} + \Delta\omega_{s,j})]^2 + \Gamma^2\}$。

③ 对一般情况，电泳迁移率与粒度都是多分散的。需要两个或以上的独立物理测量，分别测量粒度与电泳迁移率。如果不假定某个函数形式和两个分布之间的某些关系，即使已知其中一个分布函数也没有分析解决方案可以得到完整的三维图，只能得到内含颗粒扩散运动影响的电泳迁移率"分布"，更详细的分析请见本章 3.1.4 节。

（5）电泳光散射的多角度测量

对于粒度多分散的样品，光散射强度随散射角度的变化因颗粒大小而异，如果样品中颗粒还有电泳迁移率，具有多分散性，则需要进行多角度测量。例如如果样品中有两个颗粒群，其中一群颗粒较大，另一群较小，且每个群有独特的电泳迁移率，则在不同角度进行测量有可能分辨出这两个群体。在小角度测量时大颗粒群将产生高散射强度，而大角度获得的散射强度分布将更多地偏向于小颗粒群。

图 3-4 显示了一个药物囊泡悬浮液的电泳光散射测量结果。此样品内有一群带负电荷的小颗粒和一群带正电荷的大颗粒。测量是在四个散射角度同时进行的。最大散射角（34.2°，上实线）的谱线中负峰振幅最高，最小散射角（8.6°，点虚线）

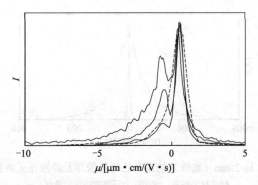

图 3-4　一个药物囊泡样品在不同散射角度测得的散射光强权重电泳迁移率谱

谱线中的负峰基本消失了。中间的两条谱线来自两个中间角（17.1°、下实线和25.6°、中实线）。由于每条谱线都通过正峰进行归一化，因此负峰从最大角度到最小角度的下降幅度表明相对于具有正迁移率的大颗粒，该峰值相对应于小颗粒。动态体系需要同时进行多角度测量，否则很难排除在测量和数据分析期间出现的样品变化。

3.1.4　电泳运动中的扩散运动干扰

电泳测试中颗粒有两种类型的运动：由介质分子的热运动碰撞颗粒所造成的无规布朗扩散运动和带电颗粒在电场中的定向电泳运动。颗粒扩散运动会在各个方向随机地对颗粒的定向电泳运动造成干扰，其干扰的程度与颗粒大小及其带电状况有关。颗粒越小，扩散运动越快，颗粒表面电位越高，电泳速度越快，其他诸如温度、介质黏度等参数，也会对这两种运动有不同的影响程度。在微电泳实验中，由于观察的是单个颗粒的运动，其扩散运动对在电场方向运动的影响可以通过对每个颗粒的运动数据或轨迹进行处理而过滤掉。电泳光散射测量的是颗粒群体的散射信号，扩散运动造成频谱峰的增宽，其增宽程度取决于颗粒的大小，颗粒越小，峰增宽越严重。峰增宽对得到真正的迁移率分布造成很大的困难。

从图3-5可看出，对于微米大小的颗粒，扩散运动造成的频谱峰的增宽可以忽略不计，而在电场下测量的频谱可视为与电泳迁移率分布直接关联；但对于纳米大小的颗粒，峰增宽将严重损害电泳迁移率测定的分辨率和准确性。由于此一增宽对频谱峰是对称性的，在大多数应用中仍然可以获得正确的平均迁移率，但是迁移率分布的信息可能完全丢失或失真。因为峰值宽度可能主要或完全来自于无规扩散运动，图谱的横坐标标记为电泳迁移率可能造成误导，在多峰分布的样品谱图中更是会发生几个峰由于增宽而重叠在一起。大多数商用电泳光散射仪器报告的电泳迁移率分布是含有扩散运动增宽在内的。

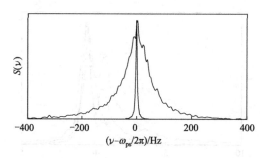

图3-5　1μm（窄峰）与20nm（宽峰）的聚苯乙烯乳胶球悬浮液在无外加电场下测量的频谱
横坐标为频率；纵坐标为频谱振幅（无量纲）

对于单峰频谱，一种判断峰值增宽是源自扩散运动还是迁移率分布的方法是通过频谱峰宽的散射角依赖性。电泳迁移率分布造成的峰增宽与光散射矢量值是线性关系，而扩散运动增宽与光散射矢量值的平方是线性关系，从频谱峰宽对散射矢量值作图很容易分辨出这两种关系。单个角度测量电泳迁移率仅能提供有关平均值的信息而无法判断出峰宽是由哪种运动导致的。因此要得到迁移率分布的信息，必须从多个角度进行测量。通过多角度测量数据的综合分析，即使多峰频谱也能导出有用的迁移率分布信息。

另一种被称为"剥离法"的方法可以有效地从频谱中减少扩散运动在电泳频谱中的影响而不需假设粒度和迁移率的分布形式。在这种方法中，在没有外加电场（因此仅有颗粒的扩散运动）下获得的频谱，在适当地归一化并按适当的频率移动后，从在电场下测量的频谱中反复被减去（剥离）。每个"剥离"的振幅对应于电泳运动频率位移分布的振幅，其移动频率与迁移率成正比[42]。图 3-6 是 300nm 和 890nm 下聚苯乙烯乳胶球混合悬浮液样品的频谱，测量是在矩形毛细管样品池的静止层在 34.2° 的散射角下进行的。右边的实谱线来自于无电场测量，左边的实谱线来自于在 0.15mA（E=20.3V/cm）恒定电流下的测量，带符号的虚线表示剥离的结果。两个不同粒度颗粒群频移的两个峰值只有在扩散运动被剥离后才能显示出来。

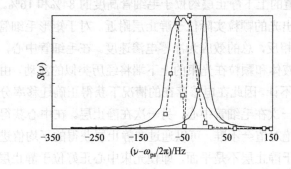

图 3-6   应用剥离法揭示聚苯乙烯乳胶球悬浮液中的双峰电泳迁移率谱

3.1.5   电泳测量中的电渗干扰

在微电泳法与使用毛细管样品池的电泳光散射法中存在一个对正确测量电泳迁移率的干扰——液体的电渗，也即液体相对于固定的带电界面的运动[43]。大多数制作毛细管的材料，如硅酸盐玻璃或硅石英，在极性介质中表面会带有电荷。这些电荷主要来自于硅醇基团，其密度因玻璃类型和样品池的历史而异。当在毛细管两端外加电场时，与带电毛细管表面相邻的流体层中会产生扩散的双层电荷，池壁表面附近的液体会沿着电场移动，这个运动又会导致毛细管中其他部位的液体运动。由于电渗对液体运动的影响，电场下观测到的颗粒运动不再是纯粹的电泳运动，而是颗粒电泳运动和液体电渗运动的共同结果，测到的运动速度是颗粒运动与液体运动叠加的结果。由于液体每个部位的运动速度不一样，而入射光束都有一定的厚度，探测到的散射光来自于光束中所有颗粒的散射。这样不但颗粒的运动测不准，而且使测得的电泳迁移率分布变宽，即使对于具有理想单分散电泳迁移率的颗粒，掺杂了液体电渗运动的电泳迁移率也会是一个分布而不是单一值。

在实践中有三种方式可以避免或减少液体电渗对电泳迁移率测量的影响。

（1）在静止层测量

由于整个毛细管是一个封闭体系，靠近池壁的移动液体必须在毛细管的末端转向，从而推动液体在毛细管的中央部分在另一个方向形成一个抛物线液体流形。对于给定的毛细管形状和尺寸，由于毛细管边缘与中央的液体运动方向相反，则在运动转向处的液体没有运动，这个位置称为静止层。如果测量在此静止层进行，则可以得到不含液体运动的颗粒电泳迁移率。如果所有池壁的表面电荷条件相同，理论上可以预测此抛物线的轮廓。对于圆形毛细管，此层是一个圆环。对于矩形毛细管，静止层是一个矩形，其与池壁的距离取决于毛细管的宽度和高度比。对宽高比为3的矩形毛细管，通道的上下静止层约位于毛细管高度的84%和16%。由于入射光有一定的厚度，散射出光的颗粒实际位于静止层附近。对于矩形毛细管，静止层上方和下方的液体电渗相反，总的效应为净零电渗速度。在毛细管中心，流动轮廓有一个较平坦的斜坡，液体和颗粒在光束的上下端将经历类似的流动，由于电渗引起的分布增宽可以忽略不计。因此在电渗存在的情况下获得正确迁移率分布的一种方法是进行两次测量，一次在毛细管中心，另一次在静止层。在中心获得的迁移率分布有正确的形状，但绝对值会不准，可以通过在静止层获得的平均值进行校正[44]。对于圆形毛细管，由于静止层不是平面，即使光束中心正好位于静止层，也不可能完全避免电渗的影响。

（2）池壁涂层消除表面电荷

将毛细管内部表面涂上一种能减少硅醇基与介质接触的物质，文献中有各种配方可用于样品池内壁涂层[45]。特别是聚乙二醇-聚亚乙基亚胺（PEG-PEI）涂层能显著减少电渗，在很宽的pH和离子强度范围内控制玻璃表面的吸附和湿润。这些配方的涂层稳定性和易用性仍需要进一步提高。电渗的减少可大大提高测量精度和分辨率，由于静止层附近的流形坡度变小很多，确切位置就不那么关键了[46]。

（3）利用快速电场极性变换避免液体流动

静止颗粒达到电泳速度的加速时间在 $10^{-9}\sim10^{-6}$s 之间，而液体运动时到达终端速度的时间比颗粒的要长得多，在 $10^{-3}\sim10^{-1}s$ 左右。如果电场极性变化迅速，则液体由于来不及响应而无法启动电渗运动[47,48]。在测量时伴随快速变化的电场极性即可消除液体的运动，而可以在毛细管的任何位置进行测量。但是电场极性转换频率高于 5Hz 时，不仅频谱的分辨率降低，产生谐波边带，使得从频谱中获得迁移率分布变得很复杂，甚至主峰值也会移动，从而得出错误的结论[49]。一个解决方案是在任意位置进行两次测量，一次用低频换极性的直流电场（约 2Hz）得到不带边带但含电渗的频谱，一次用高频换极性的直流电场（约 25Hz）得到正确的平均迁移率但是带边带的低分辨率频谱，然后将低频电场测到的频谱平移到正确的平均迁移率[50,51]。但是对于复杂的多组分样品，例如既含有带正电的颗粒又含有带负电的颗粒，由于多重不同振幅、不同频率边带的出现，这个方法可能会给出误导的结果。

3.1.6　动态电泳测量

当颗粒悬浮液处于交流电场中时，颗粒的电泳迁移率取决于所加电场的频率 ω，称为动态迁移率。从 20 世纪 90 年代开始，就有很多颗粒在稀悬浮液与浓悬浮液中的动态迁移率的理论模型以及近似公式，也有球形颗粒动态电泳的全电动力学方程式[52,53]。这些公式很多需要数值计算，很难被实际应用，而且并不能提供比普通电泳测量更多的信息。

3.1.7　差分电泳

差分电泳是一种研究保持两个颗粒在布朗运动作用下处于双体构型的技术。该技术基于这样一个概念，即具有不同 zeta 电位的颗粒在电场中以不同的速度移动，但将颗粒保持在一起的胶体作用力阻碍了电泳运动。存在偶极矩的双体将在电场中旋转；通过测量角速度或静止状态形态的角分布，可以得出关于双体刚性的结论，也即是否存在与两个颗粒表面相切的力。在足够高的电场下，双体与外加电场对齐，电泳迁移力试图拉开双体。如果电泳迁移力超过最大胶体吸引力，则双体会分离。电泳旋转速度和迁移力都与施加的电场和两个颗粒之间 zeta 电位的差成正比。差分电泳可用于测量颗粒之间的法向力和切向力，这些测量对理解胶体力和稳定性很重要。例如在没有表面活性剂的聚合物胶体颗粒之间不但有吸引力，还存在经典胶体力理论无法预测的切向力，这些切向力在非布朗运动时间尺度上显示出特殊的时间依赖效应[54]。

3.2 电渗及其测量

电渗与电泳相反，是液体在外加电场作用下通过固定的颗粒、多孔塞、毛细管或膜的运动。如果一块扁平的固体与水溶液接触，则双电层的形成将导致出现一个扩散区，在双电层内将存在非零电荷密度区。如果平行于此表面加一个外部电场，则电荷区内的电场将使离子运动，移动的离子拖曳着它们所在的液体，这是电场对带电毛细管、孔隙等的内部液体中的反电荷施加力的结果，这类电动现象被称为电渗透。电渗速度 v_{eo} 是远离带电界面液体的均匀速度。通常所测量的量是单位电场强度下（或单位电流）液体通过固定的颗粒、多孔塞、毛细管或膜的体积流量，以 $Q_{eo,E}$（或 $Q_{eo,I}$）表示。另一个相关的概念是电渗反压 ΔP_{eo}。如果高压处于较高电位侧，则认为 ΔP_{eo} 值为正。

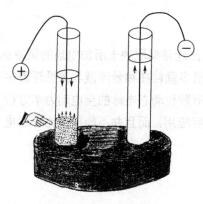

图 3-7 最早的电渗实验

电渗也是最早发现的电动现象之一。德国科学家 Reuss 于 1807 年在莫斯科用与一个装有 92 枚银币与同样数量的锌板组成的伏特堆相连的 U 形管和两个电极组成的装置进行了一个简单的实验。如图 3-7 所示，Reuss 在 U 形管中放了一些黏土，他发现当施加电压时，管中的一部分水位上升，这可能是最早的电渗实验[55]。

电渗现象的定量化早在 1852 年就由 Wiedemann 通过实验发现：单位电流下的电渗水流量与外加电压与管径都没有关系[56]，也即当电场 E 施加到浸没在电解液中的固体颗粒、带电毛细管或多孔塞上产生液体流时，如果在固体/液体界面的任何地方 $\kappa a \gg 1$，则远离该界面的液体将有电渗速度 v_{eo}，而与通道中的位置无关。电渗的基本总结却要等半个多世纪后由 Smoluchowski 在 20 世纪初提出的 Smoluchowski 电渗滑移速度公式[57,58]。此公式认为电渗流是在外部场 E 的切向分量 E_t 的作用下沿着双电层任何截面的液体流，该场与双电层的存在无关，即忽略后者的变形。

$$v_{eo} = \frac{2\varepsilon_r \varepsilon_o E \zeta}{\eta} \left(\frac{1}{2} - \frac{I_1(\kappa a)}{\kappa a I_0(\kappa a)} \right) \tag{3-7}$$

式中，I_0 与 I_1 分别是零阶与一阶的第一类修正 Bessel 函数[59]。如果假设双电层厚度与毛细管半径相比非常小，对于大的 κa，流体流动和电场线是平行的。在这些条件下，在离表面较远的地方，液体速度（电渗速度）v_{eo} 由下式给出：

$$v_{eo} = -\frac{\varepsilon_r \varepsilon_o \zeta}{\eta} E \qquad (3-8)$$

式中，ζ 是 zeta 电位；η 是介质的动态黏度。相应的电渗迁移率为：

$$\frac{v_{eo}}{E} = \mu_{eo} = -\frac{\varepsilon_r \varepsilon_o \zeta}{\eta} \qquad (3-9)$$

单位电流的电渗流速率 $Q_{eo,I}$ 由式（3-10）给出。

$$Q_{eo,I} = \frac{Q_{eo}}{I} = -\frac{\varepsilon_r \varepsilon_o \zeta}{\eta K_L} \qquad (3-10)$$

式中，K_L 与 I 分别是体液相的电导率与电流。在实际测量中，有很大一部分流动液体是来自于接近池壁（或固体表面）的地方，这时就必须考虑表面电导率的影响，式（3-10）必须另外加一项而成为：

$$Q_{eo,I} = \frac{Q_{eo}}{I} = -\frac{\varepsilon_r \varepsilon_o \zeta}{\eta(K_L + fK^\sigma)} \qquad (3-11)$$

式中，K^σ 为表面电导率；f 称为形状因子，与界面的形状有关。对半径为 a 的毛细管，$f = 2/a$。

对于非单根毛细管的固定颗粒层、多孔塞、毛细管或膜等具有物理长度的复杂多孔介质，可以近似为 N 根平均孔半径 a 的平行毛细管。对于每一个理想化的毛细管，可以分析单个管中电渗流动的溶液，通过对所有毛细管进行积分来估计多孔介质中的总流动行为[60]。

电渗运动的测量一般有三类：流量测量、电渗反压测量、速度测量。

3.2.1　流量测量

这是最直接也是最简单的办法。已知所加电流与介质的电导，通过测量流动液体的体积，就可得知剪切面的电位情况。早期的实验是在固定的颗粒、多孔塞、毛细管或膜的两端加上电压后，观察液面的移动。为了防止电极的极化对测量的影响，电极通常放在离所测柱塞很远的地方。为了更精确地测量液体量，经常在另外一个毛细管中放一个气泡，然后观察气泡的移动。这种气泡观察方法存在很多问题[61]，现在已基本不用了。

3.2.2　电渗反压测量

在如图 3-8 所示的 U 形管实验中，当在浸润在介质中的多孔介质上施加电位差时，液体在一侧上升，在另一侧下降。这个高度差随着时间的推移而增加，当高度差引起的液压等于电渗压力时，过程达到平衡状态，高度差最大。

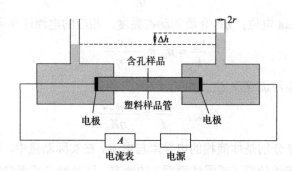

图 3-8　典型的渗透反压测试实验

高度差随时间的变化可由下式给出：

$$\Delta h(t) = \frac{\Delta P_{eq}}{\rho_s g}\left[1 - \exp\left(-\frac{t}{\tau}\right)\right] \tag{3-12}$$

$$\Delta P_{eq} = \frac{8\varepsilon_r \varepsilon_o |\zeta| V}{a^2}\left[1 - \frac{2I_1(\kappa a)}{\kappa a I_o(\kappa a)}\right] \tag{3-13}$$

式中，ΔP_{eq} 为平衡时两边液柱高度差（最大液柱高度差）所造成的压力差；ρ_s 为介质的密度；g 为重力加速度；τ 为响应时间；a 为表观平均孔隙半径；V 为所加电场的电压；I_o 与 I_1 分别为零阶与一阶的第一类修正 Bessel 函数[62]。

在导电的水相介质中，当德拜长度远小于毛细管半径时，式（3-13）中方括号内的第二项可以忽略不计[63]，从最大液面差就可以得到孔隙壁的 zeta 电位。

$$\Delta h_{max} = \frac{8\varepsilon_r \varepsilon_o |\zeta| V}{\rho_s g a^2} \tag{3-14}$$

3.2.3　速度测量

有很多种方法可以直接测量液体运动的速度。

（1）双颗粒相关法

在不同的直流电场下，在受控通道流动实验中测量两种粒径相同但具有不同表面电特性的示踪颗粒的相关函数，由此可独立地得到示踪颗粒与电渗运动的速度[64]。

（2）荧光法

荧光染色法可通过跟踪在直流电场中含荧光物质液体与不含荧光物质液体的界面在开口式毛细管的移动，而直流测量液体的电渗速度[64]。

（3）电流监测方法

这是一种通过测量电流对时间作图的斜率来确定电渗速度的方法。该方法基于毛细管液流中电流随时间变化的测量，而电流的变化源自因电渗运动而流动的电解质被电导率稍有不同的第二个电解质取代（这一微小差异足以改变电流强度，同时保持电渗速度不变）。这是一种间接测量方法，需要至少两种电解质，用另一种电解质完全替换一种电解质可能会需要很长时间，有可能会导致焦耳加热效应，对结果产生负面影响[65]。

（4）示踪颗粒速率法

在此方法中，电渗速度通过用显微镜结合现代的高速图像记录直接观察毛细管中探测颗粒的运动来测量液体的电渗运动，但只限于透明的单根毛细管，而不适用于实际的颗粒或多孔材料。

在一根灌满含有示踪颗粒液体介质的毛细管中，当外加电场后，颗粒运动是颗粒的电泳运动、液体的电渗运动、颗粒的扩散运动（布朗运动）的总和。扩散运动可以通过平均数个颗粒的运动而被消除。在毛细管中线的静止颗粒在加了电场后开始电泳运动的时间数量级为（$\rho_p a^2/\eta$），而液体的对应电渗运动的时间数量级为（$\rho_s r^2/\eta$）。其中 ρ_p 为颗粒密度，ρ_s 为介质密度，a 为示踪颗粒半径，r 为毛细管半径，η 为介质动态黏度。对于大小在 10^2nm 数量级的颗粒与 10^2μm 数量级的毛细管，时间尺度分别为 1μs 与 10ms[48]。另外两个时间尺度是颗粒双电层的极化与围绕颗粒离子的极化，这两个时间尺度分别在 0.1μs 与 1ms[66]。

利用电泳与电渗启动时间尺度的差别，可以用脉冲电场来观察施加和去除恒定振幅电脉冲时的流量启动和流量关闭。电场开启的瞬间，示踪颗粒将几乎立即开始由于电泳而移动，而此时通道中心液体的电渗对颗粒运动的贡献需要随着时间而逐渐启动，直到达到稳态速度。类似地，一旦电场关闭，颗粒的电泳几乎瞬间消失，而通道中心液体的电渗对颗粒运动的贡献将缓慢地减停。电泳与电渗对颗粒运动不同的启动和关闭行为导致的运动速度变化，可以通过与所施加电场同步的高速摄像机来捕捉[67]，也可通过两束有固定时间差的脉冲激光照射样品，然后通过两幅图像的交叉相关分析得到颗粒的位置变化，从而得到运动速度[68]。使用这种方法，电泳和电渗的特征速度可以在同一次实验中被分别测出。如果示踪颗粒具有单分散的粒度与电泳迁移率，则通过高速图像记录仪对在毛细管不同部位的众多颗粒的分析，就可以得到液体电渗运动在毛细管内的速度分布[69]。

3.3 沉降电位及其测量

3.3.1 沉降电位的一般理论

当颗粒的密度与周围液体的密度不同时，就会发生沉降（或浮力）。双电层的存在导致了电场的产生，所有颗粒的电场叠加即产生沉降（或浮力）电位。沉降电位是在一百多年前由 Dorn 发现的，所以经常被称为 Dorn 效应[70]。

当颗粒下落时，其周围的液体流动将改变双电层电荷的空间分布。液体本身携带的反离子和离子的正常通量大致相同，因为它们的产生是由于电中性溶液的对流运动。对带负表面电荷的沉降颗粒，双电层富含阳离子；阳离子的切向通量将比阴离子大得多，因此颗粒的下端将富含阴离子，这些阴离子在颗粒表面周围的含量非常低。阳离子将在上端聚集，从而产生一个与重力场相反的偶极子 d^*。当单位体积内有 n 个颗粒时，这些偶极子产生的电场称为沉降场（E_{sed}），其值一般在 $0.1 \sim 0.2 \text{V/cm}$：

$$E_{sed} = -\frac{nd^*}{\varepsilon_r \varepsilon_o} \tag{3-15}$$

沉降电位 U_{sed} 是两个垂直距离相隔为 h 的电极，在有重力作用下沉降颗粒的悬浮液中感应到的电位与介质电位的差别[71]。

$$U_{sed} = \frac{2a^2(\rho_p - \rho_s)}{9\eta}g \tag{3-16}$$

式中，ρ_p 为颗粒密度；ρ_s 为介质密度。

当此沉降是由离心场产生时，称为离心电位与离心场。对于颗粒密度低于介质的，如气泡，则可利用上浮过程得到浮力电位[72,73]，也称为气浮电位，其测量可得到气泡与液相交界界面的电位[74,75]。

当颗粒浓度很高时，颗粒之间的相互电作用与水化动力学作用需要考虑进去，这时测量到的沉降电位与颗粒表面双电层特征厚度以及颗粒的体积分数 φ 有关[76]。当 $\kappa a = 10^3$，$\varphi < 0.1$ 时，测量到的表观沉降电位 U'_{sed} 与颗粒沉降电位有下述较简单的关系：

$$U'_{sed} \approx U_{sed}(20\varphi + 1)\left(1 - \frac{9\varphi^{\frac{1}{3}}}{5} + \varphi - \frac{\varphi^2}{5}\right) \tag{3-17}$$

当浓度很低，φ 趋于零时，U'_{sed} 趋于 U_{sed}。当浓度不是很高时，假定颗粒周围的双电层不受其他颗粒的影响，颗粒在测量区段的体积分数与此区段的背景电阻（介质电阻）R_b、悬浮液电阻 R_s 有下列关系：

$$\varphi = \frac{1 - \dfrac{R_b}{R_s}}{1 + \dfrac{R_b}{2R_s}} \tag{3-18}$$

3.3.2　沉降电位的测量

沉降电位的测量已有很长的历史[77]，也有很多理论推导，有些理论考虑了多因素耦合效应，特别是不同类型和形状的颗粒、悬浮颗粒浓度、离子浓度、固液相互作用等。这些理论对探索化学工业、冶金、制药、空气污染、水环境治理等领域的颗粒行为控制原理具有重要价值[78,79]。

沉降电位的测量装置是两端放置电极的直通样品柱。直通样品柱可有不同长度，内径一般为 2~3cm。采用两对 Ag/AgCl 电极，每对电极相距几十厘米。一对电极用于电位差测量，另一对用于电阻测量。由于悬浮液的高电阻，电阻测量电极容易极化并给出不准确的读数，可以用在每次测量后改变电流方向来减少电极的极化。电位测量电极也会有缓慢的极化。样品柱内的 pH 需要连续测量。

测量时首先在柱内测量不含颗粒的介质（电解液），得到背景数据，同时也使电极适应此电解液。然后从样品柱顶上倒入含颗粒的悬浮液，开始连续测量电压、电阻与 pH，直到所有颗粒都已至少沉降过了上面的电极。对于单分散的样品，测到的电压与电阻不随时间而变。对多分散样品，通过测量的电压随时间变化可求算出样品的粒径分布[80]。对于混合样品，可以通过电压随时间的变化得到不同组分的信息。

图 3-9 为窄分散的粒径中值为 68μm 的二氧化硅颗粒与 28μm 的氧化铝颗粒 1:1 混合物的沉降电位（SP）随时间的变化。图中的数据点为 10 次一组的三次测量。每组的测量时间约为 1min，两组间隔时间也约为 1min。由于具有较多负电荷的大颗粒二氧化硅沉降比具有较少负电荷的小颗粒氧化铝快，随着实验的进行，二氧化硅越来越多地沉淀出测量区域，导致测量区域的沉降电压越来越正。

测量沉降电位也可用旋转柱，测量旋转产生的电位差，以消除测量电极的漂移和/或不对称，精确地测量沉降电位[81]。这类旋转柱法还可以用来测量浓颗粒分散体系。在旋转柱法中，沉降柱可以旋转任意角度，所测得的电位差与旋转角度 $\sin\theta$ 成比例，当旋转 180° 时，所产生的电位差等于沉降电位的两倍。在此方法中，测量的是电位差的变化，因此消除了电极的漂移和不对称带来的实验误差。旋转 180° 时测得的电位差的变化如图 3-10 所示，尽管测得的电位在漂移，但仍可以高精度地读取电位差。

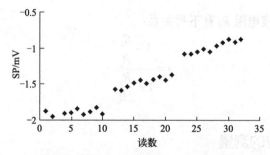

图 3-9　二氧化硅颗粒与氧化铝颗粒 1∶1 混合物的沉降电位

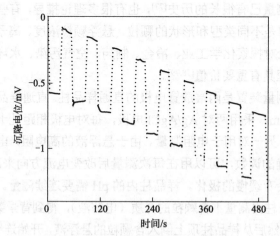

图 3-10　旋转沉降柱所测到的沉降电位

对颗粒体积分数为 φ 的稀悬浮液，沉降电位 U_{sed} 与电泳迁移率 μ 通过 Onsager 关系联系在一起[82]：

$$U_{\text{sed}} = -\frac{\varphi(\rho_p - \rho_s)}{K_m}\mu g \tag{3-19}$$

式中，K_m 为介质的电导率。

当 zeta 电位较低时，上述公式可扩展到浓悬浮液的情况[83]：

$$U_{\text{sed}} = -\frac{\varphi(1-\varphi)(\rho_p - \rho_s)}{\left(1+\dfrac{\varphi}{2}\right)K_m}\mu g \tag{3-20}$$

图 3-11 显示了在 3×10^{-3}mol/L NaBr 水溶液中以流量 Q 引入氩气后，浮力电位作为时间函数的几个示例[84]，图中 Δh 为液柱的最大高度变化。该溶液含有 4.2×10^{-2}mol/L 的乙醇，以防止气泡过大（直径小于 0.5mm）。引入氩气气泡后，浮力电位增加并达到稳定值。当停止引入气泡，电位和液柱高度都降低到初始水平。电位及液柱高度也与气体流速有关。当浮力电位较低时，它的值与液柱高度成比例。

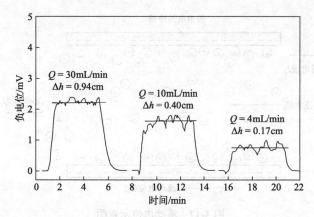

图 3-11　浮力电位测量记录

3.4　流动电位及其测量

　　流动电位 U_{str} 是液体在压力梯度下流过多孔材料时在孔隙物两端零电流下的电位差，此电位是由多孔材料的孔隙内固液交界处的双电层液体流沿着与孔-液界面相切的方向拖曳所产生的反电荷流动引起的电荷积累产生的。流动电流 I_{str} 是当两个电极短路时通过孔隙物的电流。流动电流密度 j_{str} 是单位面积的流动电流。

　　假设有一个半径为 a、长度为 L 的圆柱形毛细管，里面装有电解质溶液，而且还假定半径 a 远大于管壁的双电层。如果毛细管上的表面电荷为负，那么壁附近将存在过量的正的反离子，电荷过剩发生在固液界面形成的双电层中。这时如果外加了水压力梯度，将使得毛细管的低压侧积累离子（因此也积累正的反离子）。对开放的电路，则会产生电位差，从而阻止正电荷的进一步传输。移动扩散层中的电荷被带向低压侧，导致电流沿相反方向流动。当传导电流 I_c 等于流动电流 I_{str} 时，达到稳定状态，没有净的电流，这时测得的电位为流动电位（图 3-12）。

　　流动电位或流动电流可用来测量很多不同种类及形状的多孔材料的表面电状况。不同形状的单个毛细管、平行毛细管和不规则毛细管系统（如纤维束、多孔塞子）、膜[85-87]和颗粒沉淀如滤料[88]等都能成为流动电位测量的对象。尽管大多数以上类型的多孔材料，包括合成聚合物和无机非金属，都是绝缘的，但也可以测量半导体[89]甚至块状金属[90]。不同几何形状（平板、颗粒塞、纤维束、圆柱形毛细管等）的样品进行测量时需要不同的设置。在实验过程中，多孔材料必须几何形状恒定，在用于实验的液体介质中具有机械和化学稳定性，固体与液体达到化学平衡，孔隙中不含气泡。这可以通过在两个方向重复进行流动测量，直到实验信号没有变化来

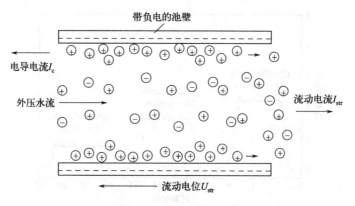

图 3-12　流动电位示意图

核实。流动电位测量时液体中的电解质浓度无下限，其上限值取决于电表的灵敏度和施加的压力差，对 1∶1 型电解质的溶液，浓度高于 10^{-1} mol/L 就较难以测量了。

　　由于界面电荷及其分布与介质的离子强度与种类直接有关，所以用于流动电位与电流测量的液体的组成必须严格进行控制。在制备水相测试溶液时，应当使用电阻率为 18.2MΩ·cm 的超纯水。最好在测量之前制备测试溶液，以避免储存期间超纯水的质量下降。水溶液的离子强度必须通过称量正确量的所选盐来重复地调节。盐的类型取决于分析的目的以及颗粒介质或多孔材料的表面化学性质。通常使用一价电解质（NaCl、KCl）来制备具有一定离子强度的水相测试溶液。单价离子与大多数固体材料表面没有特定的相互作用（如吸附、络合、沉淀）[91]。为了防止环境空气中的二氧化碳（CO_2）溶解在水溶液中，建议用惰性气体（如高纯度氮气）吹扫测试水溶液。

　　根据材料孔径的大小与对液体的透过性能，对多孔材料表面电位的测量方法可以使用本节介绍的流动电位法，也可使用本章后面介绍的震电效应法。这两种方法的适用范围可以根据孔径大小来定义：流动电位法适合测量孔径大于 10μm 的材料，震电效应法适合测量孔径小于 10μm 的材料。在孔径为 10μm 左右的材料，则两种方法都可以使用。这样区分的原因在于仅对于具有足够高的流体动力学渗透率的多孔材料，才可能产生具有直流压力梯度的液体流。孔径或孔隙度的减小会导致渗透率降低，最终阻碍液体流动。而震电效应法中使用的高频（MHz）的交流压力梯度只能渗透到具有小孔隙和有限孔隙率的多孔材料中。所以流动电位法适用于大孔隙和高孔隙率的材料，震电效应法适用于小孔隙和低孔隙率的材料。

　　对浸润在测试液体中的多孔材料的两端加上压力后，从测量所产生的电响应可得到流动电位和流动电流。流动电位的大小强烈依赖于所施加的压力梯度。为了测量的再现性和仪器设计和操作条件的独立性，一般通过测量的流动电位 U_{str} 和施加的压力梯度 ΔP 之比来得到被称为流动电位耦合系数（$U_{str}/\Delta P$）的参数。

流动电位法可测量的样品需要满足：①固体样品可以被实验液体所浸润；②样品在一定的液体渗透率范围内。当在最大测量压力差时，液体流尚不能达到 1mL/min，则需要降低样品塞的厚度（减少样品量）或者改用震电效应法，因为这么缓慢的液体流已不能产生足够准确的电流或电压信号。当在最小测量压力差时，渗透系数（单位压力所造成的流量）都大于 15L/(h·bar)（1bar＝10^{5}Pa），则需要增加样品塞的厚度，或者不适用此方法测量，因为此时已不是平稳的液流。表 3-2 列出了可测试颗粒样品塞的一般参数范围[92]。

表 3-2　适合于测量流动电压的样品塞一般参数范围

颗粒直径 d/μm	颗粒质量 m/mg	塞子高度/mm	孔隙率/%
约 $10 < d < 100$	$50 < m < 100$	1	50～75
$100 < d < 500$	$200 < m < 500$	10	75～90
$500 < d < 1000$	1000	20～40	75～88
$1000 < d < 2000$	5000	100	75

流动电位法测量流动电位/流动电流仪器的主要部件包括用于固体样品的样品容器、用于盛放测试液体的容器、用于测量电压和电流的一组电极、压力源（机械泵或加压储气罐）、用于记录压差的压力传感器、具有测量流动电位（需要内部阻抗高的电表）和流动电流（需要内部阻抗低的电表）能力的电表，以及用于测量测试液体整体电导率的电导率探头。当使用水溶液作为测试液体时，通常观察到的电位对水溶液的 pH 具有显著依赖性。因此一般用带有 pH 探头的电子测量仪器设备连续地监测溶液的 pH。有各类不同设计的流动电位测量装置[93-95]，图 3-13 为一种测量流动电位或流动电流装置的示意图。

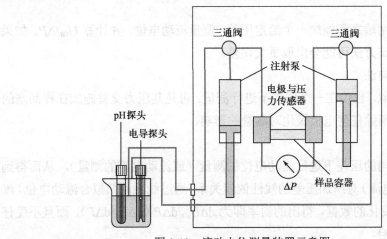

图 3-13　流动电位测量装置示意图

流动电位测量可用于不同类型的样品，每一类样品都需要有特定的样品容器。对颗粒或粉末样品，通常制备成塞子后放置在直径为 10～20mm 的圆柱形容器中以保证有足够的液流量。此样品塞需要额外的支撑，例如用过滤盘覆盖颗粒塞的端部，该过滤盘既有足够的密度以防止颗粒泄漏，又足够松散以使测试液体渗透而不会在过滤盘上产生任何额外的压降。显然对不同粒径的颗粒，需要不同的过滤盘。对于压缩的多孔材料，可用直径为 1～2mm 粗孔的支撑盘。样品容器需要能完全密封样品塞，以避免测试液体的任何旁通。对横膈膜或其他膜，则需要一个适合的装置能使膜在测试过程中保持与液体流成垂直正交的位置。对固体的多孔材料则需要切割成能放置在样品容器内的多孔塞的形状。对纤维状或不同形状的毛细管，则整理成束状放进容器。

样品容器放置样品的部分需要能够调节体积以适应不同量的颗粒样品或不同长度的圆柱形多孔材料。此外，样品容器应包含用于连续调节颗粒塞压缩的机制。

样品放置后，需要通过反复流动浸润或长时间浸泡（12～24h），使样品中的所有孔隙都被测试液体填充而不含气泡。然后将压力梯度通过注射泵施加在样品塞的两端。压力梯度在固液界面处引起含补偿界面电荷密度的反离子的液体流动而产生的电流，称为流动电流。在伏特计足够高的阻抗下，通过测试液体导电路径的反向电流来补偿流动电流。在流动电流和反向电流平衡的情况下，测量样品塞两端之间的电压（直流电压，称为流动电压），或者通过使用安培计的低阻抗直接测量流动电流。需要使用如氯化银（AgCl）的可逆电极来抑制电极极化的影响。

流动电压耦合系数（或流动电流耦合系数）测定方法有单点法、单点双向法、多点法和连续法，分别介绍如下。

（1）单点法

在样品塞的两端之间施加一个给定压差，测量流动电位，并计算 $U_{str}/\Delta P$。如果电极有极化，则该方法可能会出现重大误差。

（2）单点双向法

与单点法相似，也仅在一个压差下进行测量。可是其压力交替施加在样品塞的两端，这样就可消除任何电极极化对测量的影响。

（3）多点法

在一系列不同的压差下进行流动电位的测量（或流动电流的测量），从而得到流动电位（流动电流）对所加压差的线性依赖关系。通过线性回归拟合流动电位（流动电流）随压差变化的数据，得出的斜率即为 $d\Delta U_{str}/d\Delta P$（$d\Delta I_{str}/d\Delta P$），而且不受任何电极极化的影响。

（4）连续法

在连续变化的压力梯度下同时测量流动电位（流动电流），可以通过线性回归拟合大量流动电位（流动电流）和压差数据而改进测量的统计性。可设计成压力差在没有机械泵作用下变化，以消除压力波动。

3.5　电声振幅与胶体振动电位及其测量

电声振幅（ESA）是一种电声现象，胶体、乳液和其他非均质流体在交流电场的影响下，使颗粒相对于液体移动，从而产生超声波。与电声振幅相反的胶体振动电位（CVP）则是超声波通过胶体、乳液和其他非均质流体时所产生的宏观电位差[96]。这两种现象都发生在同样的频率范围内，可用同样的仪器进行测量。本章将这两种现象放在同一小节内讨论。

当颗粒受到外加超声场的作用后，会产生一种随时间和谐变化的超声电位或电流，导致双电层的最初平衡发生了变化，这些电荷的运动导致感应偶极矩。产生这些感应偶极矩的位于颗粒双电层外部的电场称为 CVP，它影响双电层以外电中性悬浮液中的离子而产生胶体流动电流 CVI。另一个相关的电动现象是电动声振幅（ESA）效应：当外加交变电场时，带电颗粒的振荡会在其周围引起小的压力扰动，如果颗粒和介质的密度不同，则会产生宏观谐波。

早在 1933 年，德拜就预测到高频声场中的电解质溶液会产生高频电场[97]，详细的但较简单的理论也在几年后被提了出来[98,99]。可是实验验证却很困难，主要原因在于产生声波的设备需要施加电场，这会干扰所产生的振动电位的精确测量。精确测量非常小的电声信号还需要开发低噪声的高频放大器。而测量由于交流电场导致颗粒运动而产生的微弱超声波，更是需要先进的仪器设备才能准确地进行测量。胶体振动电位现象直到 1949 年才得到实验结果[100]，而电声振幅现象要直到 50 多年后才通过交流电场使颗粒相对于液体移动，并测量超声波的振幅和相位的实验被证实[101]。电声振幅与胶体振动电位技术在 20 世纪 80 年代后得到了很大的发展，现已被广泛用于表征悬浮液和乳液中颗粒的表面电状况[102-105]，以及膜表面的电状况[106]。电声振幅方法使得对颗粒体积浓度超过约 1%的胶体分散体系的表征技术有了很大的进步，因为它可以在同一测量中同时得到 zeta 电位和颗粒粒度，而采用胶体振动电位方法测量 zeta 电位时，则需要另一个实验使用超声衰减谱来测量颗粒粒度才能完成。

电声振幅信号，即由外加电场产生的声波的振幅 A_{ESA} 与所加电场强度（E）的比

（A_{ESA}/E），是声波频率、颗粒在悬浮液中的体积分数（φ）、颗粒与介质的密度、颗粒表面电导率与 zeta 电位的函数。在已知电场强度下测量 A_{ESA}，可以得到动态迁移率（μ_d），从而进一步求得 zeta 电位：

$$\frac{A_{ESA}}{E} \propto \varphi \frac{\Delta\rho}{\rho_s} \mu_d \tag{3-21}$$

式中，ρ_s 表示介质的密度；$\Delta\rho$ 表示颗粒与介质的密度之差。

动态迁移率是在高频（MHz）下的迁移率，是一个复数，具有振幅和相位角，它测量每单位场强的颗粒运动速度，普通的迁移率是动态迁移率的低频极限。对于直径小于 1μm 的胶体颗粒，即使在接近 1MHz 的频率下，动态迁移率与普通迁移率也在同一数量级。相位角测量外加场和颗粒随后运动之间的时间滞后，在低频时为零，随着频率的增加和颗粒粒度的增加而增加。这两个迁移率的关系可用相位矢量图（Argand 图）来表示，图 3-14 中 $|\mu_d|$ 与 θ 分别表示动态迁移率的数值与相位角。

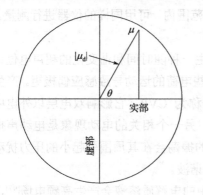

图 3-14　动态迁移率与普通迁移率之间的关系

胶体振动电位是带电胶体颗粒在超声波影响下相对于液体移动所产生的交流电压，它与沉降电位有很多相似性。两种情况都是由于外场而导致颗粒周围的离子层畸变而产生偶极子。胶体振动电位可以用于表征体积浓度高达 30% 的浓悬浮液。

胶体振动电位信号（CVP）可由下式表示[104]：

$$CVP = \mu_d \varphi \frac{\Delta\rho}{\rho} / K^* \tag{3-22}$$

式中，K^* 是悬浮液的复数电导率。

ESA 与 CVP 通过下式关联，

$$V_{ESA} = Y V_{CVP} \tag{3-23}$$

式中，V_{ESA} 是声波传感器两端产生的电压除以加在样品池两端产生信号的电压；V_{CVP} 是声波通过胶体时样品池两端的电位差除以产生声波的传感器两端施加的电压；Y 是样品池的导纳除以传感器的导纳。这个表达式中的所有量都是复数。对于小于声波波长的颗粒，ESA 与 CVP 之间的关系已由在任意浓度下的理论分析[107]与试验验证[108]。

式（3-21）与式（3-22）中的关键参数是动态迁移率，电声测量中其他参数的依赖性与变化，如 zeta 电位、粒径、外场频率，都反映在动态迁移率中。

　　两种电声模式（ESA 和 CVP）可以用同一个设备来进行测量，如图 3-15 所示。在这两种测量中，既可以测量电路中的电流（用小阻抗的仪表），也可以测量电压（用大阻抗的仪表），取决于悬浮液的阻抗和测量仪器的特性之间的关系。

　　在 ESA 测量中，在电极之间施加的电

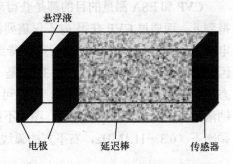

图 3-15　ESA 与 CVP 测试装置示意图

场导致（带电）颗粒以与电场相同的频率前后振荡，如果颗粒和介质之间存在密度差，就会产生与每个颗粒相关的微小声偶极子。这些偶极子在整个悬浮液中相互抵消，但在电极附近不会发生抵消，那里的声波偶极子会产生声波，此声波沿着延迟棒传播到传感器而被检测到。

　　在 CVP 测量中，通过交流电压作用下的传感器产生的声波沿延迟棒传播并进入悬浮液后，如果颗粒和介质之间存在密度差，则以稍微不同的方式移动颗粒及其双电层。此时颗粒表面的电荷与溶液中的反电荷略微分离，形成了一个偶极子阵列，其大小在与声波振幅相同的长度尺度上增减。只要电极不完全相隔一个或多个完整的声波波长，这些偶极子场的总和就会导致可测量的宏观电位。对于给定的声波强度，在电极被奇数个半波长分开时会产生最大的信号响应。

　　这类测量也可使用探头式设计的仪器来产生颗粒运动并同时测量响应。如图 3-16 所示，超声波通过中心电极发射到样品中。此电极前面的颗粒在超声波中相对于液体移动，这种运动使它们的双电层和增益引起的偶极矩发生位移。这些偶极矩产生一个电场，改变中心电极的电位。另一个电极在中心电极的外围，电位为零。这两个电极之间的电位差测量直接提供 CVP。而如果通过两电极加入电场，则通过测量由于颗粒的运动产生的超声波，而得到 ESA。这类探头可以方便地插入任何样品，包括管道、搅拌样品的容器或连接滴定管进行滴定的容器。它也可以面朝上，作为一个上面放一开口圆筒的底部。这类探头测量的样品体积可以小至 0.1mL。

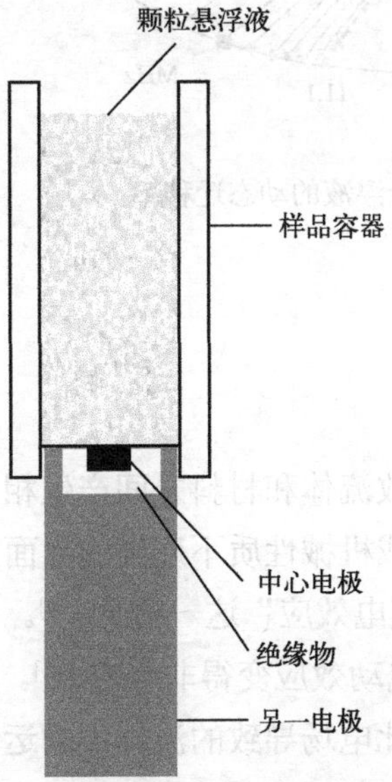

图 3-16　探头式电声测量装置

CVP 和 ESA 测量的目的都是获得动态电泳迁移率。ESA 效应的测量可以立即得到 μ_d，而通过 CVP 获得 μ_d 不仅需要测量 CVP，还需要测量复数电导率。如果此电导率测量仅在低频极限下进行，将导致 CVP 的误差，特别是对于低电导率系统，因为忽略了电导率的虚部。图 3-17 是一张典型的在不同电解质条件下电声测量动态迁移率所得到的相位矢量图，从中可以很容易地得到 0.01mol/L 氢氧化铝在氯化钠溶液中的等电点在 pH≈9.1。图中不同 pH 下测量结果连成的不同直线是在不同频率下（0.3～11.1MHz，右下方的弧线所标）的测量结果[109]。

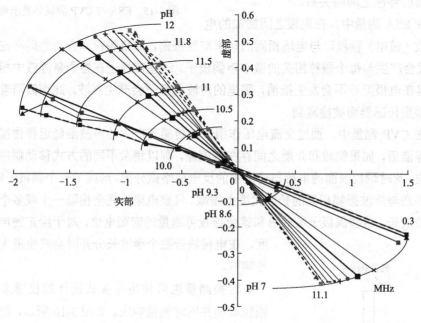

图 3-17　ESA 测量的 0.01 mol/L 氢氧化铝的氯化钠悬浮液的动态迁移率

3.6　电震效应与震电效应及其测量

当交流震动波在液体饱和的多孔材料传播时，会导致流体和材料之间产生相对运动，流体或界面的电荷运动引起电场。在这些声、电或机械性质不连续的界面上产生电场的过程称为震电转换。Frenkel 首先引入了"震电效应"这一概念[110]。由于液体在 MHz 的频率范围内变得可压缩，因此相应的电动效应变得非等容[111]。另一方面，如果水中或液体饱和的多孔材料中存在电场，此电场导致的流体中的运动电荷会引起流体运动，而多孔材料和液体之间的这种相对运动会产生震波，这个过程称为电震转换。电震转换与震电转换是一对互补的电动现象，一个是电场导致震波（声波），一个是震动（声波）导致电场。类似于胶体振动电位与电声振幅，它们的测量与数据处理都很类似，因此也将这两种效应放在同一小节讨论。

震电转换和电震转换与介质的电导率、材料孔隙度、渗透率、孔隙大小等有关。这两个技术广泛用于勘探与地层研究中，为这些领域提供了不同于传统地震勘探或声波测井的新方法与新参数来探索地层性质，在地表或钻孔中进行的震电和电震测量可以提供有关地下性质的很多信息[112]。在材料科学（颗粒材料与多孔材料）中应用这两个技术来测量表面电状况的不是很多，因为有其他更直接或方便的技术，如本章其他小节描述的那些方法。

电震电压耦合系数在多孔材料中的频率函数为[113]：

$$\frac{\Delta P(\omega)}{\Delta V(\omega)}=\frac{2\varepsilon_r\varepsilon_o\zeta k}{a}\frac{\left(\dfrac{J_1(\kappa a)}{J_0(\kappa a)}\right)}{\left(\dfrac{2J_1(\kappa a)}{kaJ_0(\kappa a)}-1\right)} \tag{3-24}$$

$$k=\sqrt{\frac{-i\rho_s\omega}{\eta}} \tag{3-25}$$

式中，$\Delta P(\omega)$ 和 $\Delta V(\omega)$ 分别为角频率 ω 下的震波压力和电压；ε_r 为介质的相对介电常数；ζ 为 zeta 电位；a 为孔隙半径；J_0 与 J_1 为零阶与一阶的第一类 Bessel 函数；ρ_s 和 η 分别为介质的密度和动态黏度。

3.6.1　固结多孔材料的测量

多孔材料的测量装置可分为水箱型与探头型两种。图 3-18 为水箱型的测量装置。图 3-18（a）为在数百伏的交流电场正弦脉冲（频率为数十 kHz 到数百 kHz）中，测量多孔材料所产生的电震信号（声波）。由于产生电场的电极会产生表面极化，所以需要另一对电极来测量电场。图 3-18（b）为在同样数量级的电压与频率产生的声波场中，测量由于样品内液体运动所产生的样品两边的电位差[114]。

由于电极周围会产生声波信号，这会影响电震信号的接收，所以必须将此声波信号与多孔介质产生的电震信号分离。通过测试系统中的背景噪声（空白测试），然后通过变换图 3-18 中场源、样品、信号接收器之间的距离来测量电震和震电转换的频率响应，对测得的信号的传播时间、极性和频率特性进行分析。电震或震电信号的传播时间与样品和接收器之间的距离有关，可是电极的位置对电极产生的声信号传播时间影响不大。外加电场影响电震或震电信号的极性，而由电极周围产生

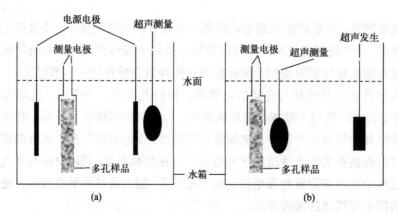

图 3-18 电震测量（a）与震电测量（b）装置示意图

的声信号没有极性影响。电震或震电信号只有一个与电场频率密切相关的主频频谱，而电极周围产生的声波信号的频谱在低频范围内具有多个主频，而且不受电场频率的影响。根据这些不同，再将测试数据与理论预测的耦合系数进行比较，可以将电震或震电信号有效地从很强的源信号和其他背景噪声中分离出来，得到孔径与频率相关耦合系数之间的可能关系[115]。这种方法可用来测量样品中的电震和震电转换特性与流体电导率、温度、pH 值等之间的关系。

图 3-19 为探头型震电装置的示意图。图 3-19（a）可用于测量固结多孔材料，图 3-19（b）可用于测量颗粒悬浮液。当测量多孔整块物体时，要求传感探头与固结多孔材料表面紧密接触，体表面平坦区域的直径必须至少为 2cm。此方法只能测量

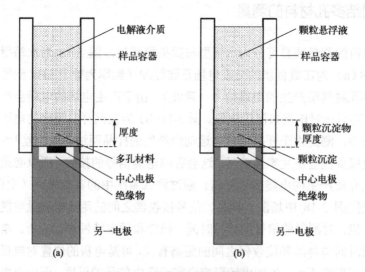

图 3-19 探头型震电测量装置

整块体平坦表面上局部斑点的孔隙内的电荷状况，而不能测量其整体成分。如果改变接触面进行反复测量，将获得不同的信号，变化越大，整体就越不均匀。该方法可用于表征多孔整体，如瓷砖、混凝土、地质岩心等的均匀性。

在测量之前，需要使固结体与周围液体达到润湿与平衡。对于最小厚度为 4.5mm 的固结体，这种平衡可能需要长达 10h。固结体必须全部浸没在液体中，可以通过搅拌围绕整体的液体来加速平衡，也可以通过测量液体的 pH 随时间的变化来衡量是否达到了平衡。如果向浸润液体中加入酸或碱，并使其达到平衡，就可以测量固结体的等电点。等电点的确定不需要将震电电流转换为 zeta 电位，绘制电声幅度与 pH 的滴定曲线足以确定等电点，如图 3-20 所示[92]。等电点的主要标志是由表面电荷符号的变化驱动的电流相位偏移 180°。

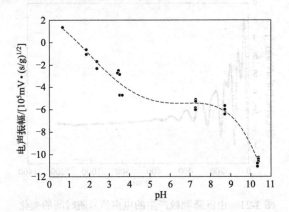

图 3-20 基于震电电流振幅测量的 pH 滴定测定贝里亚砂岩岩心的等电点（pH = 1.3）

3.6.2 颗粒沉淀物的测量

图 3-19（b）是用超声振荡产生液体流动而测量电声振幅的装置示意图。将顶部带有中心电极的电超声探头垂直放置在一个塑料容器的底部，探头表面用作容器的底部。该容器中装着颗粒悬浮液。在实验开始时，容器内的样品通过搅拌或超声分散形成均匀的悬浮液。由于沉降作用，颗粒开始逐渐沉淀在容器底部的探头表面。由电声探头产生的超声波脉冲通过中心电极进入在中心电极顶部颗粒正在沉降的悬浮液。声波在此悬浮液中的传播导致液体随着声波而流动，颗粒在此流动的液体中沉降，最后生成颗粒沉淀。

下面以一个粒径中值为 1.5μm 的二氧化硅颗粒的例子来说明测量过程。分散在 pH = 10 的蒸馏水中，浓度为 10%（质量浓度）的颗粒悬浮液，经超声分散后，在颗粒沉降到电超声探头的过程中进行 3000 次的测量，整个实验约为 20h。

图 3-21 显示了电声信号幅度随时间的演变[92]。颗粒最初是均匀分布的，所以最初阶段的测量反映了来自这种均匀分散颗粒的胶体振动电位信号 CVI（见本章 3.5 节）。随着时间的推移，颗粒开始在探头表面沉降，探头表面附近的浓度不断增加，与颗粒体积分数成比例的 CVI 也不断增加。此增加一直持续到颗粒填充层厚度为超声波长的一半。当颗粒开始填充第二个半波长层时，在该层处的超声波压力梯度的方向反转，颗粒向反方向移动，从而导致这些颗粒生成的 CVI 信号反转。对 CVI 信号的这一贡献将从由第一个半波长层中的颗粒产生的 CVI 信号中减去，结果总的 CVI 信号开始下降。这反映在图中电声信号幅度的第一个最大值。

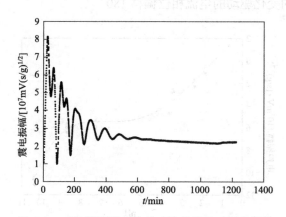

图 3-21　由沉降颗粒产生的电声信号随时间的变化

由于颗粒的沉积越来越密集，电超声现象从颗粒相对于稳定液体移动的胶体振动电位模式过渡到液体相对于密集堆积的颗粒移动的震电效应模式，开始出现震电信号 SEI（图中曲线中的第一个最小值）。对于相同数量的颗粒，由于与 CVI 相比，SEI 的幅度更大，因此信号出现了小幅度的增加。第二最大值之后的下降反映了第二半波长层的持续填充。之后，当第三半波长层开始填充沉降颗粒时，信号再次开始增长。整个曲线是 CVI 信号与 SEI 信号的叠加结果。

由于超声衰减，这些振荡的振幅持续衰减。在颗粒沉积了大约 10 个波长层之后，最终达到饱和。每层的厚度取决于超声频率。在 3.3MHz 的频率下（对应于约 450μm 的波长），当探头顶部的颗粒沉淀约 4.5mm 厚时，电声信号达到饱和。

从这个测量，可以得到两个重要的指标：

① 信号达到第一个最高点的时间（t_{cr}），由此可得出沉积层中的颗粒体积分数 φ_{sed} 或沉积颗粒的孔隙率 Ω：

$$\varphi_{sed} = 1 - \Omega = t_{cr} \frac{2g\Delta\rho\varphi}{9\eta h} \sum_i a_i^2 P(a_i) \tag{3-26}$$

式中，Ω 是沉积物的孔隙率；h 是半波长层的厚度；φ是均匀悬浮液中颗粒的体积分数；g 是重力加速度；$P(a_i)$ 是粒径正态对数分布；a_i 是 i 颗粒的半径[116]。

② 电声信号达到饱和后的振幅，即图 3-21 中最后平线的高度。此震电信号与通过胶体振动电位测量颗粒悬浮液得到的电声振幅是一样的。该参数可用于在震电学理论中计算沉积物的 zeta 电位。

3.7　其他表面电动现象及其测量

3.7.1　扩散泳与溶剂泳

当胶体颗粒在有非离子型的或离子型的溶质浓度梯度的介质中运动时，由于胶体颗粒两侧的扩散层厚度不同，扩散层会发生极化，而产生作用于颗粒的净电场。这类运动最初在 1947 年被发现，被称为扩散泳（diffusiophoresis）[117]，1961 年提出了相应的理论[118]。颗粒向高浓度区域移动或远离高浓度区域取决于其与溶质分子的长程相互作用[119]，具体公式较复杂，只能用数值化计算得到结果，典型的球形颗粒的扩散速度与离子的平均扩散速度相当[120]。

除了溶质分子梯度以外，混合溶剂组成的梯度也可以导致扩散电泳，被称为溶剂泳（solvophoresis）。例如当在水上小心地放置一层醇，尽管它们具有完全的混溶性，但可以观察到具有空间变化组成的稳定边界层。这时可以观察到水相中聚苯乙烯胶乳颗粒的扩散导致的浑浊/清澈边界随时间的变化[121]。

3.7.2　介电色散

介电色散（dielectric dispersion）现象涉及研究分散体系的介电常数和/或电导率对所施加电场频率的依赖性。当施加交变电场时，表面电流也是交变的，从而引起介电色散。介电色散早在 100 多年前就被提出来作为研究分子偶极子的工具[122]。当应用在悬浮液等非均质系统时，其介电研究包括测定其复介电常数$\varepsilon^*(\omega)$ 和复电导率 $K^*(\omega)$ 作为外加交流电场频率ω的函数。这些量与分散颗粒的体积、表面和几何特征、分散介质的性质以及颗粒的浓度（体积分数φ或数量浓度 n）都有关系。

在低频和中频范围，胶体颗粒悬浮液的介电常数随外加交流电场频率的变化与离子层的极化有关。通常只研究低频介电色散（low frequency dielectric dispersion, LFDD）。当浓度不高时，所谓低频是指：

$$\omega < 2D_T\kappa^2 \tag{3-27}$$

式中，D_T 是颗粒的平均扩散系数。

当外加电场刚加上时，颗粒与液体中由于电场而形成很多偶极子；接下来介质中以及颗粒双电层中的离子开始随着颗粒一起移动，形成新的一波偶极子；沿着电场方向颗粒前后的离子浓度开始出现差异，而反离子沿着反方向运动，使颗粒的双电层在沿着电场方向运动的前端被压缩，而在后端膨胀，形成了与电场方向相反的第三波偶极子。由此离子的浓度梯度导致与电场引起的切向通量相反的扩散通量。这一过程在低频范围内能全部发生，宏观地表现为介电常数的变化。在高频范围内，由于各类偶极子生成的响应时间不同，情况更为复杂。

从实验测量的角度来看，悬浮液介电常数的实部 ε_r 与电导率的实部 K 是两个可以测量的量。但是即使测量这两个量，从下述两个公式可以看出，很难轻易地得出与颗粒表面电性有关的信息，其中 $c_1(\omega)$ 与 $c_2(\omega)$ 是诱导偶极子的实部与虚部。

$$\varepsilon = \varepsilon_r + 3\varphi\varepsilon_r\left[c_1(\omega) - \frac{K_m}{\omega\varepsilon_r\varepsilon_o}c_2(\omega)\right] \tag{3-28}$$

$$K_L = K_m + 3\varphi K_m\left[c_1(\omega) + \frac{\omega\varepsilon_r\varepsilon_o}{K_m}c_2(\omega)\right] \tag{3-29}$$

上述公式中的 $c_1(\omega)$ 与 $c_2(\omega)$ 都与双电层的结构和动力学有关，没有简单的表达式，只有在低频段还有些学者推导出了一些需要进行数值计算的公式[123,124]。

由于 LFDD 现象有很大一部分是由双电层内的离子引起的，特别是在非直流电场下的偶极子与离子的运动会影响测量结果。许多作者对所谓标准电动现象模型中的主要假设之一——Stern 层中的离子是绝对不动的，进行了理论上的修订，将其称为动态 Stern 层（DSL）。这些在公式中加入双电层内部离子横向传输的数值计算结果，在与直流电导率和电泳迁移率的实验数据比较后证实比经典理论有所进步[125]。随后该理论被进一步扩展到悬浮液介电常数的分析[126]。另一种将固体附近滞流层中的离子运动包括在内的修订，在经典理论的基础上，也与实验结果相比有了改善[127]。

在高频范围，通过对悬浮液电导率的测量可以得到由界面极化导致的各类介电弛豫。对非坚固性的颗粒，如细胞等，通过各类弛豫时间的研究，可以得到细胞表面与内部的很多信息，这些信息很难通过其他测量手段得到。已有一些双相、三相和多相体系中界面极化理论的近似公式[128]。可是能得到有意义的解释，通常需要在很宽的频率范围内（高达 10^{13}Hz）进行精确的测量，对不同的弛豫机制有透彻的理解。一般的实验装置都只测量在宽频率范围内的几个频率，而不是频谱的测量，实际应用于非模型生物颗粒体系仍在摸索发展之中[129,130]。

测量悬浮液的介电常数和/或电导率作为外加电场频率的函数的最常用技术之一，是使用连接到电阻分析仪的电导率池。近百年前提出的该技术现已被广泛应用[131]，在测量过程中不发生沉降的稳定悬浮液都可以用 LFDD 技术来测量介电色散。在低频下测量时，电极极化可能非常严重，而使数据完全无效。这一事实对可以研究的电解质浓度施加了严重的限制，一般离子强度需要低于 1～5mmol/L。在大多数现代设置中，电极之间的距离可以改变，是为了利用电极极化不依赖于其距离的假设来校正由电极极化对实验造成的影响。

也可以采用四极法，通过在以下四种情况下测量电池阻抗来优化电极极化的校正：

① 来自阻抗分析仪的电短路（短路校正）；
② 电线与电池断开（打开）；
③ 测量池灌满已知电导率和介电常数的电解质溶液；
④ 测量池灌满待分析的悬浮液。

这种改进使得在许多情况下，可以在低频范围内进行电极极化的校正[132]。

3.7.3　非均匀或非静止电场中的电动现象

前面所列举的颗粒在外场中的运动都是在均匀外场的作用下，并且此外场除了方向（交流）之外不随时间而变。在实验中需要外加尽可能均匀的场，例如电泳实验需要均匀的平行电场，流动电位测量时也需要液体的流动尽可能地平行与平稳。在理论上处理时也假定界面的各个部位都有相同的场强，最理想的要数光滑平整的毛细管壁。

可是很多颗粒是不规则的，特别是很多生物颗粒如 DNA、蛋白质等。对这些分子，即使在均匀电场中也会有不均匀受力而产生的颗粒转动或局部液体不规则的运动。如果外加一个经过仔细设计的、可控的、随时间变化的不均匀场，则可通过观察颗粒在这些变化场中的运动得到更多的信息。在这样的电场中，由于诱导偶极子的作用，表面带电颗粒的电泳运动除了更复杂的平动之外，对球状颗粒也会有转动运动，而对表面不带电的介电颗粒，也会有平动与转动运动。

在这些测量中，悬浮介质与颗粒的导电特性与介电特性会随着外加交流电场频率的变化而变化。对于特定结构，从其在低频处的主要基于导电特性的电流贡献，到其较高频率处的主要基于介电特性的贡献的切换，发生在色散频率附近的特征频率范围内。不同成分的不同色散频率导致悬浮液阻抗随着频率的增加而逐渐连续地降低。颗粒和介质的不同性质导致颗粒和介质的有效阻抗的不同频率依赖性，并导致通过颗粒及其周围电流平衡的频率依赖性的重新分布。对于悬浮在低电导率介质中的生物细胞，两种与结构相关的再分配过程分别发生在 MHz 和 GHz 级范围内。第一个过程是电容膜桥接，即将电流从主要流经细胞周围变为主要流经其高导电细胞质。第二个过程是随着频率的增加，与体积介电常数相关的电流取代与频率无关的导电电流[133]。

自 20 世纪 50 年代以来，发展了多种使用交流不均匀电场中测量颗粒电泳现象的技术。这些技术在胶体化学中用到的较少，在生物科学领域中应用很多，在细胞、蛋白质、病毒、细菌、药物开发、医疗诊断等研究中应用得较为成熟的是介电电泳、行波介电电泳，以及电旋转[134-136]。通过这些技术，可以测定、筛选或追踪膜电容、膜电导和细胞质性质的变化，可以得到被研究颗粒的很多信息[137,138]。其中一个有趣的例子是：存在于饮用水中会导致人感染的活的隐孢子虫卵囊在电旋转过程中逆时针旋转，而死的卵囊会顺时针旋转[139]。

图 3-22 为此三种测量球状颗粒在非均匀或非静止电场中电泳现象的示意图，实际颗粒可以是带电的，也可以是不带电的介电颗粒。如果是非球状的，则运动更为复杂。

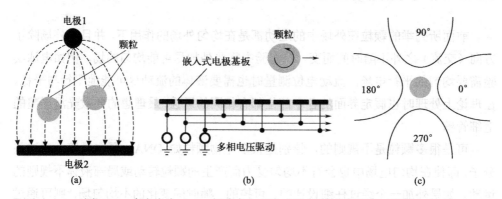

图 3-22　介电电泳（a）、行波介电电泳（b）和电旋转（c）示意图

（1）介电电泳

介电电泳（dielectrophoresis，DEP）这个术语是在 1958 年提出来的[140]，是测量介电颗粒在不同频率的非均匀电场中的运动。在均匀电场中，表面不带电的颗粒会由于外加电场产生偶极子，但由于偶极子的净电荷为零，在电场中会产生扭矩，但没有平移力。在非均匀场中，偶极子上也存在平移力。颗粒将朝向或远离高场区

域移动，这取决于其诱导偶极矩与电场的相对方向。有各种各样的实验方法来产生不均匀电场。最简单的体系是在由一个点电极与一个平板电极组成的电场中的球形非带电介电颗粒，它在带电场梯度∇E的电场中极化后，颗粒上的力f由下式给出：

$$f = 2\pi a^3 \varepsilon_r \varepsilon_o Re[K(\omega)]\nabla E^2 \qquad (3\text{-}30)$$

$$K(\omega) = \frac{\varepsilon_{rp}^* - \varepsilon_r^*}{\varepsilon_{rp}^* + 2\varepsilon_r^*} \qquad (3\text{-}31)$$

式（3-30）中的E是所加外场的均方根振幅。式（3-31）中的$K(\omega)$是 Clausius-Mossotti 因子。颗粒与介质的复介电常数（ε_{rp}^*、ε_r^*）分别为：

$$\varepsilon_{rp}^* = \varepsilon_{rp} - \frac{K_p}{\omega}\sqrt{-1} \qquad (3\text{-}32)$$

$$\varepsilon_r^* = \varepsilon_r - \frac{K_m}{\omega}\sqrt{-1} \qquad (3\text{-}33)$$

式中，K_p与K_m分别为颗粒与介质的电导率；ω是角频率。介电电泳力的大小和意义取决于颗粒中诱导偶极矩的性质，而这又是每个颗粒及其周围介质的介电性质的函数。式（3-30）是介电电泳的基本方程，表明根据颗粒相对于介质的相对极化率，颗粒将沿场梯度方向（正 DEP）或相反方向（负 DEP）移动。DEP 力的方向与施加的电压无关，即改变电压不会改变 DEP 力的方向。可以通过控制施加电场的频率来控制颗粒和悬浮介质的相对极化率，从而由颗粒和介质的介电常数的不同频率依赖性（色散性）导致颗粒运动速度随交变电场频率的变化。

在介电电泳中，悬浮液的电导率控制低频 DEP 行为，其介电常数控制高频 DEP 行为。有两种主要情况决定了所施加的信号频率和$Re[K(\omega)]$之间的关系。第一种情况发生在$K_p<K_m$和$\varepsilon_{rp}>\varepsilon_r$时，这时$Re[K(\omega)]$在低频为负，在高频为正。另一种情况是当$K_p>K_m$和$\varepsilon_{rp}<\varepsilon_r$时，$Re[K(\omega)]$在低频下变为正，在高频下变为负[141]。在特定频率下 DEP 力为零，颗粒不移动，该特定频率被称为交叉频率或零力频率。当颗粒和周围介质有效极化率的实部彼此相等（即$Re[K(\omega)] = 0$）时，就会发生这种现象。

（2）行波介电电泳

介电电泳是将颗粒处在非均匀、静止的交流电场中，进而诱导颗粒的平动。如果外加电场不是静止的，而是在运动，那么就成了行波介电电泳（travelling wave dielectrophoresis, TWD）。这时颗粒的线性运动是由一组具有周期性相位安排的电极沿测量室移动的行波场引起的。通过不同的电极构型设计，可以构成不同的运动电场，一般使用微电极结构来诱导与操纵生物颗粒。微电极可采用栅格状周期性元件[142-144]或螺旋电极结构[145]的形式。行波可以通过用频率从 1kHz 到 100MHz 之间的相位正交正弦信号激励电极元件来产生。在这类电场中，颗粒在进行平动的同时也存在转动。

图 3-22 中间所示的平面平行电极阵列在多相交流驱动时，会产生行波。该行波可以垂直托起介电球，同时沿着阵列推动它。在任何固定点上，电场极化都是圆形且逆时针的。悬浮在这些电极上方的颗粒将同时经历向行波方向与向上的电泳力以及扭矩，其中行波方向的平移力取决于 Clausius-Mossotti 因子的虚部 $Im[K(\omega)]$，运动方向取决于 $Im[K(\omega)]$ 是负的还是正的。朝上方向的力将使颗粒悬浮在电极上方或者将颗粒压在电极上，这取决于 Clausius-Mossotti 因子的实部 $Re[K(\omega)]$ 是负的还是正的。对实际几何形状电极产生的力和扭矩，必须通过分析或数值方法获得。

（3）电旋转

如果在介电电泳中，将电极安排成图 3-22（c）的结构，就可以用多相激发的交流电压产生旋转电场。如果此场逆时针旋转，在场中心的球形颗粒的偶极矩与电场同步旋转，但滞后于一个相位因子，该相位因子与复频率相关。正是这个相位因子使电旋转（electrorotation, ER）成为可能。时间平均电旋转扭矩$\langle T \rangle$为：

$$\langle T \rangle = -4\pi a^3 \varepsilon_r \varepsilon_0 Im[K(\omega)]E^2 \qquad (3\text{-}34)$$

扭矩取决于 $K(\omega)$ 的虚部，只有当存在损耗机制时，该虚部才是非零的。式（3-34）中的 $Im[K(\omega)]$ 对不同形状与不同结构（如多层）的颗粒有不同的解[146]。正或负扭矩的可能性意味着颗粒可以随电场方向或相反方向旋转。多层颗粒通常会显示多个峰值，每个峰值都会显示有用的信息。

也可以通过特殊的电极安排，同时进行行波介电电泳与电旋转。图 3-23 中的微电极设计由四个平行螺旋元件组成。在用所示相对相位的正弦电压激励四个电极时，行波电场从装置的中心径向传播到外围，并在中心产生顺时针旋转电场。通过反转相序，行波电场指向中心，并在中心产生逆时针旋转电场[139]。

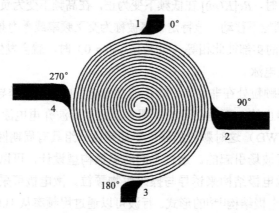

图 3-23　可同时产生 TWD 与 ER 的微电极设计

电旋转速度的实验测定并不容易，因此它在胶体科学中的应用不多。由于电旋转的频率取决于所施加的场强和流体动力学阻力，因此可以选择场强、调整角速度以便直接使用视频显微镜系统观察旋转。如图 3-22（c）的旋转场，可由具有 90°相移的四个电极产生方波信号，可用来观察几微米大的非规则椭球形的红细胞。

利用将旋转电场结合在动态光散射装置中的电旋转光散射（ERLS）技术[147]（图3-24），通过分析由经历电旋转的颗粒散射光的自相关函数，可以获得关于其旋转频率的信息。

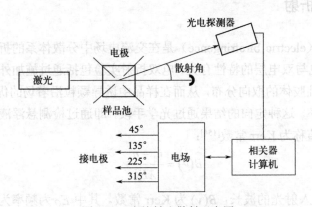

图 3-24　电旋转光散射示意图

（4）非球状颗粒

大部分生物颗粒是非球形的，只有某些反刍动物（例如美洲驼）的红细胞恰好非常接近理想的椭球体，三个半长轴的比例约为 4∶2∶1[148]。非球形颗粒的几何各向异性导致只有当颗粒与其平行于电场的主轴之一对齐时，感应偶极矩才平行于外加电场。这些颗粒在电场中有个电转矩，总是倾向于使颗粒的某一轴与电场平行。对椭球体，所有三种取向都是可能的，每个取向在不同的频率范围内：在低频和高频极限下的稳定取向是长轴平行于电场；但对于中间值，当达到几个临界频率时，颗粒会自发翻转到新的取向，取决于相对电导率和介电常数。这组翻转频率称为取向频谱[148]，是因为三种取向各有不同的电弛豫时间常数。

（5）测量方法

在上述电场安排下的颗粒悬浮液体系可以有群体的与单颗粒两类测量方法，这两类方法各有利弊。群体法一次可以测量大量颗粒，可以在很短的测量时间内实现高的统计效率；如果使用光散射的方法，可以测量亚微米颗粒的悬浮液，可以探测悬浮液中颗粒重新定向引起的浊度变化。而通过光镊子单颗粒法[149]观察保持在适当位置的单个粒子的取向仅限于微米或更大的颗粒。介电电泳中的颗粒平移源于非均匀场中作用于半椭球两半的力的不平衡，因此颗粒或在某些条件下会被拉长或压缩的细胞朝着或远离高场区域移动。这个运动力随频率的变化依赖于颗粒极化率相对于介质极化率的频率色散。介电电泳与电旋转分别反映了诱导偶极矩的实部和虚部，它们的测量可通过直接显微观察单个颗粒[150]或使用光散射技术测量悬浮液中群体颗粒的激光衍射法[151]、介电泳相分析光散射（DPALS）[152,153]和电旋转光散射（ERLS）[147]。

3.7.4 电双折射

电双折射（electric birefringence）是在交流电场中分散体系的折射率随电场频率的变化，这也与双电层的特性有关。电双折射实验包括通过施加外部电场来偏置悬浮的各向异性胶体的取向分布，从而在样品中诱导颗粒沿着场的优选取向，影响悬浮液的折射率。这种定向的结果通过光学手段，即通过检测悬浮液的双折射来测量，所测量的值称为 Kerr 常数[154]：

$$B(v) = \frac{n_{\parallel} - n_{\perp}}{\lambda E_O^2} \quad (3\text{-}35)$$

式中，λ 为入射光的波长；$B(v)$ 为 Kerr 常数。其中 E_O 为频率为 v 的交流电场 E_v 的实部：

$$E_O = Re(E_v e^{-i2\pi v}) \quad (3\text{-}36)$$

因为这是一种测量颗粒电转矩的技术，只能应用于电学和光学各向异性的颗粒，并且对各向异性的大小高度敏感。与经典的电动方法不同，经典的电动方法通常测量定向平均量，并且对颗粒形状、内部结构或表面电荷分布的各向异性都不特别敏感。

电双折射已被用于测量许多不同的光学各向异性颗粒，大多数实验集中在直流电场关闭后由颗粒几何形状、溶剂黏度和温度所决定的颗粒定向所导致的双折射的时间衰减，从而得出与颗粒各向异性与形状有关的信息[155,156]。在电动现象实验中，为了得出颗粒表面电位的信息，一般使用交流电，在不同频率下测量 Kerr 常数。施加平均电压为零的可变频率正弦波脉冲，其持续时间足以使颗粒达到感应各向异性的稳定值，一般脉冲在几十毫秒，频率在 $0\sim10^3$MHz 范围内，场振幅在 $1\sim10$V/mm 之间。通过对很多脉冲的平均，获得诱导双折射 $\Delta n(t)$，并在不同频率下测得的 Δn 稳态值中，得到 $B(v)$。通过 $B(v)$ 与在不同表面条件下测量的介电常数的共同分析，可以应用适当理论模型得到表面电位的信息[157]。

3.8　非水体系中的电动现象测量

本章前述方法也适用于非水系统中的电动测量，但实验设备有些需要修改，有些需要采取一些措施。这里仅举电泳与流动电位测量来说明水相体系与非水相体系的实验安排差别。

微电泳池通常被设计用于水性和类水介质的实验研究，其电导率通常高于制造样品池材料的电导率，注满有良好或中等导电液体的样品池，其电极之间的均匀电场很容易实现。然而，当样品池充满低电导率液体时，由于在更亲水的样品池壁上有可能吸附了从低极性介质中溶解的痕量水（如果介质不纯），因此导电性更强的样品池壁的表面导电会干扰电场的均匀性。这时就需要采取特殊预防措施，例如在壁上涂上疏水层，以改善电场的均匀性。一般根据测量的电流密度和非水液体的电导率计算规则几何形状的样品池中的电场，但由于介质的离子强度低，必须用更高的电压来使颗粒运动，这就可能发生电极极化，甚至可以观察到气泡形成。因此往往使用一对额外的电极来测量样品池两端的电压梯度。

在流动电位的测量中，为了正确测量非水体系的流动电位，必须注意确保充有液体的毛细管、塞子或隔膜的电阻小于电测量装置输入阻抗的 1/100。通常的做法是使用输入电阻高于 $10^{14}\Omega$ 的毫伏电表和与毛细管或多孔材料塞接触的铂网电极进行电阻和流动电位测量。在极性介质的情况下，通常使用典型频率约为几 kHz 的交流电桥测量电阻；在非极性或弱极性介质的情况下，通常使用直流方法测量电阻。记录电表输出的数据是检查达到平衡的速率和可能的极化效应的常见做法。

3.9　表面电导率的测量

对大部分体系，表面电导率是第 2 章中提及的扩散层电导率与滞流层电导率的加和，除了在零电点附近：

$$K^\sigma = K^{\sigma d} + K^{\sigma i} \tag{3-37}$$

式中，K^σ 为表面电导率；$K^{\sigma d}$ 为扩散层表面电导率；$K^{\sigma i}$ 为滞流层表面电导率。

由于表面电导率是过量的电导，无法直接测量，但有三种估计的方法：

① 对于多孔材料塞，例如用半径为 a 的聚苯乙烯乳胶球做成多孔塞，可以在不同电解液浓度下测量材料塞的电导率 $K_塞$。$K_塞$ 对 K_L 作图有很大的线性范围：

$$K_塞 = [1 + 3\varphi f(0)]K_L - \frac{6\varphi f(0)}{a}K^\sigma \tag{3-38}$$

式中，φ与 $f(0)$ 分别为塞子中的体积分数和一个与填充有关的函数。$\varphi f(0)$ 可以从斜率获得，当外推到 $K_L = 0$，从截距可以得到 K^{σ}[158]。

② 对于毛细管样品，可以从流动电位对毛细管半径的依赖性推导出 K^{σ}。该方法很直接，但需要一系列半径不同但表面性质相同的毛细管，在实践中很难做到[159]。

③ 也可按照本书后续的式（5-19）得到 K^{σ}。

得出 K^{σ}后，Bikerman 表面电导率 $K^{\sigma d}$ 可以从测量的 zeta 电位，由下式得到：

$$K^{\sigma d} = \frac{4F^2 c z^2 D_i}{k_B T \kappa}\left(1 + \frac{3m}{z^2}\right)\left[\cosh\left(\frac{zF\zeta}{2k_B T}\right) - 1\right] \qquad (3\text{-}39)$$

$$m = \left(\frac{k_B T}{F}\right)^2 \frac{2\varepsilon_r \varepsilon_o}{3\eta D_i} \qquad (3\text{-}40)$$

式中，D_i、κ^{-1} 分别为离子的扩散系数与德拜长度。

依据式（3-37），可以从 K^{σ} 与 $K^{\sigma d}$ 得到 $K^{\sigma i}$。

如果不正确地计入表面电导率，不同的电动现象测量技术可能会在相同电解质条件下给出同一材料的不同 zeta 电位值。当通过加入适当的表面电导率来修正计算方法，从而两种测量方法能得到同样的 zeta 电位，此 K^{σ} 应该接近于真实的表面电导率。该方法需要深入了解两种技术的理论背景，当这两种技术对表面电导率有截然不同的灵敏度时能得到最佳效果。如果在不考虑 $K^{\sigma d}$ 与 $K^{\sigma i}$ 的情况下计算出的 zeta 电位与考虑 $K^{\sigma d}$ 与 $K^{\sigma i}$ 后的计算结果之间的差异很大，需要重复上述过程，用迭代方法不断估算，直到两个值之间的差异很小。

3.10　第二类电动现象

根据经典电动现象理论，在低电压下，由双电层电荷导致的颗粒运动速度是电场强度的线性函数。尽管在较高电压下，实际测量结果的运动速度可能会与理论有偏差，然而两者的相对差异一般不很大[160]。可是如果电场很强（>10V/cm），或颗粒很大（>10μm），或离子强度较大，将会发生由次级双电层引起的第二类电动现象。导电颗粒的强浓度极化导致双电层的后面出现大的感应空间电荷，并在初级双电层后面产生次级双电层，这显著改变了电动力学现象和通过颗粒的电流的主要特征。大密度和厚度的感应电荷将导致极快的颗粒周围的液体电渗运动并进一步导致极快的颗粒运动速度，对于大颗粒，其速度可能超过通常电泳速度的 10 倍或更多。此类现象对于离子型导电性的颗粒特别明显，对于金属和其他电子型导电性材料以及空穴型导电性半导体，这种现象也很明显[161]。图 3-25 显示了不同粒径颗粒的电泳迁移率作为电场强度的函数，图中带符号的曲线分别对应于不同直径的阳离子交换树脂，几条虚线对应于相应颗粒根据近似公式计算的理论值。可以看出对于在低电场的小颗粒，电泳迁移率对电场强度的不变性偏离并不严重。在高电场大于 50μm 的颗粒显出明显的电场强度依赖性，而且离理论计算值还差得很远[162]。

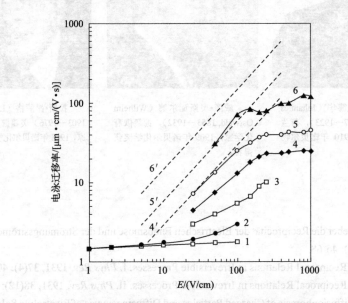

图 3-25　各类颗粒电泳迁移率作为电场强度的函数
1—1μm；2—10μm；3—50μm；4—100μm；5—200μm；6—500μm
4′、5′、6′分别对应于颗粒 4、5、6 根据近似公式计算的理论值

产生次级双电层的原因被归结为离子浓度极化。当两相接触界面的某些表面和体积特性存在时，双电层后面的感应空间电荷以及由此产生的新的电动现象才可能作为浓度极化的结果出现。根据理论推导以及实验结果，发现产生离子浓度极化的必要条件为：

①　通过具有相同电荷符号的电流载体（离子、电子或空穴）提供的界面电流；

②　弯曲的界面；

③　固相的电导率高于液体的电导率；

④　满足条件 $2Ea \gg \psi_{cr}$ 的电场强度和颗粒尺寸，其中 ψ_{cr} 是临界电位，其值取决于颗粒导电性的类型（对于离子交换颗粒，$\psi_{cr} \approx 100\text{mV}$；对于具有电子或空穴型导电性的颗粒，$\psi_{cr} \approx 1.5\text{V}$），$E$ 是施加的电场强度，a 是颗粒半径。

由于颗粒周围的电位分布当出现离子浓度极化时非常复杂，现有的理论仅具有定性作用，尚未能运用到实际样品中。而且对于通常范围内的胶体颗粒以及测量电场，这类二级效应并不严重，所以本书不做进一步详细介绍[163]。

约翰内斯·范德华（Johannes van der Waals, 1837—1923），荷兰理论物理学家，1910 年诺贝尔物理学奖获得者。

威廉·奥斯瓦尔德（Wilhelm Ostwald, 1853—1932），德籍俄裔化学家，1909 年诺贝尔化学奖获得者。

拉斯·昂萨格（Lars Onsager, 1903—1976）美籍挪威裔物理学家，1968 年诺贝尔化学奖获得者。

参考文献

[1]   Saxén, U. Ueber die Reciprocität der Electrischen Endosmose und der Strömungssströme. *Ann Phys*, 1892, 283(9): 46-68.

[2]   Onsager, L. Reciprocal Relations in Irreversible Processes. I. *Phys Rev*, 1931, 37(4): 405-426.

[3]   Onsager, L. Reciprocal Relations in Irreversible Processes. II. *Phys Rev*, 1931, 38(12): 2265-2278.

[4]   Keh, H. J. Diffusiophoresis of Charged Particles and Diffusioosmosis of Electrolyte Solutions. *Curr Opin Colloid In*, 2016, 24: 13-22.

[5]   Lou, J.; He, Y. Y.; Lee, E. Diffusiophoresis of Concentrated Suspensions of Spherical Particles with Identical Ionic Diffusion Velocities. *J Colloid Interf Sci*, 2006, 299(1): 443-451.

[6]   Dukhin, S. S.; Churaev, N. V.; Shilov, V. N.; Starov, V. M. Modelling Reverse Osmosis. *Russ Chem Rev*, 1988, 57(6): 572.

[7]   Ulberg, Z. R.; Dukhin, A. S. Electrodiffusiophoresis: Film Formation in AC and DC Electrical Fields and Its Application for Bactericidal Coatings. *Prog Org Coat*, 1990, 18(1): 1-41.

[8]   Grosse, C.; Delgado, Á. V. Dielectric Dispersion in Aqueous Colloidal Systems. *Curr Opin Colloid In*, 2010, 15(3): 145-159.

[9]   Sarno, B.; Heineck, D.; Heller, M. J; Ibsen, S. D. Dielectrophoresis: Developments and Applications from 2010 to 2020. *Electrophoresis*, 2021, 42(5): 539-564.

[10]   Hoffmann, H.; Gräbner, D. Electric Birefringence Anomaly of Solutions of Ionically Charged Anisometric Particles. *Adv Colloid Interfac*, 2015, 216: 20-35.

[11]   Rodríguez-Sánchez, L.; Ramos, A.; García-Sánchez, P. Electrorotation of Semiconducting Microspheres. *Phys Rev E*, 2019, 100(4): 042616.

[12]   Mirfendereski, S.; Park, J. Dipolophoresis in Concentrated Suspensions of Ideally Polarizable Spheres. *J Fluid Mech*, 2019, 875, R3.

[13]   Dukhin, A. S.; Dukhin, S. S. Aperiodic Capillary Electrophoresis Method Using an Alternating

Current Electric Field for Separation of Macromolecules. *Electrophoresis*, 2005, 26(11): 2149-2153.

[14] Liang, M.; Yang, S.; Pang, M.; Wang, Z.; Xiao, B. A Study for the Longitudinal Permeability of Fibrous Porous Media with Consideration of Electroviscous Effects. *Mater Today Commun,* 2022, 31, 103485.

[15] Gautherot, N. Mémoire sur le Galvanisme. *Annales de Chimie ou Récueil.* 1801, 1(39): 203-210.

[16] Volta, A. *Philos Trans R Soc London*, 1800, 90: 403-431.

[17] Tison, R. P. Accurate Electrophoretic Analyses of Concentrated Suspensions (Electrophoresis of Concentrates). *J Colloid Interf Sci*, 1977, 60(3): 519-528.

[18] Tiselius, A. The Moving Boundary Method of Studying the Electrophoresis of Proteins, Diss. 1930, *Nova Acta Regiae Soc Sci Uppsala Ser 4*, 1930, 7(4): 1-107.

[19] Bhimwal, R.; Rustandi, R. R.; Payne, A.; Dawod, M. Recent Advances in Capillary Gel Electrophoresis for the Analysis of Proteins. *J Chromatogr A*, 2022, 1682: 463453.

[20] Homola, A.; Robertson, A. A. A Note on the Applications of Mass Transport Electrophoresis. *J Colloid Interf Sci*, 1975, 51(1): 202-204.

[21] *ISO 19430:2016 Particle Size Analysis-Particle Tracking Analysis (PTA) Method.* International Organization for Standardization, 2016.

[22] 许人良. 颗粒表征的光学技术及应用. 第 6 章. 北京: 化学工业出版社, 2022.

[23] Ramaye, Y.; Dabrio, M.; Roebben, G.; Kestens, V. Development and Validation of Optical Methods for Zeta Potential Determination of Silica and Polystyrene Particles in Aqueous Suspensions. *Materials*, 2021, 14(2): 290.

[24] Xu, R. *Particle Characterization: Light Scattering Methods*. Chpt 6, Springer, 2000.

[25] Ware, B. R.; Flygare, W. H. The Simultaneous Measurement of the Electrophoretic Mobility and Diffusion Coefficient in Bovine Serum Albumin Solutions by Light Scattering. *Chem Phys Lett*, 1971, 12, 81-85.

[26] Uzgiris, E. E. Electrophoresis of Particles and Biological Cells Measured by the Doppler Shift of Scattered Laser Light. *Opt Commun*, 1972, 6(1): 55-57.

[27] Ware, B. R.; Haas, D. D. Electrophoretic Light Scattering. in *Fast Methods in Physical Biochemistry and Cell Biology*. eds. Sha'afi, R. I.; Fernandez, S. M.; Chpt 8, pp173-220, Elsevier, 1983.

[28] Dukhin, A.; Xu, R.. Zeta Potential Measurements, in *Characterization of Nanoparticles Measurement Processes for Nanoparticles*, ed. Hodoroaba, V.; Unger, W. E. S.; Shard, A. G.. Chpt 3. 2. 5.. pp213-224, Elsevier, 2020.

[29] *ISO 13099-2:2012 Colloidal Systems-Methods for Zeta-potential Determination-Part 2: Optical Methods*, International Organization for Standardization, 2012.

[30] 翁优灵, 沙爱民. 多普勒电泳光散射 Zeta 电位分析新技术. 中国测试技术, 2005, 31(4): 20-23.

[31] 郝瑞锋, 邱健, 彭力, 骆开庆, 韩鹏. 基于电泳光散射的纳米颗粒 zeta 电位分析仪的研制. 自动化与信息工程, 2018, 39(2): 1-7.

[32] Ramaye, Y.; Dabrio, M.; Roebben, G.; Kestens, V. Development and Validation of Optical Methods for Zeta Potential Determination of Silica and Polystyrene Particles in Aqueous Suspensions. *Materials*, 2001, 14(2): 290.

[33] 叶辉, 邱健, 韩鹏, 彭力, 骆开庆, 刘冬梅. Zeta 电位测量中基于 PZT 的光学移频装置的研制. 国外电子测量技术, 2019, 7: 43-51.

[34] Xu, R.; Schmitz, B.; Lynch, M. A Fiber Optic Frequency Shifter. *Rev Sci Instrum,* 1997, 68: 1952-1961.

[35] 仇文全, 刘伟, 贾宏燕, 齐甜甜, 申晋, 王雅静. 毛细管样品池不同结构对探测区域电场强度的影响. 激光与光电子学进展, 2023, 60(1): 0129001.

[36] 黄桂琼, 邱健, 韩鹏, 彭力, 刘冬梅, 骆开庆. U 形样品池中电场分布仿真及其对 Zeta 电位测量的影响. 中国粉体技术, 2019, 25(04): 26-32.

[37] Uzgiris, E. E. Laser Doppler Spectroscopy: Applications to Cell and Particle Electrophoresis. *Adv Colloid Interf Sci*, 1981, 14: 75-171.

[38] Miller, J.; Velev, O.; Wu, S. C. C.; Ploehn, H. J. A Combined Instrument for Phase Analysis Light Scattering and Dielectric Spectroscopy. *J Colloid Interf Sci*, 1995, 174: 490-499.

[39] Xu, R. Progress in Nanoparticles Characterization: Sizing and Zeta Potential Measurement. *Particuology*, 2008, 6(2): 112-115.

[40] Sekiwa, M.; Tsutsui, K.; Morisawa, K.; Fujimoto, T.; Toyoshima, A. Electrophoretic Mobility Measuring Apparatus. *US Patent 7449097*, 2008.

[41] Vaseghi, S. V. *Advanced Digital Signal Processing and Noise Reduction*. Chpt 9, John Wiley & Sons, 2000.

[42] Xu, R. Methods to Resolve Mobility from Electrophoretic Laser Light Scattering Measurement. *Langmuir*, 1993, 9: 2955-2962.

[43] 许人良. 颗粒表征的光学技术及应用. 第 8 章. 北京: 化学工业出版社, 2022.

[44] Finsy, R.; Xu, R.; Deriemaeker, L. Effect of Laser Beam Dimension on Electrophoretic Mobility Measurements. *Part Part Syst Charact*, 1994, 11: 375-378.

[45] Hjertén, S. High-performance Electrophoresis: Elimination of Electroendosmosis and Solute Adsorption. *J Chromatogr*, 1985, 347, 191-198.

[46] Knox, R. J.; Burns, N. L.; van Alstine, J. M.; Harris, J. M.; Seaman, G. V. F. Automated Particle Electrophoresis: Modeling and Control of Adverse Chamber Surface Properties. *Anal Chem*, 1998, 70: 2268-2279.

[47] Schätzel, K.; Weise, W.; Sobotta, A.; Drewel, M. Electroosmosis in an Oscillating Field: Avoiding Distortions in Measured Electrophoretic Mobilities. *J Colloid Interf Sci*, 1991, 143: 287-293.

[48] Minor, M.; van der Linde, A. J.; van Leeuwen, H. P.; Lyklema, J. Dynamic Aspects of Electrophoresis and Electroosmosis: a New Fast Method for Measuring Particle Mobility. *J Colloid Interf Sci*, 1997, 189(2): 370-375.

[49] Miller, J.; Velev, O.; Wu, S. C. C.; Ploehn, H. J. A Combined Instrument for Phase Analysis Light Scattering and Dielectric Spectroscopy. *J Colloid Interf Sci*, 1995, 174: 490-499.

[50] Varenne, F.; Coty, J. -B.; Botton, J.; Legrand, F. -X.; Hillaireau, H.; Barratt, G.; Vauthier, C. Evaluation of Zeta Potential of Nanomaterials by Electrophoretic Light Scattering: Fast Field Reversal Versus Slow Field Reversal Modes. *Talanta*, 2019, 205: 120062.

[51] McNeil-Watson, F. K.; Connah, M. T. Mobility and Effects Arising from Surface Charge. *US Patent 7217350*, 2007.

[52] Mangelsdorf, C. S.; White, L. R. Low-Zeta-Potential Analytic Solution for the Electrophoretic

Mobility of a Spherical Colloidal Particle in an Oscillating Electric Field. *J Colloid Interf Sci*, 1993, 160(2): 275-287.

[53]　Dukhin, A. S.; Shilov, V.; Borkovskaya, Y. Dynamic Electrophoretic Mobility in Concentrated Dispersed Systems. Cell Model. *Langmuir*, 1999, 15(10): 3452-3457.

[54]　Holtzer, G. L.; Velegol, D. Limitations of Differential Electrophoresis for Measuring Colloidal Forces: a Brownian Dynamics Study. *Langmuir*, 2005, 21(22): 10074-10081.

[55]　Reuss, F. F. Sur un nouvel effet de l'électricité galvanique. *Mem Soc Imp Natur Moscou*, 1809, 2: 327-337.

[56]　Wiedemann, G. Ueber die Bewegung von Flüssigkeiten im Kreise der geschlossenen galvanischen Säule. *Ann Phys*, 1852, 87: 321-352.

[57]　Von Smoluchowski, M. Contribution to the Theory of Electro-osmosis and Related Phenomena. *Bull Int Acad Sci Cracovie*, 1903, 3: 184-199.

[58]　Von Smoluchowski, M. Elektrische Endosmose und Strömungsströme. in *Handbuch der Elektrizität und des Magnetismus, Band II*. pp366-427, Barth-Verlag, 1921.

[59]　Arulanandam, S.; Li, D. Determining Z Potential and Surface Conductance by Monitoring the Current in Electro-Osmotic Flow. *J Colloid Interf Sci*, 2000, 225(2): 421-428.

[60]　Yao, S.; Santiago, J. G. Porous Glass Electroosmotic Pumps: Theory. *J Colloid Interf Sci*, 2003, 268(1): 133-142.

[61]　Dukhin, S. S.; Derjaguin, B. V. Electrokinetic Phenomena. in *Surface and Colloid Science. Vol 7*, ed. Matjievic, E. John Wiley Interscience, 1974.

[62]　Luong, D. T.; Sprik, R. Streaming Potential and Electroosmosis Measurements to Characterize Porous Materials. *International Scholarly Research Notices, Geophysics*, 2013: 496352.

[63]　Rice, C. L.; Whitehead, R. Electrokinetic Flow in a Narrow Cylindrical Capillary. *J Phys Chem*, 1965, 69(11): 4017-4024.

[64]　Tatsumi, K.; Nishitani, K.; Fukuda, K.; Katsumoto, Y.; Nakabe, K. Measurement of Electroosmotic Flow Velocity and Electric Field in Microchannels by Micro-particle Image Velocimetry. *Meas Sci Technol*, 2010, 21(10): 105402.

[65]　Sze, A.; Erickson, D.; Ren, L.; Li, D. Zeta-potential Measurement Using the Smoluchowski Equation and the Slope of the Current-time Relationship in Electroosmotic Flow. *J Colloid Interf Sci*, 2003, 261(2): 402-410.

[66]　Oddy, M. H.; Santiago, J. G. A Method for Determining Electrophoretic and Electroosmotic Mobilities Using AC and DC Electric Field Particle Displacements. *J Colloid Interf Sci*, 2004, 269(1): 192-204.

[67]　Sadek, S. H.; Pimenta, F.; Pinho, F. T.; Alves, M. A. Measurement of Electroosmotic and Electrophoretic Velocities Using Pulsed and Sinusoidal Electric Fields. *Electrophoresis*, 2017, 38: 1022-1037.

[68]　Yan, D.; Yang, C.; Nguyen, N. T.; Huang, X. Diagnosis of Transient Electrokinetic Flow in Microfluidic Channels. *Phys Fluids*, 2007, 19(1): 017114.

[69]　Yan, D.; Yang, C.; Nguyen, N. T.; Huang, X. A Method for Simultaneously Determining the Zeta Potentials of the Channel Surface and the Tracer Particles Using Microparticle Image Velocimetry Technique. *Electrophoresis*, 2006, 27(3): 620-627.

[70] Dorn, E. Ueber die Fortführung der Electricität Durch Strömendes Wasser in Röhren und Verwandte Erscheinungen. *Ann Phy*, 1880, 246(5): 46-77.

[71] Dukhin, S. S.; Derjaguin, B. V. in *Surface and Colloid Science*. ed. Matijevic, E. Vol 7, Chpt 2, Wiley, 1974.

[72] Usui, S.; Sasaki, H. Zeta Potential Measurements of Bubbles in Aqueous Surfactant Solutions. *J Colloid Interf Sci*, 1978, 65(1): 36-45.

[73] Ozaki, M.; Sasaki, H. Sedimentation Potential and Flotation Potential. in *Electrical Phenomena at Interfaces*. pp245-252, Routledge, 2018.

[74] Preočanin, T.; Šupljika, F.; Lovrak, M.; Barun, J.; Kallay, N. Bubbling Potential as a Measure of the Charge of Gas Bubbles in Aqueous Environment. *Colloid Surface A*, 2014, 443: 129-34.

[75] Collins, G. L.; Motarjemi, M.; Jameson, G. J. A Method for Measuring the Charge on Small Gas Bubbles. *J Colloid Interf Sci*, 1978, 63(1): 69-75.

[76] Levine, S.; Neale, G.; Epstein, N. The Prediction of Electrokinetic Phenomena within Multiparticle Systems: II. Sedimentation Potential. *J Colloid Interf Sci*, 1976, 57(3): 424-437.

[77] Quist, J. D.; Washburn, E. R. A Study in Electrokinetics. *J Am Chem Soc*, 1940, 62(11): 3169-3172.

[78] Fang, Y. G.; Liu, H.; Guo, L. F.; Li, X. L.; Wang, P. X.; Gu, R. G. Calculation Theory and Experiment Verification of Sedimentation Potential of the Complex Particle System. *Colloid Surface A*, 2022, 649: 129447.

[79] Nakatuka, Y.; Yoshida, H.; Fukui, K.; Matuzawa, M. The Effect of Particle Size Distribution on Effective Zeta-potential by Use of the Sedimentation Method. *Adv Powder Technol*, 2015, 26(2): 650-656.

[80] Peace, J. B.; Elton, G. A. Sedimentation Potentials. Part II. The Determination of the Zeta Potentials of Some Solid Surfaces in Aqueous Media by use of Sedimentation Potential Measurements. *J Chem Soc* (Resumed), 1960: 2186-2190.

[81] Ozaki, M.; Ando, T.; Mizuno, K. A New Method for the Measurement of Sedimentation Potential: Rotating Column Method. *Colloid Surface A*, 1999, 159(2-3): 477-480.

[82] De Groot, S. R.; Mazur, P.; Overbeek, J. T. G. Nonequilibrium Thermodynamics of the Sedimentation Potential and Electrophoresis. *J Chem Phys*, 1952, 20(12): 1825-1829.

[83] Ohshima, H.. Sedimentation Potential in a Concentrated Suspension of Spherical Colloidal Particles. *J Colloid Interf Sci*, 1998, 208(1): 295-301.

[84] Ozaki, M.; Sasaki, H. Sedimentation and Flotation Potential: Theory and Measurements. in *Surfactant Science Serie. Vol 106*, ed. Delgado, Á. V.; Chpt 16, pp481-492, Marcel Dekker, 2002.

[85] 王建, 王晓琳. 流动电位研究聚烯烃微孔膜在电解质溶液中的动电现象. 高校化学工程学报, 2003, 17(4): 372-376.

[86] 陈莉, 杨庆, 常青, 马东华. 流动电位法测定中空纤维膜表面的ζ电位. 水处理技术, 2008, 34(3): 24-27.

[87] 宣孟阳, 杜启云, 王薇, 王永良. 纳滤膜流动电位及 zeta 电位的研究. 水处理技术, 2007, 33(11): 42-44.

[88] 李闯, 常青, 杨斌武. 流动电位法测定滤料表面的 zeta 电位. 环境科学学报, 2009, 29(6): 1214-1219.

[89]　Spanos, N.; Koutsoukos, P. G. Calculation of Zeta Potential from Electrokinetic Measurements on Titania Plugs. *J Colloid Interf Sci*, 1999, 214(1): 85-90.

[90]　Giesbers, M.; Kleijn, J. M.; Stuart, M. A. The Electrical Double Layer on Gold Probed by Electrokinetic and Surface Force Measurements. *J Colloid Interf Sci*, 2002, 248(1): 88-95.

[91]　Hunter, R. J. *Foundations of Colloid Science*. 2nd ed, pp317-324, Oxford University Press, 2000.

[92]　ISO/DIS 13100 *Methods for Zeta Potential Determination-Streaming Potential and Streaming Current Methods for Porous Materials*. International Standardization Organization, 2023.

[93]　房孝涛, 王怡俊, 孙久军. 基于流动电位法纸浆 zeta 电位检测方法的研究. 西南造纸, 2006, 35(3): 41-42.

[94]　李昭成, 杨桂花. 流动电位法 zeta 电位仪的测量原理及使用性能. 纸和造纸, 2002, 4: 29-30.

[95]　李忠意, 刘芳铭, 吴金雯, 徐仁扣, 谢德体. 测量模拟土体 zeta 电位的简易流动电位装置及其使用方法. 土壤学报, 2021, 59(3): 746-756.

[96]　龚智方, 苏明旭, 蔡小舒. 水系胶体 zeta 电位的电声法测量. 过程工程学报, 2012, 12(6): 1058-1061.

[97]　Debye, P. A Method for the Determination of the Mass of Electrolytic Ions. *J Chem Phys*, 1933, 1(1): 13-16.

[98]　Hermans, J. J. XXXV. Charged Colloid Particles in an Ultrasonic Field. *Lond Edinb Dublin Philos Mag J Sci*, 1938, 25(168): 426-438.

[99]　Hermans, J. J. LVII. Charged Colloid Particles in an Ultrasonic Field—II. Particles Surrounded by a Thin Double Layer. *Lond Edinb Dublin Philos Mag J Sci*, 1938, 26(177): 674-683.

[100]　Yeager, E.; Bugosh, J.; Hovorka, F.; McCarthy, J. The Application of Ultrasonic Waves to the Study of Electrolytic Solutions II. the Detection of the Debye Effect. *J Chem Phys*, 1949, 17(4): 411-415.

[101]　Oja, T.; Petersen, G.; Cannon, D. Measurement of Electric-Kinetic Properties of a Solution. *US Patent 4,497,208*, 1985.

[102]　Zana, R.; Yeager, E. B. Ultrasonic Vibration Potentials. in *Modern Aspects of Electrochemistry*. Chpt 14, pp1-60, Springer, 1982.

[103]　O'Brien, R. W.; Cannon, D. W.; Rowlands, W. N. Electroacoustic Determination of Particle Size and Zeta Potential. *J Colloid Interf Sci*, 1995, 173, 406-418.

[104]　Hunter, R. J. Recent Developments in the Electroacoustic Characterisation of Colloidal Suspensions and Emulsions. *Colloid Surface A*, 1998, 141(1): 37-66.

[105]　Greenwood, R. Review of the Measurement of Zeta Potentials in Concentrated Aqueous Suspensions Using Electroacoustics. *Adv Colloid Interfac*, 2003, 106(1-3): 55-81.

[106]　Dukhin, A. S.; Parlia, S. Studying Homogeneity and Zeta Potential of Membranes Using Electroacoustics. *J Membrane Sci*, 2012, 415, 587-595.

[107]　O'Brien, R. W. The Electroacoustic Equations for a Colloidal Suspension. *J Fluid Mech*, 1990, 212: 81-93.

[108]　O'Brien, R. W.; Garside, P.; Hunter, R. J. The Electroacoustic Reciprocal Relation. *Langmuir*, 1994, 10(3): 931-935.

[109]　Rowlands, W. N.; O'Brien, R. W.; Hunter, R. J.; Patrick, V. Surface Properties of Aluminum Hydroxide at High Salt Concentration. *J Colloid Interf Sci*, 1997, 188(2): 325-335.

[110] Frenkel, J. On the Theory of Seismic and Seismoelectric Phenomena in a Moist Soil. *J Phys (Soviet):* 1944, III(4): 230-241. (Republished: *J Eng Mech*, 2005, 131 (9): 879-887).

[111] Zhu, Z.; Toksöz, M. N.; Burns, D. R. Electroseismic and Seismoelectric Measurements of Rock Samples in a Water Tank. *Geophysics*, 2008, 73(5): 1SO-Z88.

[112] Thompson, A. H. Electromagnetic-to-seismic Conversion: Successful Developments Suggest Viable Application. in *Exploration and Production: 75th Annual International Meeting, SEG, Expanded Abstracts*, EM2. 5, pp554-556, 2005.

[113] Reppert, P. M.; Morgan, F. D. Frequency-dependent Electroosmosis. *J Colloid Interf Sci*, 2002, 254, 372-383.

[114] Zhu, Z.; Toksöz, M. N.; Burns, D. R. Electroseismic and Seismoelectric Measurements of Rock Samples in a Water Tank. *Geophysics*, 2008, 73(5): E153-164.

[115] Peng, R.; Di, B.; Wei, J.; Ding, P.; Liu, Z.; Guan, B.; Huang, S. Signal Characteristics of Electroseismic Conversion. *J Geophys Eng*, 2018, 15(2): 377-385.

[116] Dukhin, A. S.; Shilov, V. N. The Seismoelectric Effect: A Nonisochoric Streaming Current. 2. Theory and Its Experimental Verification. *J Colloid Interf Sci*, 2010, 346(1): 248-253.

[117] Derjaguin, B. V.; Sidorenkov, G. P.; Zubashchenkov, E. A.; Kiseleva, E. V. Kinetic Phenomena in Boundary Films of Liquids. *Kolloidn Zh*, 1947, 9(01): 335-347.

[118] Deryagin, B. V.; Dukhin, S. S.; Korotkova, A. A. Diffusiophoresis in Electrolyte Solutions and Its Role in Mechanism of Film Formation from Rubber Latexes by Method of Ionic Deposition. *Kolloid Zh*, 1961, 23(1): 53.

[119] Keh, H. J.; Huang, T. Y. Diffusiophoresis of Colloidal Spheroids in Symmetric Electrolytes. *Colloid Surface A*, 1994, 92(1-2): 51-65.

[120] Prieve, D. C.; Roman, R. Diffusiophoresis of a Rigid Sphere through a Viscous Electrolyte Solution. *J Chem Soc Faraday Trangs 2*, 1987, 83(8): 1287-1306.

[121] Kosmulski, M.; Matuevi, E. Solvophoresis of Latex. *J Colloid Interf Sci*, 1992, 150(1): 291-294.

[122] Debye, P. Einige Resultate einer Kinetischen Theorie der Isolatoren. *Physik Z*, 1912, 13, 97-100.

[123] Dukhin, S. S.; Shilov, V. N.; Bikerman, J. J. Dielectric Phenomena and Double Layer in Disperse Systems and Polyelectrolytes. *J Electrochem Soc*, 1974, 121(4): 154C.

[124] DeLacey, E. H.; White, L. R. Dielectric Response and Conductivity of Dilute Suspensions of Colloidal Particles. *J Chem Soc Faraday T 2*, 1981, 77(11): 2007-2039.

[125] Zukoski IV, C. F.; Saville, D. A. The Interpretation of Electrokinetic Measurements Using a Dynamic Model of the Stern Layer: II. Comparisons between Theory and Experiment. *J Colloid Interf Sci*, 1986, 114(1): 45-53.

[126] Rosen, L. A.; Baygents, J. C.; Saville, D. A. The Interpretation of Dielectric Response Measurements on Colloidal Dispersions Using the Dynamic Stern Layer Model. *J Chem Phys*, 1993, 98(5): 4183-4194.

[127] Kijlstra, J.; Van Leeuwen, H. P.; Lyklema, J. Low-frequency Dielectric Relaxation of Hematite and Silica Sols. *Langmuir*, 1993, 9(7): 1625-1633.

[128] Asami, K. Characterization of Heterogeneous Systems by Dielectric Spectroscopy. *Prog Polym Sci*, 2002, 27(8): 1617-1659.

[129] Flores-Cosío, G.; Herrera-López, E. J.; Arellano-Plaza, M.; Gschaedler-Mathis, A.; Kirchmayr,

M.; Amaya-Delgado, L. Application of Dielectric Spectroscopy to Unravel the Physiological State of Microorganisms: Current State, Prospects and Limits. *Appl Microbiol Biot*, 2020, 104(14): 6101-6113.

[130] Deshmukh, K.; Sankaran, S.; Ahamed, B.; Sadasivuni, K. K.; Pasha, K. S.; Ponnamma, D.; Sreekanth, P. R.; Chidambaram, K. Dielectric Spectroscopy. in *Spectroscopic Methods for Nanomaterials Characterization*. pp237-299, Elsevier, 2017.

[131] Fricke, H.; Curtis, H. J. The Dielectric Properties of Water-dielectric Interphases. *J Phys Chem*, 1937, 41(5): 729-745.

[132] Grosse, C.; Tirado, M. C. Measurement of the Dielectric Properties of Polystyrene Particles in Electrolyte Solution. *MRS Online Proceedings Library (OPL)*: 1996, 430: 287.

[133] Zimmermann, U.; Neil, G. A. *Electromanipulation of Cells*. CRC Press, 1996: 259-328.

[134] Castellanos, A.; Ramos, A.; Gonzalez, A.; Green, N. G.; Morgan, H. Electrohydrodynamics and Dielectrophoresis in Microsystems: Scaling Laws. *J Phys D*, 2003, 36(20): 2584.

[135] Gimsa, J. Particle Characterization by AC-electrokinetic Phenomena: 1. A Short Introduction to Dielectrophoresis (DP) and Electrorotation (ER). *Colloid Surface A*, 1999, 149(1-3): 451-459.

[136] Goater, A. D.; Pethig, R. Electrorotation and Dielectrophoresis. *Parasitology*, 1999, 117(7): 177-189.

[137] Pethig, R. Dielectrophoresis: An Assessment of its Potential to Aid the Research and Practice of Drug Discovery and Delivery. *Adv Drug Deliver Rev*, 2013, 65(11-12): 1589-1599.

[138] Abd Rahman, N.; Ibrahim, F.; Yafouz, B. Dielectrophoresis for Biomedical Sciences Applications: A Review. *Sensors (Basel)*, 2017, 17(3): 449.

[139] Goater, A. D.; Burt, J. P.; Pethig, R. A Combined Travelling Wave Dielectrophoresis and Electrorotation Device: Applied to the Concentration and Viability Determination of Cryptosporidium. *J Phys D*, 1997, 30(18): L65-L69.

[140] Pohl, H. A. Some Effects of Nonuniform Fields on Dielectrics. *J Appl Phys*, 1958, 29(8): 1182-1188.

[141] Ghallab, Y.; Badawy, W. Sensing Methods for Dielectrophoresis Phenomenon: From Bulky Instruments to Lab-on-a-chip. *IEEE Circuits Syst Mag*, 2004, 4, 5-15.

[142] Masuda, S.; Washizu, M.; Kawabata, I. Movement of Blood Cells in Liquid by Nonuniform Traveling Field. *IEEE T Ind Appl*, 1988, 24(2): 217-222.

[143] Talary, M. S.; Burt, J. P. H.; Tame, J. A.; Pethig, R. Electromanipulation and Separation of Cells Using Travelling Electric Fields. *J Phys D*, 1996, 29(8): 2198-2203.

[144] Green, N. G.; Hughes, M. P.; Monaghan, W.; Morgan, H. Large Area Multilayered Electrode Arrays for Dielectrophoretic Fractionation. *Micro Engn*, 1997, 35(1-4): 421-424.

[145] Wang, X. B.; Huang, Y.; Wang, X.; Becker, F. F. Gascoyne, P. R. Dielectrophoretic Manipulation of Cells with Spiral Electrodes. *Biophys J*, 1997, 72(4): 1887-1899.

[146] Jones, T. B.; Washizu, M. Multipolar Dielectrophoretic and Electrorotation Theory. *J Electrost*, 1996, 37(1-2): 121-134.

[147] Prüger, B.; Eppmann, P.; Gimsa, J. Particle Characterization by AC-Electrokinetic Phenomena 3. New Developments in Electrorotational Light Scattering (ERLS). *Colloid Surface A*, 1998, 136(1-2): 199-207.

[148] Miller, R. D.; Jones, T. B. Electro-orientation of Ellipsoidal Erythrocytes. Theory and Experiment. *Biophys J*, 1993, 64(5): 1588-1595.

[149] Nishioka, M.; Katsura, S.; Hirano, K.; Mizuno, A. Evaluation of Cell Characteristics by Step-wise Orientational Rotation Using Optoelectrostatic Micromanipulation. *IEEE T Ind Appl*, 1997, 33(5): 1381-1388.

[150] Budde, A.; Grümmer, G.; Knippel, E. Electrorotation of Cells and Particles: An Automated Instrumentation. *Instrum Sci Technol*, 1999, 27(1): 59-66.

[151] Kage, H. S.; Engelhardt, H.; Sackmann, E. A Precision Method to Measure Average Viscoelastic Parameters of Erythrocyte Populations. *Biorheology*, 1990, 27(1): 67-78.

[152] Eppmann, P.; Prüger, B.; Gimsa, J. Particle Characterization by AC Electrokinetic Phenomena: 2. Dielectrophoresis of Latex Particles Measured By Dielectrophoretic Phase Analysis Light Scattering (DPALS). *Colloid Surface A*, 1999, 149(1-3): 443-449.

[153] Gimsa, J. New Light‐Scattering and Field‐Trapping Methods Access the Internal Electric Structure of Submicron Particles, like Influenza Viruses. *Ann NY Acad Sci*, 1999, 873(1): 287-298.

[154] Kerr, J. X. L. A New Relation Between Electricity and Light: Dielectrified Media Birefringent. *Lond Edinb Dublin Philos Mag*, 1875, 50(332): 337-348.

[155] 许人良, 朱鹏年. 瞬变电场双折射及其在大分子与胶体溶液中的应用. 化学通报, 1988, 11, 14-19.

[156] Wang, Z.; Xu, R.; Chu, B. Transient Electric Birefringence of N4 DNA (71 kb) in Solution. *Macromolecules*, 1990, 23(3): 790-796.

[157] Mantegazza, F.; Bellini, T.; Degiorgio, V.; Delgado, Á. V.; Arroyo, F. J. Electrokinetic Properties of Colloids of Variable Charge. Ⅱ. Electric Birefringence Versus Dielectric Properties. *J Chem Phys*, 1998, 109(16): 6905-6910.

[158] O'Brien, R. W.; Perrins, W. T. The Electrical Conductivity of a Porous Plug. *J Colloid Interf Sci*, 1984, 99(1): 20-31.

[159] Werner, C.; Zimmermann, R.; Kratzmüller, T. Streaming Potential and Streaming Current Measurements at Planar Solid/Liquid Interfaces for Simultaneous Determination of Zeta Potential and Surface Conductivity. *Colloids Surfaces A*, 2001, 192(1-3): 205-213.

[160] Lyklema, J. *Fundamentals of Interfaces and Colloid Science*. Vol II, Chpt 4, Academic Press, 1995.

[161] Mishchuk, N. A.; Takhistov, P. V. Electroosmosis of the Second Kind. *Colloid Surface A*, 1995, 95(2-3): 119-131.

[162] Mishchuk, N. A. *Electrokinetic Phenomena at Strong Concentration Polarization of Interface*. Doctoral Dissertation Thesis, ICCWC, Kiev, 1996.

[163] Mishchuk, N. A. Electrokinetic Phenomena of the Second Kind. in *Encyclopedia of Surface and Colloid Science. 3rd ed*, CRC Press, 2015: 2276-2286.

第4章
Zeta 电位的定义

第 2 章和第 3 章描述了液体中广义的颗粒物与含孔物与液体交界处的电荷及其分布的一般情况，以及依赖颗粒或固体表面与液体在各种力场作用下的相对运动来进行实验测量与界面电荷有关信息的方法。因为颗粒数量众多，又在微观尺度，所以除了微电泳法测量单个颗粒的运动，其余基本都是群体测量方法，也即信号是来自于测量区内的众多颗粒，除非这些颗粒都是一样的，即不但表面电荷及其分布一样，而且其他物理特征如粒径、形状等也都一样，否则测量到的数据只能表示在某一实验条件下的某一类平均特性。对于多孔材料，甚至单根毛细管，所测量到的也是众多孔壁或整个毛细管壁的一个平均值。利用多普勒（Doppler）频率位移的电泳光散射是个例外，因为在同一测量中，可以通过频谱分析得到电泳迁移率的分布。在这些实验中，如果改变实验条件，例如在流动电位测量中改变压力，或在电声测量中改变频率，并利用一定的模型与数学工具，可以根据在不同实验条件下测到的不同平均值求得整个体系的更多信息。

这些方法测量得到的基本都不是界面电荷及其分布的量值，而是与某个技术相关的参数。由于颗粒的微观性，使用原子力探针显微镜（AFM）才可以测到有限数量的颗粒表面的某一点或某一部分的电荷情况，但缺乏对整个颗粒样品的统计代表性[1-3]。因此需要一个能够与表面电荷及其分布有某种联系，换句话说，能够表征表面电荷及其分布的参数，而且这个参数能通过电动或动电实验测量得到的参数来取得。

统计物理、电动力学和流体力学的精确定律是双电层、电动现象以及胶体稳定性理论的基础。在考虑到实际能测量的物理量如介电常数、溶液黏度和离子迁移率等的空间依赖性以及边界条件后所形成的一个中心概念是，通过使用滑移面模型引入的电动力学参数，也就是本章要讨论的 zeta 电位。

4.1 界面运动的滑移面（剪切面）

在悬浮液中加上外部场后（电场、机械场、声场等），带电颗粒或含孔物质表面与液体会有相对的切向运动，就是在前一章描述的电动或动电现象。在这种切向运动中，由于液体的黏性或其他作用力，通常会有一层非常薄的液体黏附在表面上，也即这层液体与远离表面的液体有不同的运动。如果是颗粒表面在动，则最靠近表面的液体随着颗粒一起运动，就如同颗粒的一部分，随着离表面距离的增加，液体的运动越来越缓慢，直到一定的距离处液体完全没有相对于颗粒的运动。如果是液体在动，则贴近颗粒或含孔物质表面的液体完全不动，离表面的距离越远，动得越快，直到距离足够远而与主流液体有同样的运动速率。

可想而知，界面附近液体的运动速率与体液相的运动速率之比是一个距离的函数。现在通常所用的是一个假想（或抽象）的阶梯函数。这个阶梯函数设定离界面某一距离 d^{ek} 的位置为分界线。在从表面至 d^{ek} 处被称为流体动力学滞流层，在滞流层中的液体与界面没有相对运动，不形成液体动力流，这些液体随着界面一起运动。而对于距离远于 d^{ek} 的液体，则其与界面的相对运动速率等于离界面无穷远的液体的运动速率。d^{ek} 所处的位置称为流体动力学滑移面或也称为剪切面，本书使用滑移面。这个面的形状取决于表面的形状以及界面的运动。对于毛细管壁，如果液流是沿着毛细管流动，则这个面与毛细管壁有相同的形状。对于运动中的颗粒，滑移面与表面的距离在表面的各个部位都是不同的，这取决于颗粒的形状与运动时的定向。所以即使对于这个阶梯函数假设，滑移面也是一个模糊的概念。

在这个假设的模型中，滑移面之外（$x > d^{ek}$）的空间电荷从流体动力学上考虑是可移动的，并在电动力学上是活跃的，而颗粒（如果是球形的，半径为 a）的流体动力学行为等效于半径是 $a+d^{ek}$ 的颗粒。$x < d^{ek}$ 的空间电荷从流体动力学上考虑是不动的，但仍然可以导电。定义此滑移面上的电位为电动电位或 zeta 电位，而滑移面溶液侧的扩散电荷等于颗粒电荷的负值。

实践经验表明，滑移面非常靠近 Stern 层靠近液体的那一面，也即外亥姆霍兹面（OHP），当然这两个面都是抽象的。OHP 是理论上双电层的扩散部分和非扩散部分之间的界限，但很难准确定位。出于实际目的，两者可能足够接近，至少在低电解质浓度下，扩散层很厚，这使得 OHP 和滑移面的距离差异变得不重要，因为 OHP 与滑移面之间的电位差异不会很大。

滑移面是理论上流动和不流动流体之间的分界线，也很难定位，而且实际上这个层面处的液体运动或电荷移动都不是阶梯性的。然而由于在离子与界面发生强烈相互作用的区域内，液体运动可能会受到阻碍，因此不流动液体的界限比双电层扩散部分的起点更进一步地延伸出表面是合理的。这意味着在大部分情况下，zeta 电位（ζ）的大小等于或低于扩散层电位 ψ_d。

滑移面的确切位置还随表面的状况而定。大部分的测量或计算是基于光滑的表面。可是如果表面附有毛发状物质，如吸附了长链高分子，则滑移面与表面基体的距离显然要比光滑的表面要长；又如果表面有孔隙，则可以想象滑移面会更靠近表面。对于凹凸不平的表面，则滑移面从整体上来说，只能是个平均值。

4.2 Zeta 电位

上一节中定义了电动电位或 zeta 电位为滑移面上的电位，而滑移面溶液侧的扩散电荷等于颗粒电荷的负值。Zeta 电位由表面性质、电荷（通常由 pH 值决定）、溶液中的电解质浓度以及电解液和介质的性质决定。

4.2.1 Helmholtz-Smoluchowski 公式

1879 年，Helmholtz 在一篇有关电渗的文章内，推导了一个描述管内电渗与管壁表面电位之间关系的公式，但他忽略了介质的介电常数[4]。过了几十年，波兰科学家 Smoluchowski 开始研究电动现象，并发表了很多论文。

Smoluchowski 是 20 世纪初期极为重要的科学家，在物质动力学、密度波动等多个领域进行了开创性的工作。他最先解释了天空的蓝色是大气中光散射的结果，独立地解释了布朗运动，提出了随机过程理论的基础方程，提出了外力场中的扩散方程，自然科学中至少有 6 个基本方程以他的名字命名。Smoluchowski 因菌痢而在 1917 年英年早逝，当时震惊了科学界，Einstein 在《自然科学》杂志上著文总体评价了他的贡献[5]，Sommerfeld❶也在《物理杂志》上著文评价他的成就[6]。

Smoluchowski 对 Helmholtz 的电渗公式进行了改进推导，并在 1903 年的波兰语论文中提出了 zeta 这个参数："为了消除我们仍然不关心的部分机械力，我们引入了数量 P，它表示层法线方向上的距离，符号为 ζ。"[7]最早使用 zeta 电位来表示

---

❶ Sommerfeld（1868—1951）是 19 世纪—20 世纪最有影响力的科学家之一，是 7 位诺贝尔奖获得者的博士生导师：von Laue（1914 年物理学奖），Heisenberg（1932 年物理学奖），Debye（1936 年化学奖），Rabi（1944 年物理学奖），Pauli（1945 年物理学奖），Pauling（1954 年化学奖，1962 年和平奖），Bethe（1967 年物理学奖）。他本人是被提名诺贝尔物理学奖最多次的科学家（84 次），但未获得过。

滑移面（离表面距离ζ）电位的学者可能是 Freundlich[8]。

经 Smoluchowski 修订后的公式称为 Helmholtz-Smoluchowski（亥姆霍兹-斯莫卢霍夫斯基）公式：

$$\frac{v_{eo}}{E} = \frac{\varepsilon_r \varepsilon_o \zeta}{\eta}$$

(4-1)

式中，v_{eo} 为电渗运动的速度；E 为电场强度；ε_r 为液体的相对介电常数；ε_o 为真空介电常数；η 为液体的动态黏度。Smoluchowski 还推导出了其他经典电动现象（电泳、流动电位、沉降电位）的基本公式。

Smoluchowski 在他生前最后一篇有关电动现象的文章中综述了直到 1913 年为止的电动现象理论和实验的文献，在理论上几乎处理了当时已知的所有电动现象。在这篇综述中，Smoluchowski 对迁移颗粒的阻滞力进行了有趣的讨论。他提出当颗粒与周围液体相比具有低电导率或低介电常数时，外加电场与颗粒表面相切，沿着颗粒表面的扩散层朝颗粒迁移相反的方向传输。这种力现在称为电泳延迟。他还讨论了表面电导率、静电效应，以及称为电黏效应的带电颗粒在剪切场中旋转并且双电层变形时的黏度贡献[9]。

4.2.2 Hückel-Onsager 公式

Debye 与他的助手 Hückel 沿着 Smoluchowski 的思路，导出了小颗粒的电泳速度（μ）与 zeta 电位的关系式[10]：

$$\mu = \frac{2\varepsilon_r \varepsilon_o \zeta}{3\eta}$$

(4-2)

式（4-2）现在称为 Hückel-Onsager（休克尔-昂萨格）公式而不是 Debye-Hückel（德拜-休克尔）公式，可能是由于 Onsager 在这一领域做出了一些贡献，而 Debye 之名已被用于许多其他有关电解质的方程。

4.2.3 Henry 公式

用于同一类电动现象，式（4-1）与式（4-2）有个"2/3"的差别。这一差别曾在科学界引起过激烈讨论，直到 1931 年 Henry 发表了他的论文[11]。

Henry 对电动现象重新进行了分析，特别分析了颗粒的导电性以及外加电场是如何被颗粒变形的。他发现如果颗粒的电导率与介质的电导率相同，电场没有被颗粒变形，Hückel-Onsager 公式是有效的。如果颗粒是绝缘体，造成电场变形，就会得到 Helmholtz-Smoluchowski 公式。对于非导体，Henry 提出了以下假设：

① 颗粒体验的总电场是外加电场与颗粒本身电荷产生的场的叠加；

② 颗粒运动引起的场弛豫效应可以忽略不计；

③ 水动力方程中的惯性项可以忽略不计；

④ $e\psi/k_BT \ll 1$。

在这些条件下，Henry 得出了 zeta 电位和电泳迁移率（μ）之间的关系：

$$\mu = \frac{\zeta \varepsilon_r \varepsilon_o}{\eta} f(\kappa a) \tag{4-3}$$

$$f(\kappa a) = \frac{2}{3} \left\{ 1 + \frac{(\kappa a)^2}{16} - \frac{5(\kappa a)^3}{48} - \frac{(\kappa a)^4}{96} + \frac{(\kappa a)^5}{96} - \left[\frac{(\kappa a)^4}{8} - \frac{(\kappa a)^6}{96} \right] e^{\kappa a} \int_\infty^{\kappa a} \frac{e^{-t}}{t} dt \right\}$$

$$\approx 1 - \frac{3}{\kappa a} + \frac{25}{(\kappa a)^2} - \frac{220}{(\kappa a)^3} \tag{4-4}$$

$$f(\kappa a) \approx \frac{2}{3} \left(1 + \cfrac{1}{2\left\{ 1 + \cfrac{2.5}{\kappa a \left[1 + 2\exp(-\kappa a) \right]} \right\}^3} \right) \tag{4-5}$$

式中，η 与 a 分别是介质的动态黏度与球状颗粒半径。当 $\kappa a > 25$ 时，$f(\kappa a)$ 可以取式（4-4）的第二个约等式的值且仍能精确到小数点后三位。式（4-5）是与精确公式相比另一个相对误差小于 1% 的近似公式[12]，也可对精确 Henry 函数值进行拟合后获得相对误差小于 1% 的优化 Henry 函数表达式[13,14]。Henry 函数 $f(\kappa a)$ 是 κa 的单调函数，变化范围从 $f(\kappa a)_{\kappa a \to 0} = 2/3$ 到 $f(\kappa a)_{\kappa a \to \infty} = 1$。根据以上两个公式，在小颗粒极限，$f(\kappa a)$ 为 2/3，式（4-3）就是 Hückel-Onsager 公式；在大颗粒极限，$f(\kappa a)$ 为 1，式（4-3）就是 Helmholtz-Smoluchowski 公式。

Helmholtz-Smoluchowski 公式和 Hückel-Onsager 公式之间的差异也可以这样来解释：考虑半径为 a 的球形颗粒，极坐标系的原点 (r, θ, φ) 固定在颗粒的中心。所施加的电场在颗粒的存在下被扭曲，使得所施加的场变得平行于颗粒表面。所施加电场的电位从没有颗粒时的 $-Er\cos\theta$ 被扭曲成 $-E[r + a^3/(2r^2)]\cos\theta$，其中第二项对应于由于颗粒的存在而使施加电场失真，从而导致颗粒表面 $r \approx a$ 附近外加电场的电位比无畸变时大 3/2 倍。

对于垂直于电场的柱状颗粒，Henry 也给出了相应的公式：

$$f(\kappa a) = 1 - \frac{4(\kappa a)^4}{K_0(\kappa a)} \int_{\kappa a}^\infty \frac{K_0(t)}{t^5} dt + \frac{(\kappa a)^2}{K_0(\kappa a)} \int_{\kappa a}^\infty \frac{K_0(t)}{t^3} dt \tag{4-6}$$

$$f(\kappa a) \approx \frac{1}{2}\left(1+\frac{1}{\left\{1+\dfrac{2.55}{\kappa a\left[1+\exp(-\kappa a)\right]}\right\}^2}\right) \tag{4-7}$$

式中，K_0 是零阶第二类修正 Bessel 函数。式（4-7）的相对误差小于 1%[15]。

由于平行于电场的柱状颗粒遵循 Helmholtz-Smoluchowski 公式，对随机定向的柱状颗粒[16]：

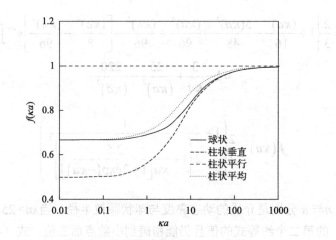

图 4-1　不同形状颗粒的 Henry 函数

$$\mu_{av} = \frac{1}{3}\mu_{\parallel} + \frac{2}{3}\mu_{\perp} \tag{4-8}$$

式中，μ_{av} 为柱状颗粒平均电泳迁移率；$\mu_{\parallel}$ 为柱状颗粒与电场平行方向的电泳迁移率；$\mu_{\perp}$ 为柱状颗粒与电场垂直方向的电泳迁移率。

从图 4-1 可以看到，对随机定向的柱状颗粒，Henry 函数随 κa 的变化与球状颗粒差别并不大[12]。

4.2.4　表面电导与弛豫效应

上面的公式忽略了两个与表面-液相相对运动有关的效应：表面电导与运动引起的场弛豫效应。

由于双电层的扩散层与体液相相比有较高的离子浓度，这一表面电导导致外加电场在颗粒附近降低而电泳迁移率降低，也造成了电渗和流动电位对毛细管半径的依赖性以及电泳迁移率对颗粒大小的依赖性[17,18]。

Henry 公式在电泳过程中，假设球形颗粒周围的双电层电位分布保持不变。当 zeta 电位很高时，双电层不再是球对称，这种效应称为弛豫效应。弛豫效应是胶体颗粒双电层扩散层部分的极化或变形，如图 4-2 所示。它在许多情况下都非常重要，尤其是对含多价反离子的介质，以及对高 zeta 电位的界面。在许多情况下如果考虑弛豫效应，Henry 理论就会有重大偏差。一些作者推导出了含弛豫效应的近似解析迁移率表达式，但计算极其复杂，只有利用数值计算才能得到理论结果[19-21]。

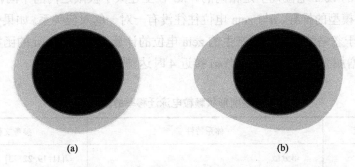

(a)　　　　　　　　　　(b)

图 4-2　颗粒双电层在低 zeta 电位（a）和高 zeta 电位（b）时的形态

从图 4-3 可以看出，当 zeta 电位小于 50mV 时 Henry 公式的运用并不会造成很大的偏差，式（4-3）能满足这些体系的要求。而对于高 zeta 电位，根据 O'Brien-White 理论[19]，迁移率与 zeta 电位的关系不但偏离线性关系，而且同一迁移率可能对应于不同的 zeta 电位（图中 $\kappa a = 25$ 的数值）。

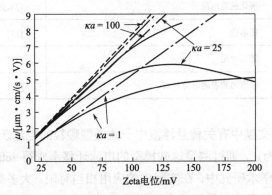

图 4-3　半径为 100nm 的球状颗粒在 KCl 介质中的迁移率与 zeta 电位的关系
短划线—式（4-1）；点划线—式（4-3）；实线—O'Brien-White 理论

4.2.5 Zeta 电位理论

在满足颗粒粒径（或毛细管直径）以及表面电位大小的限制条件后，上一小节所列公式适用于光滑球体。有许多没有上述限制、更细致或严谨的关于球状颗粒 μ 和 ζ 之间的模型[19,22,23]。然而使用这些模型从电泳迁移率计算 zeta 电位需要繁琐的计算过程（很多只能通过数值计算）和预先知道与样品相关的某些参数，而这些参数通常未知或难以获得。当 $\kappa a < 0.01$ 或者 $\kappa a > 200$ 时，从 Henry 方程和更严格的模型计算得到的 zeta 电位几乎是相同的。κa 在上述大小极限之内的中间范围内，根据这些严格模型的推导，μ 与 zeta 电位往往没有一对一的对应关系。如果使用 Henry 方程，则由于忽略弛豫效果而产生的 zeta 电位的计算误差是 μ 和 κa 的函数。此误差会随着 μ 的增加而单调地增加，当 κa 接近 4 时达到最大值[22]。

表 4-1　规则形状颗粒电泳迁移率的理论模型

颗粒形状	体系特性	参考文献
球状	单分散	[11, 19, 22, 23]
	在弱电解质中	[24]
	非均匀的表面电荷分布	[25, 26]
	多孔颗粒	[27]
	软颗粒（表面含吸附物）	[28-31]
棒状	无规定向	[11, 32, 33]
	极化的双电层	[34-36]
椭球状	低电位	[37]
	薄双电层	[38]
	非均匀的表面电荷分布	[39]

表 4-1 列出了文献中有关稀悬浮液中一些类型颗粒的电泳迁移率与 zeta 电位之间的关系。迄今为止，通过测量这些模型的电泳迁移率求得 zeta 电位的严谨或近似的公式还停留在学术研究中，在实际中的应用相当有限。大多数实际样品中有不同粒度与表面电荷的颗粒，从而分布不同的 κa 值，几乎无法对每个组分进行复杂和不同的转换以获得完整的 zeta 电位分布。

4.2.6　颗粒表面电荷

Zeta 电位确定后，如果 zeta 电位可近似等于表面电位，则在 1∶1 电解质液体中球状颗粒的表面电荷密度 σ^{ek} 可以从以下公式求得[40]：

$$\sigma^{ek} = \frac{2\varepsilon_r\varepsilon_o\kappa k_B T}{e}\sinh\left(\frac{e\zeta}{2k_B T}\right)$$

$$\left\{1 + \frac{1}{\kappa a}\times\frac{2}{\cosh^2\left(e\zeta/4k_B T\right)} + \frac{1}{\left(\kappa r\right)^2}\times\frac{8\ln\left[\cosh\left(e\zeta/4k_B T\right)\right]}{\sinh^2\left(e\zeta/2k_B T\right)}\right\}^{1/2} \tag{4-9}$$

球状与柱状颗粒在其他类型的电解质（如 1∶2）或混合型电解质中表面电荷密度与表面电位之间关系的近似公式也可在文献中找到[41]。

4.2.7　滑移面的位置

自从滑移面的概念提出之后，有很多尝试来计算或估计此滑移面在特定体系中的位置或距表面的距离。20 世纪 40 年代，从实验数据估算各类不同颗粒的距离为 $8\sim63\text{Å}$（$1\text{Å}=10^{-10}\text{m}$），假设扩散层理论在整个界面区域中适用，并且表面电位和分离距离与电解质浓度无关[42]。

根据 Gouy-Chapman 理论，如果知道表面电位与 zeta 电位，就可从下式求出距离 d[43]：

$$\ln\left[\tanh\left(\frac{ze\zeta}{4k_B T}\right)\right] = \ln\left[\tanh\left(\frac{ze\psi_o}{4k_B T}\right)\right] - \kappa d \tag{4-10}$$

对于 25℃在水中的单一电解质（1∶1），上式可变为：

$$\ln\left[\tanh\left(\frac{\zeta}{102.8}\right)\right] = \ln\left[\tanh\left(\frac{\psi_o}{102.8}\right)\right] - \kappa d \tag{4-11}$$

如果假定表面电位和介电常数在固体表面与滑移面之间的区域与电解质浓度无关，由于 κ 与离子强度的平方根有关，则式（4-11）中的左项与离子强度平方根的关系图应为直线，可以根据直线的斜率确定分离距离 d，直线的截距确定表面电位，如图 4-4 所示。通过此方法分析电泳迁移率数据来评估滑动面距离的方法，估算出 AgI 滑动面与表面的距离约为 17Å，窄粒径分布的球形 $Cr(OH)_3$ 颗粒与 TiO_2 颗粒的表面电位每 pH 单位变化约 59mV，而滑移面与表面的距离约为 40Å[44]。

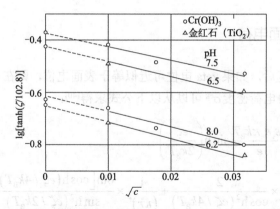

图 4-4　Cr(OH)₃ 颗粒与 TiO₂ 颗粒在不同 pH 下通过电泳测量得到的
zeta 电位以 lg[tanh (ζ/102.8)]对 $c^{1/2}$ 作图

用此方法计算出的滑移面与计算中使用的溶剂介电常数值很敏感。图 4-5 给出了 d 与 ε_r 的关系图。根据一般的双电层模型，在固液交界表面附近（从固体表面至 IHP，见第 2 章）的水的介电常数 ε_r 约为 6，而从 IHP 至 OHP，一般认为 ε_r 在 20～40 范围内，在 OHP 以外，但仍在扩散层内的区域，就相当接近于本体液相的值[45]。由于滑移面在更远离 OHP 的位置，所以在计算时不同作者使用的 ε_r 值不同。

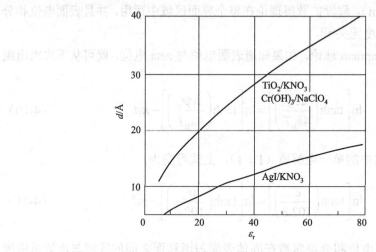

图 4-5　介质介电常数对计算滑移面位置的影响

关于滑移面的确切位置还可以从其他实验结果中看出些端倪。

在动态光散射实验中，通过测量相干光照射下的颗粒样品在布朗运动中散射出来的，随时间涨落的光强度，可以得到称为流体动力学直径 d_h 的颗粒大小及其分布[46]。布朗运动是由介质分子的无规热运动碰撞颗粒，而造成颗粒的无规运动。这个运动的起源与电荷无关，但颗粒表面由液体黏性造成的离表面不同距离的液体随颗粒一起运动的速度变化却依然存在，这一被称为水化层的颗粒周围的液体与本书讨论的双电层及其特征厚度（德拜长度）有着密切的关系。大部分颗粒表面都带电，而带电颗粒的德拜长度与介质的离子强度有密切关系（详见第 2 章）。如果在不同离子强度的介质中测量已知颗粒直径（可以通过电子显微镜测量干燥的颗粒获得）的流体动力学直径，则可获得在不同离子强度下水化层的厚度，而这个应该与滑移层的位置很接近，是否等同有待进一步的理论探讨。

笔者曾经使用一系列不同类型的单分散球体悬浮液，以单阶无机盐（NaCl）控制离子强度的方式，用动态光散射详细地研究流体动力学直径与悬浮液电导率之间的关系，其中的颗粒分别为二氧化硅球和来自不同制造商、有不同表面结构、不同zeta 电位、直径从 20～300nm 不等的 7 种聚苯乙烯乳胶球[47]。测量是在稀溶液中进行的，对动态光散射测量有影响的颗粒散射因子、结构因子和颗粒相互作用都已被尽量地避免。

图 4-6 中每一类符号为一个样品，一共 8 个样品。用动态光散射测量在用单阶无机盐 NaCl 控制的不同悬浮液电导率（横坐标）中 d_h 与透射电镜测量值（d_{min}）的差，以左纵坐标表示，理论计算的德拜长度为以右纵坐标表示的实线。从此实验结果可发现，随着悬浮液电导率的降低，流体动力学直径单调地增加。此增量的变化没有显示对颗粒物料或颗粒大小的依赖性，数据点都落在同一条与理论计算的德拜长度同趋势的线上，不过数值只有理论值的 1/5（比较左右纵坐标）。

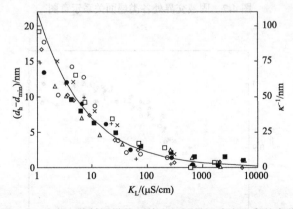

图 4-6　动态光散射测量的颗粒直径随悬浮液电导率的变化

在第 2 章中，陈述了当 $\kappa a \gg 1$ 时，双电层的厚度（设定当电位降到表面电位的1%时为扩散层的外部边缘）在表面为平板状、圆柱状与球状时，约为德拜长度的

3.7～3.8 倍。而此实验得到了滑移面厚度约为德拜长度的五分之一，也就是滑移面离表面的距离只占双电层厚度的 5%～6%，应该很靠近外亥姆霍兹面，如图 4-7 所示[47]。图 4-7 只显示了平表面（或弯曲表面的局部放大）的情形，对于规则状的非平表面，如球状表面（球状颗粒）、柱状表面（毛细管内壁），以上不同层面的关系也较简单。可是对不规则的不平表面、含孔表面，这些层面之间的距离则要复杂得多。此实验也核实了实测滑移面与德拜长度都随着体液相的离子强度而变，如图 4-8 所示。离子强度越高，德拜长度越小，滑移面也越靠近颗粒表面，两者变化的比例也基本不变。

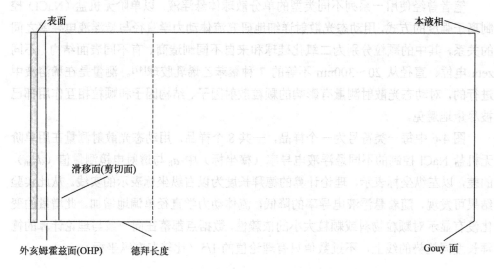

图 4-7　固液交界处各类层面关系示意图

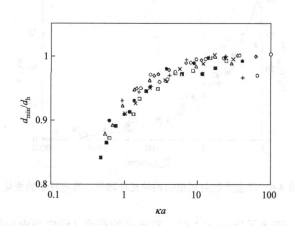

图 4-8　样品在不同 NaCl 浓度下 d_h 的变化作为 κa 的函数

由此可见，作为一个基本参数出现在各项试验分析或理论推导中的德拜长度，其值位于双电层的终点与表面之间，处于滑移面的外围，它既不是双电层的厚度，也不是滑移面的所在点。但它是一个可以被简单计算，并且值的大小可以用来简化很多复杂理论的计算，表征双电层厚度的特征参数。

4.3　Zeta 电位与其他参数

4.3.1　Zeta 电位与表面电荷

由于反离子浓度的逐渐变化，电位在 Stern 层中大致呈线性下降，在扩散层内呈指数式下降。由于整个悬浮液是中性的，体液相的电位必须为零，电位在双电层的外边界趋向于零，颗粒的电位从表面电位值（ψ_0）逐渐变化到零。对于大多数没有复杂表面结构的颗粒，变化是单调的。因此滑移面的电位，即 zeta 电位，在 ψ_0 和零之间。由于滑移面位于颗粒表面的"前沿"，在滑移面上将有颗粒与液体中其他物质（离子、相邻颗粒等）的相互作用。

与表面电位相比，zeta 电位其实比表面电位对颗粒在液体环境中有更直接的影响。Zeta 电位由多种因素决定：①表面电位；②电位曲线，由体系中共离子与反离子的浓度和价数以及连续相的介电常数决定；③滑移面的位置。

表面电位和 zeta 电位之间不存在一定的确切关系。在不同的环境和颗粒表面条件下，相同的 zeta 电位可能对应于不同的表面电位，而相同的表面电位可能会有不同的 zeta 电位。

图 4-9 描述了表面电位与 zeta 电位距离表面（横坐标）的不同变化。这些假设的电位曲线来自三种可能的情况，包括不同的介质离子强度（曲线 a 和 b）以及离子在表面的吸附（曲线 c）。电位曲线 a 和 b 具有相同的 ψ_0，但它们作为距离表面的函数变化是不同的，导致不同的 zeta 电位。曲线 c 与曲线 a 的 ψ_0 不同，但这两条曲线具有相同的 zeta 电位。如果出于某种原因，例如液体的总离子强度变化或颗粒表面有吸附的物质，滑移面位置有变化（在图 4-9 中滑移面 1 移动到滑移面 2 处），则曲线 a 和 c 可能不再具有相同的 zeta 电位。所以名义上 zeta 电位是颗粒表面电荷的"代表"，实际上它只表明表面电荷和电位可能是什么，尽管在许多情况下这已经足够了。

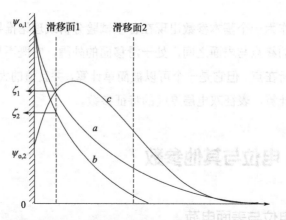

图 4-9　表面电位与 zeta 电位距离表面（横坐标）的不同变化示意图

4.3.2　Zeta 电位与体系稳定性

胶体颗粒体系的稳定性与 zeta 电位有极其密切的关系。Zeta 电位测量的应用中很大一部分是与研究悬浮液稳定性有关[48,49]。由于 zeta 电位因溶液中离子与添加剂的浓度和类型、溶液电导率、表面吸附等诸多因素而异，因此没有 zeta 电位绝对值与胶体分散体系稳定的单一准则。通常将±30mV 作为许多水相胶体体系稳定性的阈值；对于油/水乳液，此阈值为±5mV；对于金属溶胶，阈值为±70mV。当 zeta电位高于阈值时，静电排斥力将防止颗粒靠近，从而提高体系稳定性，zeta 电位越大，体系就越稳定。低于阈值时，静电排斥力可能无法克服颗粒之间的范德华吸引力而聚集，破坏胶体稳定性。聚合最有可能发生在等电点（zeta 电位为零）附近。表 4-2 为水相体系悬浮液稳定性的一般范围。

表 4-2　水相体系悬浮液稳定性的一般范围

水相体系的稳定特征	zeta 电位绝对值/mV
强烈团聚与沉淀	0～10
团聚与沉淀	10～25
团聚与分散的临界范围	25～35
较稳定	35～50
相当稳定	50～80
极其稳定	>80

在很多应用中，需要破坏胶体体系的稳定性，使其中的颗粒团聚、凝聚或絮凝[50-53]。这时就需要故意降低颗粒的 zeta 电位。通常可能导致胶体颗粒团聚或/和絮凝有下列几类方式：双电层压缩、表面电荷中和、桥接、胶体截留。

（1）双电层压缩

发生在当添加了大量的中性电解质（如 NaCl）后。这里所谓的中性（indifferent）是指离子保持其特性，不吸附在胶体上。这种离子浓度的变化压缩了胶体周围的双电层，通常称为盐析。根据 DLVO 理论，这会降低或消除排斥能垒，但盐析只是压缩胶体的影响范围，并不一定会降低其电荷，可是 zeta 电位一般会降低。

（2）表面电荷中和

加入无机凝结剂（如明矾）和阳离子聚合物通常会造成电荷中和。这是降低 DLVO 能垒并形成稳定絮凝体的实用方法。电荷中和包括在胶体表面吸附带正电的离子而中和胶体的负电荷，产生了接近零的净电荷。单独的电荷中和不一定会产生肉眼可见的絮凝体，可能会形成微絮凝，但不会迅速聚集成可见的絮体。使用 zeta 电位可以容易地监测和控制电荷中和。过量的凝结剂会使胶体上的电荷反转，使其变为能分散的带正电胶体。

（3）桥接

当凝结剂形成附着在几个胶体上的线或纤维时，就会发生桥接，捕获并将它们绑定在一起。一些无机凝固剂和有机聚电解质都具有桥接能力。更高的分子量意味着更长的分子链和更有效的桥接。桥接通常与电荷中和结合使用，以生长快速沉降和/或抗剪切的絮凝物。可以首先在快速混合条件下添加低分子量阳离子聚合物，以降低电荷量并形成微絮凝体。然后添加高分子量聚合物，通常是阴离子聚合物，以桥接微絮凝体。

（4）胶体截留

胶体截留包括添加相对大剂量的凝结剂，其用量远远超过了中和胶体电荷所需的用量。可能会发生一些电荷中和，但大部分胶体颗粒实际上被卷入沉淀的含水氧化物絮凝物中。这种机制通常被称为扫掠絮凝体（sweep floc）。

4.3.3　等电点与零电荷点

对于液相中的颗粒，有两种不同定义的零电点：一种是 zeta 电位为零的点，通常称为等电点（isoelectric point，IEP）；另一种是表面电位为零的点，通常称为零电荷点（point of zero charge，PZC）。

PZC 的重要性在于：表面电荷的符号对所有其他离子的吸附具有重要影响，特别是那些与表面相反电荷的离子，因为这些离子起着维持电中性的反离子的作用。PZC 的测定通常通过电导法或电位滴定法进行：使用不同浓度的电解质，以主导颗粒电位的离子的浓度为变量，对悬浮液的某些性质进行测量。如果找到与各种电解质浓度相对应的所有曲线的共同交点，则该交点处的电位决定离子的活性，称为

PZC，通常发生在当 H⁺ 的吸附等于 OH⁻时的 pH。

用各类电动或动电现象测量的是等电点，通常以 pH 或其他变量如总离子强度或某些特定离子的浓度为变量，图 4-10 是典型的 zeta 电位的 pH 滴定曲线。

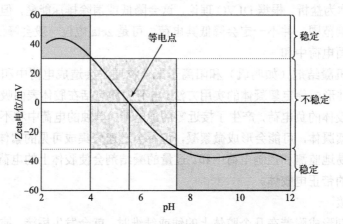

图 4-10　Zeta 电位作为悬浮液 pH 函数示意图

IEP 因不同材料而异，例如二氧化硅（SiO_2）的 IEP 为 pH = 2，镁的 IEP 为 pH=12。在没有选择性吸附的情况下，IEP 与 PZC 重合。选择性吸附将改变 IEP，导致 IEP 和 PZC 沿着 pH 向相反的方向分离，甚至很低浓度的选择性吸附离子都会极大地改变 zeta 电位，甚至改变符号。

IEP 也会因介质离子的选择性吸附而变。无机离子在表面的吸附可分为非选择性吸附与选择性吸附。前者不会改变 IEP，后者即使微量也会改变 zeta 电位的绝对值甚至符号以及 IEP，见图 4-11。

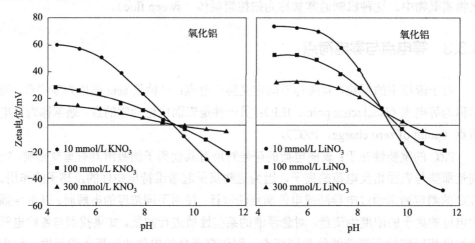

图 4-11　锂离子的选择性吸附对 IEP 的影响

4.3.4　非水相悬浮液

绝大多数 zeta 电位的理论模型、测量、实践应用是在以水为介质的悬浮液与溶液中进行的，但还是经常有在非水介质中进行的 zeta 电位测定与研究。有许多液体的介电常数非常低，电导率更小，在 10^{-10}S/m 范围内，例如柴油、煤油、氯仿、环己烷、癸烷、己烷、庚烷、十六烷、甲苯和各种油。在具有中度介电常数的有机溶剂中（譬如液体的相对介电常数大于 10 的低分子量醇、胺、醛和酮），一定程度的与水中电离机制相似的过程还是可以发生。在完全非极性介质中（如环己烷、甲苯等），电离无法发生，可实践中分散在这些介质中的颗粒依然可以观察到电泳[54]，能测定 zeta 电位。极为微量的极性杂质特别是微量水对非水介质中的 zeta 电位测定有很关键的作用。

低介电常数导致非极性液体分子对离子的不理想的溶剂化。往往使用表面活性剂适当地溶剂化和稳定离子。表面活性剂分子在离子周围形成空间溶剂化层，防止它们重新聚集成中性分子。离子和非离子表面活性剂的应用允许控制非极性液体中的离子强度。最好是使用非离子表面活性剂，它们可以将微量水的影响降至最低[55,56]。低介电常数也影响颗粒的电泳迁移率。根据 Smoluchowski 理论，电泳迁移率与介质的介电常数成正比。因此，与水性介质相比，非极性液体中等电荷粒子的电泳迁移率至少降低 98%。电泳迁移率低对电泳和电声测量技术提出了挑战。电泳方法将需要足够强的场来在非极性介质中移动颗粒，而强电场会导致非线性效应。在电声学的情况下，低电泳迁移率降低了胶体振动电流的振幅，使测量变得复杂与困难。另一个需要考虑的因素是黏度。许多非极性介质的黏度高于含水样品，这反过来进一步降低了电泳迁移率。最后，电泳迁移率充分转化为 zeta 电位需要了解介电常数和黏度。对于许多非极性液体及其混合物，这些参数可能是未知的，需要额外测量。微量的水，即使在百万分之一的范围内，也会影响非极性介质中电泳迁移率的测量。

对非水体系中的浓溶液，电动理论更为复杂。由于颗粒双电层的扩散层电位变化极其缓慢，也即双电层可能占据悬浮液的大部分体积，此类体系的电导率随着颗粒间的距离而变。在经典电动现象理论中，这是一个重大障碍。可是在电声高频测量中，这个问题却不那么严重。因为与水性体系相比，低极性和非极性液体的一个特点是它对电解质溶液中电荷在停止外部扰动后恢复其平衡分布所需时间相当长[57]。这样在基于 MHz 频率区域应用电场或超声波场的现代电声方法中，可以忽略与电导率相关的所有影响，这使得电声技术更适合于非水介质中悬浮液的电动力学表征。

4.4 浓悬浮液的 zeta 电位

以上各小节都讨论的是颗粒稀悬浮液中的电动过程。对于浓悬浮液，颗粒之间的流体动力学和静电相互作用变得重要。考虑颗粒间相互作用的最简单但有效的方法是使用 Kuwabara 的网格模型（cell model）[58]。在该模型中，半径为 a 的每个颗粒被电解质溶液的同心球壳所包围，其外径为 b，使得单位网格中的颗粒/溶液体积比等于整个系统中的颗粒体积分数 φ：

$$\varphi = \left(\frac{a}{b}\right)^3 \tag{4-12}$$

尽管已有对浓悬浮液中 zeta 电位的理论推导，可是表达式都极其复杂，没太大的实用意义[59,60]。当 zeta 电位较低时，即使一个相对误差小于 4% 的基于网格模型的简单近似公式，也很复杂[61]。此近似公式将 Henry 函数扩展为含颗粒体积分数的函数：

$$\mu = \frac{\varepsilon_r \varepsilon_o \zeta}{\eta} f(\kappa a, \varphi) \tag{4-13}$$

图 4-12 显示了在不同浓度下使用近似公式计算出来的 $f(\kappa a, \varphi)$ 函数，从中可以看出当 κa 很小时，即使对体积分数为 0.0001 的悬浮液，原始 Henry 函数也会有很大的误差。

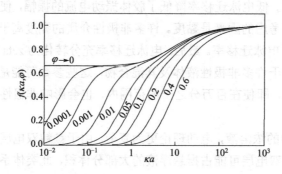

图 4-12　不同颗粒体积分数的悬浮液中的 $f(\kappa a, \varphi)$ 函数

4.5 非理想颗粒的 zeta 电位

前面所述的理论基本上是基于光滑的表面。可是很多实际颗粒表面不是那么理

想，表面可能附有吸附的高分子，表面可能不平，颗粒可能有孔，颗粒甚至可能像海绵或水凝胶那样是软的，表面可能有不同的化学物质，等等。这一切都会使应用根据理想条件推出来的理论公式偏离实际情况。这也就是为何不管理论推导多么严密，最后实验测量的结果一定含有"表观性"的原因。即使不考虑样品的不完美性（包括取样的代表性与样品的制备过程）、仪器的不完美性（运作的正常性与操作的正确性）、实验测定的不确定性（包括内含不准确性与测量的重现性），实际颗粒偏离公式推导时所假设的条件就足以使得到的 zeta 电位仅是"表观"值。

尽管如此，还是需要尽可能地对偏离理想状况的情况做些分析，以便了解这个"表观"值与真实值究竟有多少差距。对这些非理想情况的，本节仅做定性的解释，有兴趣的读者可以进一步翻阅所提供的参考文献。

4.5.1　粒径效应

对于具有均匀电荷密度但大小不同的球形刚性颗粒，根据式（4-1）与式（4-2），当 $\kappa a \gg 1$ 或 $\kappa a \to 0$ 时，测得的电动现象参数与颗粒粒度无关，可以求得 zeta 电位的严格值。对于其他粒径，颗粒粒度将影响从电动参数求得的 zeta 电位结果[式（4-3）]。在电泳实验中，由于可得到电泳迁移率的分布，可以依照式（4-3）求得 zeta 电位的分布，前提是假设扩散效应可以忽略不计。对一般的情况，双电层的极化对颗粒尺寸的影响导致电泳迁移率存在颗粒大小依赖性，可以用粒径依赖型的理论来处理稀溶液或浓溶液的电泳迁移率数据[62]。对于只能得到平均值的测量技术，只能使用平均半径来计算平均 zeta 电位[63]。使用不同类型的颗粒，平均粒度将会影响平均 zeta 电位的计算，不同的测量技术需要不同的平均值。

4.5.2　形状效应

对于表面具有均匀 zeta 电位的非球形颗粒，其相对于外加场的感应偶极矩在不同方向上是不同的。只有当形状是简单的对称型，如圆柱体、棒、圆盘，才足以区分偶极子与外加场的平行和垂直方向。对非球形颗粒，只有针对某一特定技术的近似公式可以用，例如在电泳测量中的近似公式[64]。如果颗粒在形状和粒径上是多分散的，则情况更复杂。除了当 $\kappa a \gg 1$ 或 $\kappa a \ll 1$ 时，唯一的近似方法是定义"等效球颗粒"[65]，并使用为球体开发的理论。在这种情况下，获得的"平均"zeta 电位取决于样品的多分散性类型和"等效球"的定义。

4.5.3 粗糙表面

尽管所有理论推导都假设界面在分子尺度上是光滑的，然而任何表面都有不同程度的粗糙度（用 R 表示表面上凸起或凹进的度量）。表面粗糙度会影响滑移面的位置，除非 $\kappa R \gg 1$ 或 $\kappa R \ll 1$。如果假设凹凸的外部决定了滑移面的位置，那么凹凸的内部（山谷中）将存在受扩散束缚的离子甚至是自由离子。这将导致表观滑移面后面的表面电导率增加，并导致额外的滞流机制[66]，所以必须测量电导率，并在评估 zeta 电位时将其考虑在内。在给定的粗糙度下，表面电荷密度越大，电解质浓度越高（扩散层厚度越小），则位于滑移面后面的反离子电荷部分影响越大，也即粗糙度的影响在电动力学中的作用随着电解质浓度和表面电荷的降低而降低。可以考虑沿着粗糙表面的外表建立一个平坦表面。如果相当一部分反离子电荷位于滞流层内，则不能忽略有效滑动平面位置和相应的粗糙度。这些电荷可能超过电动电荷一个数量级，这时建立的平滑面后面的电荷不能被认为是 Stern 层。那么这时 Stern 电位对于粗糙表面意味着什么呢？作为一个粗略的近似，如果局部表面性质沿着粗糙表面是不变的，那么 Stern 层厚度也是不变的，但其外部边界将再现粗糙表面的几何结构。这时必须针对粗糙表面修改 OHP 的概念。为了量化扩散层，需要考虑粗糙表面的不同模型以及 Stern 层的外部边界。明确在电动力学中是否可以忽略粗糙度非常重要。

这一类型颗粒的 zeta 电位的理论问题尚未解决。在实践中只能使用基于在假设界面光滑情况下获得的表观 zeta 电位的计算方法，并避免对该表观 zeta 电位进行过度解释。此类测量依旧可用来探索颗粒之间的相互作用能量，因为已经证明粗糙度对胶体颗粒之间的静电力和范德华力都有相当大的影响[67]。然而很多物料都是多孔的或有粗糙表面，因此需要使用非标准表面电动力学模型[68]。

4.5.4 表面的化学不均匀性

第 2 章谈论的表面电荷的几个来源都与表面的化学结构有关，所以表面的化学不均匀也会导致表面电荷的不均匀。但如果电荷没有迁移到溶液中，则滑移面的位置不受影响。非均匀带电或相互作用颗粒的电泳理论已经发展到可以用来测试各种参数的程度，这些参数对理解颗粒之间的作用力和体系稳定性很重要。对于电荷不均匀性，可以考虑几种情况：

① 化学结构的分布是随机或规则的，在给定介质条件下表面电荷密度的局部差异可被抹去，而电位和电动电荷密度可用平均值代表。这类颗粒可以用与具有均

匀电荷密度的颗粒相同的方式处理，不会带来额外的问题。

② 具有大斑块状的化学异质性，电荷分布极其不均匀。在给定的介质条件下，每个斑块都有自己的电荷密度。斑块的特征尺寸应至少在德拜长度的数量级，否则表面可被视为前述①的情况。对球状颗粒，它们在电场中的运动取决于 zeta 电位分布的第一、第二和第三矩，其中的二阶矩导致了叠加在平移电泳运动上的旋转运动[69]。通过微电泳法，对足够大的颗粒，可以在电场下观察测量单个颗粒的角速度。在测量了许多颗粒的角速度并算出系统的平均二阶矩后，可以使用统计概念。将此平均值与球体之间二阶矩的标准偏差结合求出斑块 zeta 电位的标准差，当与传统电泳测出的颗粒平均 zeta 电位相比，可得知表面 zeta 电位分布的不均匀性。这是假定这些斑块的分布是随机的，而且斑块数足够多[26,70]。

将斑块状异质性用于具有不同晶面的表面，已有理论[71]与实验的探索[72]。盘状的黏土颗粒在盘表面具有阴离子电荷，在边缘有依赖 pH 的电荷，是具有斑块状非均匀表面系统的典型例子[73]。也有对电荷不均匀的、类似椭球状的蛋白质 zeta 电位的理论分析[74]，以及对哑铃状颗粒（两个球粘在一起）的非均匀表面的理论分析[75]与实验证实[76]。

③ Janus 颗粒，也即球状或雪人状颗粒的两半有完全不同的电性质，往往一半是亲水的，一半是疏水的。"Janus 颗粒"一词由作家 Leonard Wibberley 在其 1962年的小说 *The Mouse on The Moon* 中创造出来。Janus 颗粒是以罗马两面神 Janus 命名的，因为这些颗粒有"两面"性。1988 年，Casagrande 等人首次使用该术语来描述一半亲水另一半疏水的球形玻璃颗粒。在这项工作中，两性珠是通过用清漆保护一个半球并用硅烷试剂化学处理另一个半球来合成的，这种方法得到了具有相等亲水和疏水面积的颗粒[77]。de Gennes 在他的诺贝尔奖演讲中指出 Janus 颗粒具有在液-液界面密集自组装的独特特性，同时允许物质通过这些颗粒之间的间隙进行传输，他的演讲推动了 Janus 颗粒的研究[78]。

例如表 4-3 是由聚苯乙烯（PS）与聚 3-(甲基丙烯酰氧) 丙基三甲氧基硅烷 [P(3-MPS)] 生成的雪人状 Janus 纳米颗粒的两半，通过 zeta 电位测量验证的对阴离子表面活性剂（SDS）与阳离子表面活性剂（CTAB）的吸附性。其中 P(3-MPS)-NH$_2$ 是表面进一步通过 3-氨基丙基修饰的 Janus 颗粒。表中的两步吸附表示由于表面与表面活性剂的电荷极性，吸附分两步进行，形成一层以上的吸附层而使整个颗粒具有亲水性[79]。

理论与测量结果表明，名义上表面"均匀"的颗粒实际上具有不均匀的电荷分布，而且此电荷不均匀性可能是颗粒间作用力的一个因素，从而可以解释经典 DLVO 理论无法预测的一些行为[80]。

表 4-3　Janus 颗粒的表面电性质

物质	表面电荷	亲水或疏水	SDS 吸附	CTAB 吸附
P(3-MPS)	负	亲水	无吸附	两步吸附
P(3-MPS)-NH$_2$	正	亲水	两步吸附	无吸附
PS	略负	疏水	弱吸附	吸附

4.5.5　表面有吸附的颗粒

其实大部分颗粒的表面通常不像许多理论模型中假设的那样坚硬光滑。即使是常见的模型胶体（如二氧化硅和聚苯乙烯胶乳）的表面也是"长毛"的，颗粒内部有一层凝胶状聚合物层从块状材料延伸出来[81]。生物细胞表面更不是坚硬光滑的壁，而是具有各种附属物（从纳米级的蛋白质分子到微米级的纤毛）的可渗透粗糙表面。还有很多颗粒的表面有通过化学反应链接或物理吸附的高分子或表面活性剂的"毛发"。与光秃秃的颗粒本身相比，这层毛发会使表面电荷的密度与位置不同。由于颗粒在电动运动时，覆盖的分子会随着颗粒一起运动，造成滑移面向外移动，zeta 电位一般会降低[82]。由于吸附物的结构与附着状态，这一表面吸附层会呈现一定的柔软性，使得颗粒运动对周围介质的影响与刚性颗粒不同，水动力渗透能力也会有变化。例如凝胶对液体运动的阻碍比刚性颗粒的大得多，同样结论也适用于覆盖有高分子吸附层的带电表面，以及具有聚电解质吸附层的不带电（或带电）表面。固定或吸附在颗粒表面的电荷会由部分分布在凝胶内部且部分分布在其之外的扩散层中的移动反离子补偿。

使用流体可渗透表层内部流场的 Brinkman 方程和颗粒外部流场的 Stokes 方程，可以求解不可压缩牛顿流体通过复合球体的蠕变流动，导出颗粒所受阻力的解析公式，该公式是固体核半径、多孔壳厚度和壳渗透性的函数[83]，其理论预测与实验结果非常吻合。也可以使用匹配渐近展开法确定吸附聚合物薄层对球形颗粒运动的影响，将流体在颗粒上产生的阻力结果表示为吸附聚合物层的流体动力学厚度[84]。基于这些理论公式，可以结合实验结果来计算多孔表面层的固定电荷密度和流体动力阻力参数。带电复合球体的电泳迁移率可能与刚性球体的电泳移动率截然不同，从而使得数据的解释更为复杂，与那些简单理论的偏离愈加严重。基底颗粒表面的电荷情况与毛发层的电荷情况可以分为以下三种。

（1）颗粒有表面电荷但毛发层不含电荷

这是带电颗粒被非离子型表面活性剂或不带电的高分子聚合物覆盖的情况。测量与数据处理时必须考虑滑移面的位置变化和滑移面后面的导电。中性吸附层减少了颗粒表面附近的切向液体流和切向电流,基于吸附聚合物的流体动力学模型,可以计算沿带电界面与吸附(未带电)聚合物的电荷流,从而研究其与吸附聚合物的特性和离子强度的关系。对于这种体系,吸附物伸展到液相的端点(尾部)对所考虑的流体动力学效应非常重要,这些端点有效地屏蔽了来自吸附层内部的液体流[85]。表面的中性聚合物对离子吸附的影响及其对滑移面的影响导致了等电点的移动,而对 zeta 电位的最大值几乎没有影响,因为聚合物在表面形成水平构型吸附,只有在吸附较多的长分子链聚合物时,才会形成明显的环状而使滑移面外移[86]。如果能另外单独测量裸颗粒的电动现象,则通过裸颗粒和被覆盖颗粒之间的结果比较,可以提供关于净颗粒电位、有效颗粒电荷、调节后的表面电荷,以及吸附层厚度的信息[87]。对涂覆有吸附中性聚合物颗粒的动态迁移率谱的电声研究可以提供关于吸附层厚度和由于聚合物引起的滑移面的位移信息[88]。表面电导率会由于中性聚合物的吸附而改变[89]。因此结合电动和表面电导率测量,可以更精确地表征中性聚合物吸附。

(2)颗粒无表面电荷但毛发层含电荷

许多颗粒表面是不带电的,但有在表面吸附的、末端带有带电基团的高分子,或者颗粒伸入介质中的一部分"毛发"末端带有带电基团(例如某些乳胶颗粒)。这些"毛发"从表面延伸到液体中决定了滑移面的位置。由于滞流层的离子渗透性,介质的离子强度将影响表面和该滑动面之间的距离,以及滞流层中的导电,这将导致 zeta 电位有比刚性颗粒更复杂的离子强度依赖性。对此类体系理论与实践的研究主要集中在较符合理想模型体系的聚苯乙烯胶乳颗粒[90]。

(3)颗粒表面与毛发层都带电荷

带有吸附或接枝高分子电解质或离子表面活性剂层的带电颗粒属于这一类。这些系统产生的复杂情况类似于上一小节的情况。吸附层阻碍切向流体的流动,因此流体动力学颗粒半径增大,表观滑移面向外移动。吸附的聚电解质基本上改变了扩散层中移动离子的空间分布,同时屏蔽了表面电荷,并将自身电荷分布在整个聚合物层上。当颗粒表面和毛发层具有相反的电荷时,电位分布相当复杂,滑移面内的传导和扩散层远离表面处的电荷分布决定 zeta 电位的值。需要对每个体系进行具体分析,考虑未覆盖和覆盖颗粒的电动行为、表观滑移面的移动和滑移面后的传导。对吸附有聚电解质的颗粒的电泳迁移率,已有对其表面电导率进行校正的理论描述与实验核实[91]。

量子点也是一类表面带吸附的颗粒。量子点由于可通过成分和尺寸控制调节其光电性质,已成为应用在电子、光电、催化和生物成像领域的多功能构建块。常规的量子点通常用长链有机配体封端,使得其在非极性介质中具有一定的稳定性。量子点表面带电基团的类型和数量影响着量子点在介质中的稳定性以及其光致发光特性。可以通过控制量子点表面带电基团的类型和数量，以 zeta 电位为指标，来影响与控制量子点光致发光的光谱位置、量子产率（QY）和衰变时间。

图 4-13 是 CdSe/ZnS 量子点聚合物壳以及修饰后的结构，其中量子点核的直径为 3.1nm。

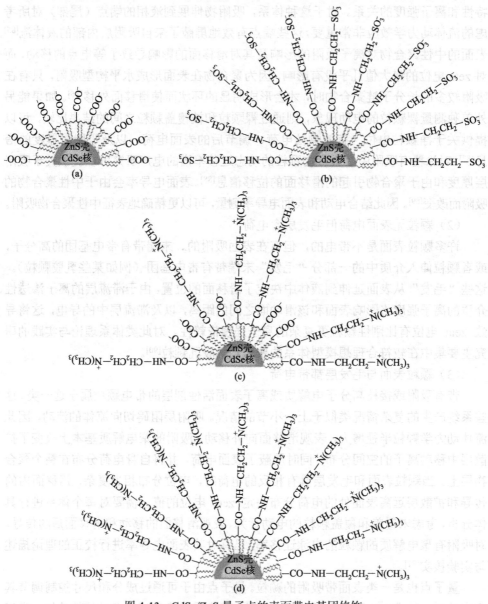

图 4-13　CdSe/ZnS 量子点的表面带电基团修饰

（a）羧基壳/负电荷（初始聚合物）；（b）磺酸酯壳/负电荷（用牛磺酸改性的初始聚合物）；
（c）两性离子壳（用 50% 季铵盐改性的初始聚合物）；（d）季铵/正电荷（用季铵盐改性的初始聚合物）。
所有带电基团都有相应的反离子（未标出）

图 4-14 是上述表面具有不同官能团量子点的 QY 与 zeta 电位的关系。其中方括号标注的分别对应于图 4-13 中的表面基团。从图 4-14 可发现，当 zeta 电位接近零时，QY 值最大，随着 zeta 电位绝对值的增加，QY 减小。表面官能团的类型对 QY 的影响很小，只有它所携带的电荷和 zeta 电位是相关的。根据经典理论如 Henry 公式，zeta 电位绝对值的增加导致颗粒迁移率增加，Debye 长度减小，非辐射过程更容易发生，从而导致 QY 的降低。对不同核与外层大小的量子点测量 zeta 电位，也证实了同一结论，zeta 电位绝对值越大，QY 越低[92]。

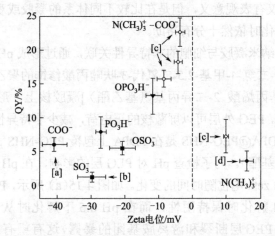

图 4-14　表面具有不同官能团的量子点的荧光量子产率与 zeta 电位的关系

具有长烃链的有机配体会阻碍量子点之间的电荷传输。用无机配体，如卤化物、卤代金属盐、硫族化物、氧代金属盐和多金属氧酸盐等，替代长烃链，可获得强烈发光的全无机量子点，显著改善电荷传输[93]。这些无机配体在表面处理过程中能够：①温和地去除原始的有机配体，并在极性介质中提供量子点的胶体稳定性，使其能在水相中使用；②与未钝化的 Lewis 基本位点结合，保持量子点的发光特性；③暴露的金属位点可通过复杂的封端分子实现量子点的表面功能。全无机量子点的 zeta 电位绝对值远大于有机配体封端的量子点[94]。

4.5.6　离子可穿透或部分可穿透颗粒

一些蛋白质、许多生物细胞和其他颗粒可渗透水和离子。这种颗粒的电动行为与其导电性、介电常数和颗粒内部的液体传输有关。当颗粒能够根据介质条件膨胀时，就更复杂了。当水或离子只能部分穿透颗粒，颗粒可以被视为带有凝胶状电晕的固体。这种情况与表面有高分子电解质层的颗粒非常相似[28-31,95]。生物科学中已有这方面的应用，例如在蛋白包衣乳胶颗粒、生物细胞电泳、脂质体和细菌的研究中。

4.5.7 凝胶或复合凝胶颗粒

凝胶颗粒与刚性颗粒不同之处在于有一定的柔软性、介质分子与电荷对凝胶体有一定的渗透性。至今尚未见有对凝胶颗粒界面系统的理论分析。但这并没有阻碍人们利用 zeta 电位测量来研究凝胶体系，尽管这些从商业仪器中所带的典型公式得到的 zeta 电位仅有表观意义，但是在比较不同体系的凝胶或观察凝胶表面电状况随时间或环境变化时依然十分有帮助。

例如为了减少纳米凝胶与细胞的非特异性关联，通过形成 pH 不稳定的酰胺键将 PEG-CDM（2,5-二氢-4-甲基-2,5-二氧代-3-呋喃丙酸修饰的聚乙二醇）凝胶涂覆到 PDPA[聚（甲基丙烯酸 2-二异丙基氨基乙酯）]凝胶核上，形成纳米复合凝胶 PDPA@PEG-CDM。PEG 外层可以屏蔽核的正电荷，减少非特异性相互作用。另一种复合纳米凝胶 PDPA@PEG-NHS 是在 PDPA 上包覆 PEG-NHS（甲氧基聚乙二醇琥珀酰亚胺基羧甲基酯）。为了检查 pH 对 PEG 层的影响，在 pH 7.4 和 6.5 下监测 PEG 化纳米凝胶的 zeta 电位随时间的变化。如图 4-15（a）所示，PDPA@PEG-CDM 纳米凝胶在 pH 7.4 孵化时保持阴性，而在 pH 6.5 下孵化时从负（−18mV）变为中性。这是因为 PEG 层断裂和游离胺基团的暴露，这有望有助于细胞结合。然而 PDPA@PEG-NHS 纳米凝胶在 pH 7.4 和 6.5 下孵化时都没有显著变化[图 4-15（b）]。这两种复合凝胶在不同 pH 显示出明显不同的随时间变化趋势，从而对酸性微环境（例如，细胞外肿瘤位点或内体）有不同的特异性反应，提供在药物和基因递送中应用的有用信息[96]。

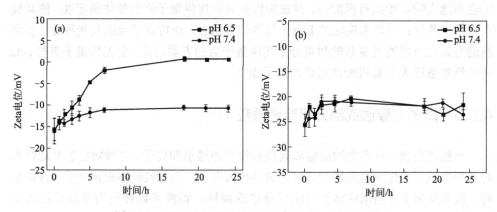

图 4-15　PDPA@PEG-CDM（a）与 PDPA@PEG-NHS
（b）纳米凝胶颗粒 zeta 电位随时间的变化

4.6　液相中液滴与气泡的 zeta 电位

由于液相中的液滴与气泡的界面状况及其电位与固体颗粒很不相同。所以另外单列一章（第 6 章）陈述。

4.7　表面电位与表面电荷密度

表面电位 ψ_o 与表面电荷密度的关系取决于颗粒的形状与周围电解质的类型与浓度。对于简单形状如球形或柱状颗粒，近似公式还不算太复杂。对于含有浓度为 n_1 的 1∶1（阳离子与阴离子所带电荷之比）电解质与浓度为 n_2 的 2∶1 电解质的悬浮液，其中球状颗粒的表面电荷密度 σ_o 与表面电位 ψ_o 之间的关系为[12]：

$$\sigma_o = \frac{\varepsilon_r \varepsilon_o \kappa k_B T}{e}\left(ps + \frac{2}{\kappa a ps}\left\{ (3-p)s - 3 - \frac{\sqrt{3}(1-\gamma)}{2\sqrt{\gamma}}\ln\left[\frac{\left(1+\sqrt{\frac{\gamma}{3}}\right)\left(s-\sqrt{\frac{\gamma}{3}}\right)}{\left(1-\sqrt{\frac{\gamma}{3}}\right)\left(s+\sqrt{\frac{\gamma}{3}}\right)} \right] \right\} \right) \tag{4-14}$$

其中：

$$p = 1 - \exp\left(-\frac{e\psi_o}{k_B T} \right) \tag{4-15}$$

$$\kappa = \sqrt{\frac{2(n_1+3n_2)e^2}{\varepsilon_r \varepsilon_o k_B T}} \tag{4-16}$$

$$s = \sqrt{\left(1-\frac{\gamma}{3}\right)\exp\left(\frac{e\psi_o}{k_B T}\right) + \frac{\gamma}{3}} \tag{4-17}$$

$$\gamma = \frac{3n_2}{n_1+3n_2} \tag{4-18}$$

上述公式适用于 $\kappa a \geqslant 5$，与精确的数值计算相比，误差小于 1%。当仅有 n_1（或 n_2）时，公式的适用范围更广，可用于 $\kappa a \geqslant 0.5$，与精确的数值计算相比，误差小于 1%。n_1 和 n_2 的单位为 m^{-3}。当表面电位较低时，上式还原成简单的公式，而与电解质的类型无关，

$$\sigma_o = \varepsilon_r \varepsilon_o \kappa \psi_o \left(1 + \frac{1}{\kappa a} \right) \tag{4-19}$$

对于含有浓度为 n_1 的 1∶1 电解质与浓度为 n_2 的 3∶1 电解质的悬浮液，文献中也有相对应的公式[97]。对于柱状颗粒，也有类似的近似公式，不过更为复杂，牵

涉零阶与一阶的第二类修正 Bessel 函数[98]。

4.8 理论与实践

尽管人们假定相同的界面应该有相同的 zeta 电位，但理论上确切的定义不等于实践中也有唯一的测量值。颗粒系统的高比表面积和表面反应性使 zeta 电位对溶液中的少量杂质非常敏感，实验室与实验室之间的测量结果往往不同。另外，由于 zeta 电位不是直接测量的，而是通过某个测量参数推导出来的，模型的适合程度与所需的复杂程度取决于具体的颗粒体系、测量技术，以及所处的环境。而测量技术和所用理论的选择在很大程度上又取决于实验室或研究机构对测量技术的可选性。

根据实验数据计算 zeta 电位并不总是一件容易的事。对于每种方法，实验数据转换的基本要求是模型应在其适用范围内正确使用。否则用两种电动技术，甚至同一技术的两种不同版本，结果都无法比较。必须对"计算出的 zeta 电位是否与使用的技术无关"有肯定的答案，因为 zeta 电位是给定条件下界面电荷状态的特征，与测量技术应该无关。在给定液体介质中测量给定材料的电动特性时，如果要比较不同测量结果，需要进行所谓的电动一致性测试，但也只适用于当滞流层的电导（表面电导）可忽略不计的体系[99]。

有时可以使用简单的模型，即使它们不能产生正确的 zeta 电位。当电动测量被用作一种质量控制工具时，测量者对快速（在线）检测界面电状态的变化感兴趣，而不是获得准确的 zeta 电位。当测量的目的是使用不同的电动技术来比较给定条件下系统的 zeta 电位值时，就必须得到正确与真实的 zeta 电位。当然凡事有例外，有时即使用于质量控制，使用简单的理论也可能会产生误导。例如，在 zeta 电位和双电层厚度的范围内，两个样品可能具有相同的 zeta 电位，但由于它们的粒度不同，电泳迁移率也截然不同。简单的理论会使人们认为它们的电表面特性是不同的，但其实是一样的。

在普通 zeta 电位的计算中，假设位于表面和滑移面之间的电荷是不活跃的，而只考虑滑移平面溶液侧的传导，从电动现象信号求得 zeta 电位将有唯一性。可是如果滑移面后面的电荷导致双电层滞流层内的过量电导率，电动现象的正确定量解释将需要包括对滞流层电导的估计，这需要比标准或经典理论更精细的处理[100-103]。

在许多情况下，电动现象的测量无需进一步解释即可提供极其有用和明确的信息，对技术目的具有重大价值。这些情况中最重要的是：

① 在离子滴定时（如 pH 滴定）确定等电点；

② 在用其他离子试剂如表面活性剂或聚电解质滴定时确定等电点；

③ 确定离子物质吸附的平台，寻找与发现分散剂的最佳剂量。

由于 zeta 电位往往不是表征界面区域电平衡状态的唯一参数，在大多数情况下，还必须考虑滑移面之内的电导率。这意味着为了进行正确的评估，还应测量 Du。但是仅使用 Du 来描述界面还不够，只有当 $K^{\sigma i}/K^{\sigma d}$ 很小时才行。可以用第 3.9 节描述的方法求得 $K^{\sigma i}$ 的数值。

在实践中能符合并应用上述办法的体系并不多，而且并非使用这些技术进行测量的人员都了解那些非常用公式的理论以及运用这些理论所需的数值计算程序。这时除了在同一样品上使用不同的电动技术并进行一致性测试之外，没有其他方法。而在选用两种方法时，最好是选择一种忽略 K^{σ} 而低估 zeta 电位（如电泳、流动电位）的技术，而另一种则高估 zeta 电位（直流电导率、介质色散）[99]。

尽管大多数所发表的关于 zeta 电位的数据是基于 Helmholtz-Smoluchowski 方程的各种版本，但很多实际运用的简化式只有当 $\kappa a \gg 1$，并且表面电导都必须低，即 $Du(\zeta, K^{\sigma}) \ll 1$ 都满足时才是正确的。因此在缺乏 K^{σ} 信息的情况下，需要避免对足够大的颗粒和高电解质浓度的电动测定进行过度解释。对于浓的悬浮液系统，则相邻颗粒双电层重叠的可能性不可忽略。在这种情况下，即使上述两个条件都满足，Helmholtz-Smoluchowski 方程的有效性也值得怀疑，不建议使用电泳测量，可以使用流动电位、电渗、电声或低频介电色散测量。但在所有情况下，必须有一个适当的模型来解释颗粒间的相互作用。

(a)　　　　　　　　　　　　　　　(b)

图 4-16　最早提出 zeta 参数的论文（1903 年）(a) 与马利安·冯·斯莫卢霍夫斯基
（Marian von Smoluchowski，1872—1917）(b)

参考文献

[1] Kumar, N.; Zhao, C.; Klaassen, A.; van den Ende, D.; Mugele, F.; Siretanu, I. Characterization of the Surface Charge Distribution on Kaolinite Particles Using High Resolution Atomic Force Microscopy. *Geochim Cosmochim Ac*, 2016, 175: 100-112.

[2] Li, Z.; Han, Y.; Gao, P.; Wang, H.; Liu, J. The Interaction Among Multiple Charged Particles Induced by Cations and Direct Force Measurements by AFM. *Colloid Surface A*, 2020, 589: 124440.

[3] Li, L. Nanoscale Charge Density Measurement in Liquid with AFM. *Doctoral dissertation*, Case Western Reserve University, 2020.

[4] Helmholtz, H. V. Studien über Electrische Grenzschichten. *Ann Phys*, 1879, 243(7): 337-382.

[5] Einstein, A.; Marian V. Smoluchowski. *Naturwissenschaften*, 1917, 5(50): 737-738.

[6] Sommerfeld, A. Zum Andenken an Marian von Smoluchowski (In Memory of Marian von Smoluchowski). *Physikalische Zeitschrift*, 1917, 22(15): 533-539.

[7] Von Smoluchowski, M. Przyczynek do teoryi endosmozy elektrycznej i kilku zjawisk pokrewnych, *W Krakowie, Nakładem Akademii Umiejętności, Skład Główny W Księgarni Spółki Wydawniczej Polskiej*, 1903: 110-127. (English citation: Contribution to the Theory of Electro-osmosis and Related Phenomena, *Bull Int Acad Sci Cracovie*, 1903, 3: 184-199)

[8] Freundlich, H. *Kapillarchemie: eine Darstellung der Chemie der Kolloide und verwandter Gebiete*, akademische Verlagsgesellschaft, 1922.

[9] Von Smoluchowski, M. Elektrische Endosmose und Strömungsströme. in *Handbuch del Elektrizität und des Magnetismus 2*. ed. Graetz, L. 1921: 366.

[10] Debye, P.; Hückel, E. Bemerkungen zu einen Satze die Kataphoretische Wanderungsgeschwindichkeit Suspendierter Teilchen. *Phys Zeitschrift*, 1924, 25: 49-52.

[11] Henry, D. C. The Cataphoresis of Suspended Particles. Part I. The Equation of Cataphoresis. *P R Soc Lond A-Conta*, 1931, 133(821): 106-129.

[12] Ohshima, H. Electrophoresis of Charged Particles and Drops. in *Interfacial Electrokinetics and Electrophoresis*. ed. Delgado, Á. V. Chpt 5, CRC Press, 2002:123-146.

[13] 秦福元. Henry 函数的选择对 zeta 电位影响的研究. 山东工业技术, 2016, 20: 221-221.

[14] 秦福元, 刘伟, 王文静, Thomas, J. C.; 王雅静, 申晋. Zeta 电位计算过程中 Henry 函数的优化表达式. 光学学报, 2017, 10, 320-327.

[15] Ohshima, H. Henry's Function for Electrophoresis of a Cylindrical Colloidal Particle. *J Colloid Interf Sci*, 1996, 180(1): 299-301.

[16] De Keizer, A.; Van Der Drift, W. P. J. T.; Overbeek, J. T. G. Electrophoresis of Randomly Oriented Cylindrical Particles. *Biophys Chem*, 1975, 3(1): 107-108.

[17] Bikerman, J. J. Die Oberflächenleitfähigkeit und ihre Bedeutung. *Kolloid Z*, 1935, 72: 100-108.

[18] Rutgers, A. J. Part I. -(B) Streaming Effects and Surface Conduction. Streaming Potentials and Surface Conductance. *Trans Faraday Soc*, 1940, 35: 69-80.

[19] O'Brien, R. W.; White, L. R. Electrophoretic Mobility of a Spherical Colloidal Particle. *J Chem Soc Faraday Trans 2*, 1978, 74: 1607-1626.

[20] O'Brien, R. W.; Hunter, R. J. The Electrophoretic Mobility of Large Colloidal Particles. *Can J*

Chem, 1981, 59(13): 1878-1887.

[21] Ohshima, H.; Healy, T. W.; White, L. R. Approximate Analytic Expressions for the Electrophoretic Mobility of Spherical Colloidal Particles and the Conductivity of Their Dilute Suspensions. *J Chem Soc Faraday Trans 2*, 1983, 79(11): 1613-1628.

[22] Wiersema, P. H.; Loeb, A. L.; Overbeek, J. Th. G. Calculation of the Electrophoretic Mobility of a Spherical Colloid Particle. *J Colloid Interf Sci*, 1966, 22: 78-99.

[23] Deggelmann, M.; Palberg, T.; Hagenbuchle, M.; Maire, E.; Krause, R.; Graf, C.; Weber, R. Electrokinetic Properties of Aqueous Suspensions of Polystyrene Spheres in the Gas and Liquid-like Phase. *J Colloid Interf Sci*, 1991, 143(2): 318-326.

[24] Grosse, C.; Shilov, V. N. Electrophoretic Mobility of Colloidal Particles in Weak Electrolyte Solutions. *J Colloid Interf Sci*, 1999, 211(1): 160-170.

[25] Solomentsev, Y. E.; Pawar, Y.; Anderson, J. Electrophoretic Mobility of Non-uniformly Charged Spherical Particles with Polarization of the Double Layer. *J Colloid Interf Sci*, 1993, 158(1): 1-9.

[26] Velegol, D.; Feick J. D.; Collins, L. R. Electrophoresis of Spherical Particles with a Random Distribution of Zeta Potential or Surface Charge. *J Colloid Interf Sci*, 2000, 230(1): 114-121.

[27] O'Brien, R. W. The Dynamic Mobility of a Porous Particle. *J Colloid Interf Sci*, 1995, 171(2): 495-504.

[28] Ohshima, H. Electrophoretic Mobility of a Polyelectrolyte Adsorbed Particle: Effect of Segment Density Distribution. *J Colloid Interf Sci*, 1997, 185(1): 269-273.

[29] Ohshima, H. Electrophoresis of Soft Particles: Analytic Approximations. *Electrophoresis*, 2006, 27: 526-533.

[30] Ohshima, H. Approximate Analytic Expression for the pH-Dependent Electrophoretic Mobility of Soft Particles. *Colloid Polym Sci*, 2016, 294: 1997-2003.

[31] Bharti, P. P.; Gopmandal, S. B.; Ohshima, H. Analytic Expression for Electrophoretic Mobility of Soft Particles with a Hydrophobic Inner Core at Different Electrostatic Conditions. *Langmuir*, 2020, 36(12): 3201-3211.

[32] Ohshima, H. Dynamic Electrophoretic Mobility of a Cylindrical Colloidal Particle. *J Colloid Interf Sci*, 1997, 185(1): 131-139.

[33] de Keizer, A.; van der Drift, W. P. J. T.; Overbeek, J. Th. G. Electrophoresis of Randomly Oriented Cylindrical Particles. *Biophys Chem*, 1975, 3: 107-108.

[34] Stigter, D. Electrophoresis of Highly Charged Colloidal Cylinders in Univalent Salt Solutions. 1. Mobility in Transverse Field. *J Phys Chem*, 1978, 82: 1417-1423.

[35] Morrison, F. A. Transient Electrophoresis of an Arbitrarily Oriented Cylinder. *J Colloid Interf Sci*, 1971, 36(1): 139-145.

[36] Keh, H. J.; Chen, S. B. Diffusiophoresis and Electrophoresis of Colloidal Cylinders. *Langmuir*, 1993, 9(4): 1142-1148.

[37] Yoon, B. J.; Kim, S. Electrophoresis of Spheroidal Particles. *J Colloid Interf Sci*, 1989, 128: 275-288.

[38] O'Brien, R. W.; Ward, D. N. Electrophoresis of A Spheroid with a Thin Double Layer. *J Colloid Interf Sci*, 1988, 121(2): 402-413.

[39] Fair, M. C.; Anderson, J. L. Electrophoresis of Non-uniformly Charged Ellipsoidal Particles. *J Colloid Interf Sci,* 1988, 127(2): 388-395.

[40] Ohshima, H.; Healy, T. W.; White, L. R. Accurate Analytic Expressions for the Surface Charge Density/Surface Potential Relationship and Double-Layer Potential Distribution for a Spherical Colloidal Particle. *J Colloid Interf Sci*, 1982, 90(1): 17-26.

[41] Ohshima H. Approximate Expressions for the Surface Charge Density/Surface Potential Relationship and Double-Layer Potential Distribution for a Spherical or Cylindrical Colloidal Particle Based on the Modified Poisson-Boltzmann Equation. *Colloid Polym Sci*, 2018, 96(4): 647-652.

[42] Eversole, W. G.; Lahr, P. H. Evidence for a Rigid Multilayer at a Solid-Liquid Interface. *J Chem Phys*, 1941, 9(7): 530-534.

[43] Davis, J. A.; Kent, D. B. Surface Complexation Modeling in Aqueous Geochemistry. in *Mineral-Water Interface Geochemistry*. ed. Hochella, M. F.; White, A. F. De Gruyter, 2018: 177-260.

[44] Sprycha, R.; Matijevic, E. Electrokinetics of Uniform Colloidal Dispersions of Chromium Hydroxide. *Langmuir*, 1989, 5(2): 479-485.

[45] Hunter, R. *Zeta Potential in Colloid Science*. Academic Press, 1981: 40-42.

[46] 许人良. 颗粒表征的光学技术及应用. 第 6 章. 北京: 化学工业出版社, 2022.

[47] Xu, R. Shear Plane and Hydrodynamic Diameter of Microspheres in Suspension. *Langmuir*, 1998, 14: 2593-2597.

[48] 曹雪琴, 钱国坻, 娄颖. Zeta 电位与分散染料的分散稳定性. 印染助剂, 1998, 15(6): 9-13.

[49] 王慧云, 崔亚男, 张春燕. 影响胶体粒子 zeta 电位的因素. 中国医药导报, 2010, 7(20): 28-30.

[50] 崔越, 李利军, 李青松, 刘柳, 李彦青, 刘焘. Zeta 电位法优化赤砂糖回溶糖浆絮凝澄清工艺的研究. 食品工业科技, 2013, 34(14): 273-286.

[51] 驴广明, 仲剑初. 无机电解质和有机高分子絮凝剂对污泥表面 zeta 电位的影响. 辽宁化工, 1999, 28(1): 38-56.

[52] 何静, 王满学, 周普, 顾菁华. 油田采出水 zeta 电位和中值粒径对絮凝效果条件研究. 非常规油气, 2021, 8(01): 116-120.

[53] 牛德宝, 黎庆涛, 李利军, 卢家炯, 任二芳, 郑凤锦, 梁肖, 黄燕妮. 基于 zeta 电位法分析新生亚硫酸钙对蔗汁胶体的吸附特性. 南方农业学报, 2014, 45(10): 1841-1845.

[54] Strubbe, F.; Beunis, F.; Brans, T.; Karvar, M.; Woestenborghs, W.; Neyts, K. Electrophoretic Retardation of Colloidal Particles in Nonpolar Liquids. *Phys Rev X*, 2013, 3(2): 021001.

[55] Dukhin, A. S.; Goetz, P. J. How Non-Ionic "Electrically Neutral" Surfactants Enhance Electrical Conductivity and Ion Stability in Non-Polar Liquids, *J Electroanal Chem*, 2006, 588(1): 44-50.

[56] Guo, Q.; Singh, V.; Behrens, S. H. Electric Charging in Nonpolar Liquids Because of Nonionizable Surfactants. *Langmuir*, 2010, 26(5): 3203-3207.

[57] Pesch, G. R.; Du, F. A Review of Dielectrophoretic Separation and Classification of Non-Biological Particles. *Electrophoresis*, 2021, 42(1-2): 134-152.

[58] Kuwabara, S. The Forces Experienced by Randomly Distributed Parallel Circular Cylinders or

Spheres in a Viscous Flow at Small Reynolds Numbers. *J Phys Soc Japan*, 1959, 14(4): 527-532.

[59]　Kozak, M. W.; Davis, E. J. Electrokinetics of Concentrated Suspensions and Porous Media: I. Thin Electrical Double Layers. *J Colloid Interf Sci*, 1989, 127(2): 497-510.

[60]　Kozak, M. W.; Davis, E. J. Electrokinetics of Concentrated Suspensions and Porous Media: 2. Moderately Thick Eelectrical Double Layers. *J Colloid Interf Sci*, 1989, 129(1): 166-174.

[61]　Ohshima, H. Electrophoretic Mobility of Spherical Colloidal Particles in Concentrated Suspensions. *J Colloid Interf Sci*, 1997, 188(2): 481-485.

[62]　Dukhin, A. S.; Shilov, V. N.; Ohshima, H.; Goetz, P. J. Electroacoustic Phenomena in Concentrated Dispersions: Effect of the Surface Conductivity. *Langmuir*, 2000, 16(6): 2615-2620.

[63]　Ohshima, H. Interfacial Electrokinetic Phenomena. In *Electrical Phenomena at Interfaces. Fundamentals*. ed. Ohshima, H.; Furusawa, K. Chpt 2, Marcel Dekker, 1998.

[64]　Delgado, Á. V. *Interfacial Electrokinetics and Electrophoresis*. Chpts 6-7, CRC Press, 2002.

[65]　许人良. 颗粒表征的光学技术及应用. 第 1 章. 北京: 化学工业出版社, 2022.

[66]　Dukhin, S. S.; Zimmermann, R.; Werner, C. A Concept for the Generalization of the Standard Electrokinetic Model. *Colloid Surface A*, 2001, 195(1-3): 103-112.

[67]　Walz, J. Y. The Effect of Surface Heterogeneities on Colloidal Forces. *Adv Colloid Interfac*, 1998, 74(1-3): 119-168.

[68]　Dukhin, S. S. Electrochemical Characterization of the Surface of a Small Particle and Nonequilibrium Electric Surface Phenomena. *Adv Colloid Interfac*, 1995, 61: 17-49.

[69]　Anderson, J. L. Effect of Nonuniform Zeta Potential on Particle Movement in Electric Fields. *J Colloid Interf Sci*, 1985, 105(1): 45-54.

[70]　Yoon B. J. Electrophoretic Motion of Spherical Particles with a Nonuniform Charge Distribution. *J Colloid Interf Sci*, 1991, 142(2): 575-581.

[71]　Allison, S. A. Modeling the Electrophoresis of Rigid Polyions. Inclusion of Ion Relaxation. *Macromolecules*, 1996, 29(23): 7391-401.

[72]　Anderson, J. L.; Velegol, D.; Garoff, S. Measuring Colloidal Forces Using Differential Electrophoresis. *Langmuir*, 2000, 16(7): 3372-3384.

[73]　Teubner, M. The Motion of Charged Colloidal Particles in Electric Fields. *J Chem Phys*, 1982, 76(11): 5564-5573.

[74]　Chae, K. S.; Lenhoff, A. M. Computation of the Electrophoretic Mobility of Proteins. *Biophys J*, 1995, 68(3): 1120-1127.

[75]　Fair, M. C.; Anderson, J. L. Electrophoresis of Dumbbell-like Colloidal Particles. *Inter J Multiphas Flow*, 1990, 16(4): 663-679.

[76]　Velegol, D.; Anderson, J. L.; Garoff, S. Probing the Structure of Colloidal Doublets by Electrophoretic Rotation. *Langmuir*, 1996, 12(3): 675-685.

[77]　Casagrande, C.; Fabre, P.; Raphael, E.; Veyssié, M. "Janus beads": Realization and Behaviour at Water/oil Interfaces. *Europhys Lett*, 1989, 9(3): 251.

[78]　de Gennes, P. G. Soft Matter (Nobel lecture). *Angew Chem Int Edit*, 1992, 31(7): 842-845.

[79]　Gao, J.; Sun, D.; Li, Z.; Zhang, Z.; Qu, Z.; Yun, Y.; Min, F.; Lv, W.; Guo, M.; Ye, Y.; Yang, Z.; Qiao, Y.; Song, Y. Orientation-Controlled Ultralong Assembly of Janus Particles Induced by

Bubble-Driven Instant Quasi-1D Interfaces. *J Am Chem Soc*, 2023, 145(4): 2404-2413.

[80] Velegol, D. Nanoscale Charge Nonuniformity on Colloidal Particles. in *Molecular and Colloidal Electro-optics*, ed. Stoylov, S. P.; Stoimenova, M. V. Chpt 15, CRC Press, 2006.

[81] Anderson, J. L.; Solomentsev, Y. Hydrodynamic Effects of Surface Layers on Colloidal Particles. *Chem Eng Comm*, 1996, 148(1): 291-314.

[82] 韦园红, 虞大红, 叶汝强, 刘洪来, 胡英. 聚乙烯醇在 Al_2O_3、SiO_2 颗粒上的吸附及对 zeta 电位的影响. 华东理工大学学报, 2001, 27(1): 99-102.

[83] Masliyah, J. H.; Neale, G.; Malysa, K.; Van De Ven, T. G. Creeping Flow over a Composite Sphere: Solid Core with Porous Shell. *Chem Eng Sci*, 1987, 42(2): 245-253.

[84] Anderson, J. L.; Kim, J. O. Fluid Dynamical Effects of Polymers Adsorbed to Spherical Particles. *J Chem Phys*, 1987, 86(9): 5163-5173.

[85] Stuart, M. A.; Waajen, F. H. W. H.; Dukhin, S. S. Electrokinetic Effects of Adsorbed Neutral Polymers. *Colloid Polym Sci*, 1984, 262(5): 423-426.

[86] Koopal, L. K.; Lyklema, J. Characterization of Polymers in the Adsorbed State by Double Layer Measurements. The Silver Iodide+ Poly (Vinyl Alcohol) System. *Faraday Discuss*, 1975, 59, 230-241.

[87] Koopal, L. K.; Hlady, V.; Lyklema, J. Electrophoretic Study of Polymer Adsorption: Dextran, Polyethylene Oxide and Polyvinyl Alcohol on Silver Iodide. *J Colloid Interf Sci*, 1988, 121(1): 49-62.

[88] Kong, L.; Beattie, J. K.; Hunter, R. J. Electroacoustic Estimates of Non-ionic Surfactant Layer Thickness on Emulsion Drops. *Phys Chem Chem Phys*, 2001, 3(1): 87-93.

[89] Dukhin, S. S.; Dudkina, L. M. Effect of Adsorption of Nonionic Macromolecules on Electrical Conductance of Suspensions. *Kolloidn. Zh*, 1978, 40(2): 232-236.

[90] Stein, H. N. Electrokinetics and Surface Charge of Spherical Polystyrene Particles. in *Interfacial Electrokinetics and Electrophoresis*. ed. Delgado, Á. V. Chpt 21, pp619-640, CRC Press, 2002.

[91] Donath, E.; Walther, D.; Shilov, V. N.; Knippel, E.; Budde, A.; Lowack, K.; Helm, C. A.; Möhwald, H. Nonlinear Hairy Layer Theory of Electrophoretic Fingerprinting Applied to Consecutive Layer by Layer Polyelectrolyte Adsorption onto Charged Polystyrene Latex Particles. *Langmuir*, 1997, 13(20): 5294-5305.

[92] Radchanka, A.; Hrybouskaya, V.; Iodchik, A.; Achtstein, A. W.; Artemyev, M. Zeta Potential-Based Control of CdSe/ZnS Quantum Dot Photoluminescence. *J Phys Chem Lett*, 2002, 13(22): 4912-4917.

[93] Kovalenko, M. V.; Scheele, M.; Talapin, D. V. Colloidal Nanocrystals with Molecular Metal Chalcogenide Surface Ligands. *Science,* 2009, 324, 1417-1420.

[94] Xiao, P.; Zhang, Z.; Ge, J.; Deng, Y.; Chen, X.; Zhang, J. R.; Deng, Z.; Kambe, Y.; Talapin, D. V.; Wang, Y. Surface Passivation of Intensely Luminescent All-Inorganic Nanocrystals and Their Direct Optical Patterning. *Nat Commun*, 2023, 14(1): 49.

[95] Hill, R. J.; Saville, D. A.; Russel, W. B. Electrophoresis of Spherical Polymer-coated Colloidal Particles. *J Colloid Interf Sci*, 2003, 258(1): 56-74.

[96] Sui, H.; Gao, Z.; Guo, J.; Wang, Y.; Yuan, J.; Hao, J.; Dong, S.; Cui, J. Dual pH-responsive Polymer

Nanogels with a Core-shell Structure for Improved Cell Association. *Langmuir*, 2019, 35(51): 16869-16875.

[97] Ohshima, H. Surface Charge Density/Surface Potential Relationship for a Spherical Colloidal Particle in a Solution of General Electrolytes. *J Colloid Interf Sci*, 1995, 171(2): 525-527.

[98] Ohshima, H. Surface Charge Density/Surface Potential Relationship for a Cylindrical Particle in an Electrolyte Solution. *J Colloid Interface Sci,* 1998, 200(2): 291-297.

[99] Lyklema, J. *Fundamentals of Interfaces and Colloid Science, Vol II*, Chpts 3-4, Academic Press, 1995.

[100] Hunter, R. J. *Foundations of Colloid Science*, Chpt 8, Oxford University Press, 2001.

[101] Mangelsdorf, C. S.; White, L. R. Effects of Stern-Layer Conductance on Electrokinetic Transport Properties of Colloidal Particles. *J Chem Soc Faraday Trans*, 1990, 86(16): 2859-2870.

[102] Mangelsdorf, C. S.; White, L. R. The Dynamic Double Layer Part 1 Theory of a Mobile Stern Layer. *J Chem Soc Faraday Trans,* 1998, 94(16): 2441-2452.

[103] Mangelsdorf, C. S.; White, L. R. The Dynamic Double Layer Part 2 Effects of Stern-layer Conduction on the High-frequency Electrokinetic Transport Properties. *J Chem Soc Faraday Trans*, 1998, 94(17): 2583-2593.

第 5 章
从电动参数计算 zeta 电位

前几章介绍了 zeta 电位以及各种测量界面电动或动电参数的技术，本章将介绍如何根据这些测量的参数计算 zeta 电位。本章主要介绍从应用较多及比较成熟的几种测量技术中获得 zeta 电位的方法，即电泳、电渗、沉降、流动、电声。与这些技术有关的商业仪器都会带有说明书以及相应的各类应用技术文章，本章的内容可视为对这些文件的进一步补充技术材料，而所援引的文献可供有兴趣的读者进一步深究细节。对于前几章涉及的一些其他电动现象测量技术，理论尚在建立发展之中，许多仍停留在应用所测量的参数，而不是 zeta 电位。即使谈到 zeta 电位，也或者牵涉复杂的数学解析式或数值解，或者简单的应用其实并不适用的 Helmholtz-Smoluchowski 公式或 Hückel-Onsager 公式。对从这些技术中获得 zeta 电位，有兴趣的读者可参考相应章节中的援引文献。

5.1 电泳

为了确定带电颗粒的 zeta 电位，必须从测量的电泳迁移率中分离出电泳贡献，然后使用 zeta 电位和颗粒的电泳速度之间的适当关系来推算 zeta 电位。电泳贡献的分离和电位的估计都需要对电泳实验中带电颗粒的运动进行数学模型分析。数学模型通常由一组偏微分方程组成：质量、动量和离子物种的守恒方程，以及 Poisson 公式。当数学模型比较简单时，可以解析求解微分方程，并且可以导出 zeta 电位和电泳迁移率之间的简单显式关系。

5.1.1 球状颗粒

（1）$\kappa a > 20$

如果 μ 随着电解质浓度的增加而降低，则可使用最简单的公式来求得 zeta 电位：

$$\mu=\frac{\varepsilon_r\varepsilon_o}{\eta}\zeta \tag{5-1}$$

如果所得到的 zeta 电位的绝对值低于 50mV，则可以相信此 zeta 电位值。否则需要利用更复杂的公式进行计算[1]。对于在水中的单一对称性电解质，可用以下已考虑了扩散层电导的近似公式进行计算[2]：

$$\frac{3\eta e\mu}{2\varepsilon_r\varepsilon_o k_B T}\approx\frac{3}{2}\zeta'-\frac{6\left[\dfrac{\zeta'}{2}-\dfrac{\ln 2}{z}\left(1-e^{-z\zeta'}\right)\right]}{2+\dfrac{\kappa a}{1+0.45/z^2}e^{-z\zeta'/2}} \tag{5-2}$$

式中，z 为离子所带电荷数；ζ' 为无量纲 zeta 电位。

$$\zeta'=\frac{e\zeta}{k_B T} \tag{5-3}$$

如果在不同的电解质溶液浓度中发现 μ 存在最大值，则必须考虑滞流层的电导，如果 zeta 电位较小，则可用以下公式[2]：

$$\mu=\frac{\varepsilon_r\varepsilon_o\zeta}{\eta}\left[1+\frac{Du}{1+Du}\left(\frac{2k_B T\ln 2}{ze|\zeta|}-1\right)\right] \tag{5-4}$$

（2）$\kappa a<1$

可以使用 4.2.2 节介绍的 Hückel-Onsager 公式——式（4-2）。但是如果存在滞流层的电导，则 zeta 电位不再是完整表征双电层的唯一参数，需要知道表面电导率 K^σ 的信息，而且只能用复杂的数值计算[3]。

（3）$1<\kappa a<20$

可以使用 4.2.2 节介绍的 Henry 公式[式（4-3）～式（4-5）]。

图 5-1～图 5-3 为不同模型计算的电泳迁移率与 zeta 电位的关系[4]。从图 5-1 可

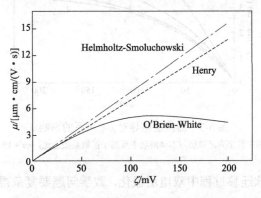

图 5-1　根据不同理论计算出的电泳迁移率与 zeta 电位的关系

$\kappa a=15$，忽略滞流层电导

以看出，Henry 理论在 $\kappa a = 15$ 的条件下，只有在低 zeta 电位时才有效。完整的 O'Brien-White 理论表明，随着 zeta 电位的增加，电泳迁移率低于简单的 Henry 或 Helmholtz-Smoluchowski 公式计算的结果。这主要是表面传导与浓度极化的影响。图 5-2 显示了 κa 对 μ 与 ζ 关系的影响，在同样 zeta 电位时，κa 越大，电泳迁移率越大。图 5-3 显示了如果存在滞流层电导，电泳迁移率与 zeta 电位关系的变化趋势可能发生剧烈变化。

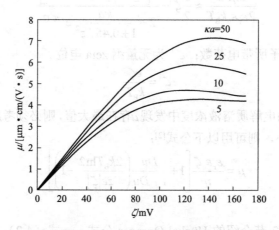

图 5-2　根据 O'Brien-White 理论计算的不同 κa 对 μ-ζ 关系的影响

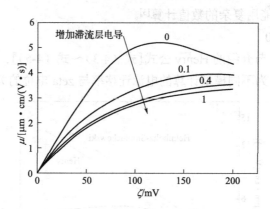

图 5-3　滞流层电导对 μ-ζ 关系的影响

图中数字为滞流层与本体溶液中反离子扩散系数之比，$\kappa a = 15$

　　如果要考虑电泳迁移过程中双电层极化，数学问题要复杂得多，可参考第 4 章的一些参考文献。

　　对于低 zeta 电位分布的球形颗粒，电泳测量的值为 zeta 电位分布的面积平均值（或单极矩）。如果颗粒中存在偶极矩，则颗粒会在电场中旋转，可以通过测量球体的方向和旋转速度来确定 zeta 电位分布的偶极矩和四极矩[5,6]。

5.1.2 非球状颗粒

随着颗粒形状或表面电条件变得更加复杂，分析公式也变得更加复杂，甚至 zeta 电位和电泳迁移率之间可能没有一对一的明确关系。

对于均质球形颗粒，电表面条件可能是均匀的，因此单个参数足以表示其电性质。对于非球形颗粒，电表面条件不均匀，电性质必须呈现表面分布形式。当电场作用于悬浮液中带电的非球形颗粒时，每个颗粒都会受到静电、流体力学、引力和布朗力的综合作用。这些力中的每一个都以非常复杂的方式影响颗粒的动力学，因此确定和正确解释非球形颗粒的 zeta 电位非常有挑战性。而在电泳实验过程中颗粒取向的连续变化使分析更加复杂化。在非球形颗粒的电泳过程中，颗粒取向受到电泳和非电泳贡献的影响。因此，对非球形颗粒电泳贡献的分离和 zeta 电位的测定需要进行更仔细的分析。

关于非球形颗粒电泳理论的研究主要涉及具有对称性的颗粒，如圆柱形、椭球形，以及圆盘形颗粒。对于具有轴对称电位分布的轴对称颗粒，电泳迁移率的显式表达式需要用张量来表示，理论分析表明轴对称颗粒更倾向于平行于外加电场排列。对于任意双电层厚度且具有小而均匀表面电位的无限长圆柱体的解析式，请见本书 4.2.3 节。对圆柱体的理论推导后来扩展到含包括双电层弛豫和有限长度的圆柱体[7]。对于无限薄圆盘的很复杂的积分公式，也可在文献中找到[8]。还有在薄双电层情况下的具有极化双层的椭球体[9]，由两个具有不等电位的球组成的哑铃状颗粒[10]，以及处于非均匀电场中的椭球体[11]。当颗粒形状高度不规则时，必须用数值方法求解控制偏微分方程组，但在实际数据分析中很难应用。

5.2 电渗

在电渗测量中，电场 E 施加到浸入电解质溶液中的带电毛细管或多孔塞上产生液体流。如果在固体/液体界面的任何地方，$\kappa a \gg 1$，则远离该界面的液体将达到与通道中的位置无关的恒定电渗速度 v_{eo}[式（3-8）]。如果无法确定或测量这个速度，则可以测量电渗流速 Q_{eo}，然后通过电渗流速计算 zeta 电位。

（1）$\kappa a \gg 1$，无表面电导

使用式（3-10）。

（2）$\kappa a \gg 1$，有表面电导

使用式（3-11）。

（3）低 zeta 电位，有限表面电导，任意毛细管直径[12]

$$Q_{eo,I} = -\frac{\varepsilon_r \varepsilon_o \zeta R_s \left[1 - \tanh(\kappa a)/\kappa a\right]}{\eta K_L R_s^{\infty}} \quad (5\text{-}5)$$

（4）高 zeta 电位且不满足 $\kappa a \gg 1$

尚未简单的公式可以使用[12]。

5.3 沉降电位

早在半个多世纪前，对具有任意双电层厚度的球形颗粒稀释悬浮液的沉降理论求解微分方程，就已获得了以颗粒 zeta 电位的幂级数表示的颗粒沉降速度和沉降电位的公式[13]。进一步的理论发展解除了早期理论中对低表面电位的限制[14]，并给出了带电球体在宽范围 zeta 电位和双电层厚度的沉降速度和沉降电位的数值结果[15]。也有对带电圆柱体周围离子云的变形对颗粒沉降速度影响的报道[16]。这些广适理论很多只有通过数值计算才能得到结果，实用价值不大。能够应用于实验数据分析的一般是带有某些限制条件的近似公式。

在下述公式中，为了估计 zeta 电位，沉降电位法只需要知道悬浮液的浓度和电导率、颗粒的密度以及柱两端之间的电位差。

当颗粒以恒定的速度 v_{sed} 沉降（上浮）时，重力产生的力与摩擦力平衡。因此：

$$6\pi\eta a v_{sed} = \frac{4}{3}\pi a^3 (\rho_p - \rho_s)g \quad (5\text{-}6)$$

带电颗粒移动时产生的电流 I 为：

$$I = nQv_{sed} = \frac{2}{9} \times \frac{nQa^2(\rho_p - \rho_s)g}{\eta} \quad (5\text{-}7)$$

式中，Q 与 n 分别为颗粒的电荷与单位体积中的颗粒数。由于颗粒运动时的摩擦力与电场力平衡，从而有：

$$Q = 6\pi a \varepsilon_r \varepsilon_o f(ka) \zeta \quad (5\text{-}8)$$

$$I = \frac{4\pi \varepsilon_r \varepsilon_o n a^3 f(\kappa a)(\rho_p - \rho_s)g}{3\eta}\zeta \quad (5\text{-}9)$$

在沉降电位测量中，对于球状颗粒，单个颗粒的偶极子（d^*）为[17,18]：

$$d^* = \frac{4}{3} \times \frac{\pi \varepsilon_r^2 \varepsilon_o^2 \zeta^2 a^3 g}{K_m \eta} \left(\rho_p - \rho_s \right) \tag{5-10}$$

考虑到球状颗粒的体积分数 $\varphi = 4\pi a^3 n/3$，Smoluchowski 公式给出对应的电场（E_{sed}）为：

$$E_{sed} = -\frac{\varepsilon_r \varepsilon_o \zeta g}{K_m \eta} \left(\rho_p - \rho_s \right) \varphi \tag{5-11}$$

Smoluchowski 公式仅适用于具有薄双电层和可忽略表面电导（低 zeta 电位）的球状颗粒在层流的沉降（上浮）运动。从图 5-4 可以看出，那些更详细完整的数值计算结果在高 zeta 电位与厚双电层的情况下与 Smoluchowski 公式还是有很大差别的。zeta 电位越高，双电层越厚，Smoluchowski 方法偏差就越大[18]。

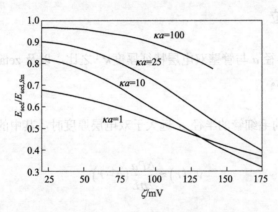

图 5-4　数值计算与 Smoluchowski 公式计算的沉降电位的比较（100nm 的球状颗粒）

沉降电场理论后来被扩展到求解低 zeta 电位的任意 a 值[19-21]，多孔的球状颗粒[22]、表面"长毛"的颗粒[23]以及低 zeta 电位的浓悬浮液[24]与任意双电层厚度的浓悬浮液[25]的情形中。也有理论分析了动态 Stern 层对沉降电位的影响[26]。在浓悬浮液中，低 zeta 电位颗粒的沉降电场强度可表示为：

$$E_{sed} = \frac{\varphi(1-\varphi)(\rho_p - \rho_s)g}{\left(1 + \dfrac{\varphi}{2}\right)K_m} \mu(\kappa a, \varphi) \tag{5-12}$$

式中，$\mu(\kappa a, \varphi)$ 是依赖于 κa 与 φ 的电泳迁移率，其完整的解析式请参考文献[24]。

在恒定的重力场中，任意形状的聚电解质涂层颗粒在含有 M 种离子的液体溶液中运动时，聚电解质涂覆的颗粒被建模为表面覆盖带电多孔物质的带电刚性颗粒，并与周围电解质溶液平衡。多孔表面层被视为溶剂可渗透和离子可穿透的均质壳，假设电荷和流体动力摩擦段的密度在每个颗粒的整个表面层中是均匀的，但没有假

117

设双电层和多孔表面层相对于颗粒尺寸的厚度。在这种情况下，沉降电场强度式（5-12）可修订成：

$$E_{sed} = -\frac{\mu g}{K_m}\left[\varphi_1\left(\rho_1 - \rho_s\right) + \varphi_2\left(\rho_2 - \rho_s\right)\right]\varphi \qquad (5\text{-}13)$$

式中，φ_1 为表面多孔层的干体积分数；φ_2 为颗粒实心核的干体积分数；ρ_1 为表面多孔层的密度；ρ_2 为与颗粒实心核的密度。

5.4 流动电位与流动电流

5.4.1 流动电位

根据毛细管半径 a 与管壁双电层特征厚度 κ^{-1} 之比，以及 zeta 电位的高低，可以有下列几种情况。

（1）$\kappa a \gg 1$

当长度为 L 的毛细管的半径 a 远大于双电层厚度时，其中的电渗液体流动的分布为：

$$v_{str}(r) \approx \frac{\Delta P a}{2\eta L}(a - r) \qquad (5\text{-}14)$$

电流 I_{str} 为：

$$I_{str} = -\frac{\pi a^2 \Delta P}{\eta L}\int_0^a (a-r)\sigma^{ek}(a-r)d(a-r) = -\frac{\varepsilon_r \varepsilon_o \pi a^2}{\eta}\times\frac{\Delta P}{L}\zeta \qquad (5\text{-}15)$$

其中第二个等式由代入平板模型的 Poisson-Boltzmann（泊松-玻耳兹曼）电位分布式（2-3）得到。

在稳态流动中，流动电流必须与产生流动电位 U_{str} 的传导电流 I_c 相等，

$$I_c = K_L \pi a^2 \frac{U_{str}}{L} \qquad (5\text{-}16)$$

最后得到：

$$\frac{U_{str}}{\Delta P} = \frac{\varepsilon_r \varepsilon_o}{\eta K_L}\zeta \qquad (5\text{-}17)$$

如果被测量体系不是单个毛细管，而是多孔塞或膜，则上述公式依然近似有效，前提是 $\kappa a \gg 1$ 的条件符合所有孔隙。在多孔塞的情况下，塞不是一个直的平行毛细管系统，而是一个随机分布的颗粒间空隙或固结体的孔隙，每个都有一定的孔隙度和弯曲度，因此只能用等效毛细管长度和横截面的简化模型来推导上述公式。

（2）计入表面电导率

如果表面电导率 K^σ 必须被考虑进去，则式（5-17）成为：

$$\frac{U_{str}}{\Delta P} = \frac{\varepsilon_r \varepsilon_o}{\eta(K_L + 2K^\sigma / a)} \zeta \tag{5-18}$$

在进行流动电位测量时增加电解质浓度，如果电解质离子不与表面发生特定的非静电相互作用，随着离子浓度的增加，双电层压缩，K_L 明显增加，U_{str} 应随浓度降低。如果是这样，则上述公式中的 K^σ 可以忽略。实际上最可能被观察到的是在 zeta 电位与离子浓度作图中有个最大值：在低离子强度下，如果不考虑 K^σ，上述公式右侧的分母将会被低估，导致 zeta 电位也被低估；只有当离子强度足够高时，$K_L \gg K^\sigma$ 才成立。也可以在不同半径的毛细管或不同压实度（即孔隙率）的塞子上进行实验：如果表观 zeta 电位在忽略 K^σ 后，随毛细管或（等效）孔隙半径变化，则需要表面电导校正。

考虑表面导电性的经验方法是在导电率为 K_L^∞ 的高浓度电解质溶液中测量塞子或毛细管的电阻 R_s^∞，

$$K_L^\infty R_s^\infty = \left(K_L + \frac{2K^\sigma}{a}\right) R_s \tag{5-19}$$

这时式（5-18）可写为：

$$\frac{U_{str}}{\Delta P} = \frac{\varepsilon_r \varepsilon_o \zeta R_s}{\eta K_L^\infty R_s^\infty} \tag{5-20}$$

（3）双电层的存在对液体流的影响

毛细管壁界面双电层的存在，也会对液体流动产生影响。如果要考虑这个因素，则式（5-18）需要进一步修正[27]：

$$\frac{U_{str}}{\Delta P} = \frac{\varepsilon_r \varepsilon_o}{\eta(K_L + 2K^\sigma / a)} \zeta \Phi \tag{5-21}$$

式中修正因子 Φ 为：

$$\Phi = \frac{\beta_1}{1 + \dfrac{\beta_2 (\kappa a \varepsilon_r \varepsilon_o \zeta)^2}{\sinh^2(\kappa a) a^2 \eta(K_L + 2K^\sigma / a)}} \tag{5-22}$$

$$\beta_1 = 1 - \frac{\cos(\kappa a) - 1}{\kappa a \sin(\kappa a)} \tag{5-23}$$

$$\beta_2 = \frac{\sinh(\kappa a)\cosh(\kappa a)}{2\kappa a} + \frac{1}{2} \tag{5-24}$$

如果不考虑双电层对液体流动的影响，则 $\beta_1 = 1$，且式（5-22）分母中的第二项为零，$\Phi = 1$，则式（5-21）变为式（5-18）。

图 5-5 给出了用不同滤膜测量的修正因子 Φ 值随 κa 值的变化。在所研究的离子强度和膜孔的范围内，κa 在 0.2～110 之间变化。对于 $\kappa a > 20$，修正因子 Φ 值趋于 0.8，显示了经典理论没有考虑双电层对流动影响的缺陷[28]。

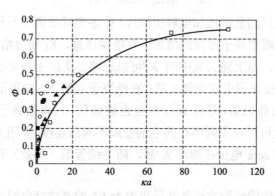

图 5-5 用不同浓度的 NaCl 溶液在不同 Carbosep 膜上测量的修正因子 Φ

$T = 50℃$，pH = 6.5

（4）中等程度的 κa 和低 zeta 电位

对于柱状的毛细管，有下列公式[29]：

$$\frac{U_{str}}{\Delta P} = \frac{\varepsilon_r \varepsilon_o \zeta R_s}{\eta K_L^\infty R_s^\infty} \left[1 - \frac{2I_1(\kappa a)}{\kappa a I_0(\kappa a)}\right]\left[1 - \beta\frac{2I_1(\kappa a)}{\kappa a I_0(\kappa a)} - \frac{I_1^2(\kappa a)}{I_0^2(\kappa a)}\right]^{-1} \quad (5\text{-}25)$$

式中，I_0 与 I_1 分别为零阶与一阶第一类修正 Bessel 函数，

$$\beta = \frac{(\varepsilon_r \varepsilon_o \kappa \zeta)^2}{\eta} \times \frac{R_s}{K_L^\infty R_s^\infty} \quad (5\text{-}26)$$

（5）高 zeta 电位

当 zeta 电位很高时，没有解析公式，只能使用数值计算[30]。

5.4.2 流动电流

在流动电流的测量中，实验测量的量是单位压降的流动电流 $I_{str}/\Delta P$。与流动电压一样，也可以分不同的情况来讨论 $I_{str}/\Delta P$ 与 zeta 电位之间的关系：

（1）$\kappa a \gg 1$

当长度为 L 的毛细管的半径 a 远大于双电层厚度时，其中的电渗液体产生的电流 I_{str} 为式（5-15），$I_{str}/\Delta P$ 则为：

$$\frac{I_{str}}{\Delta P} = -\frac{\varepsilon_r \varepsilon_o \pi a^2}{\eta L} \zeta \qquad (5-27)$$

如果实验系统不是单个毛细管,而是多孔塞、固结体或膜,这时就不是一个直的平行毛细管系统,而是一个随机分布的固结体或膜的孔隙。这些孔隙每个都有一定的孔隙度和弯曲度,因此只能用等效横截面面积与等效毛细管长度之比代替式(5-27)中的 $\pi a^2/L$ 的模型来推导上述公式,这是假设 $\kappa a \gg 1$ 的条件符合所有孔隙。

此外,上述公式假定系统中的传导电流仅由溶液的体积电导率确定。通常情况下,表面导电性很重要。此外,插塞中的离子比溶液中的离子具有更低的迁移率。

等效横截面面积与等效毛细管长度之比 A_c/L 可通过测量浸没样品的高浓度(例如高于 10^{-2} mol/L)电解质溶液的电阻 R_s^∞。在如此高浓度下。双电层的电导对总电导率的贡献可以忽略不计[31],

$$\frac{A_c}{L} = \frac{1}{K_L^\infty R_s^\infty} \qquad (5-28)$$

另外,利用各种经验或半经验公式,通过计算实验测得的外观截面积(A_c^{ap})与外观长度(L^{ap})之比与某个与塞子体积分数有关的函数的乘积来求得等效截面积与等效长度之比:

$$\frac{A_c}{L} = \frac{A_c^{ap}}{L^{ap}} f(\varphi) \qquad (5-29)$$

式中,$f(\varphi)$ 是与固体体积分数有关的函数,具体形式取决于塞子的结构与不同作者提出的模型[32-35]。

球体颗粒紧密堆积的情况则更复杂,没有简单的表达式可以使用[36]。

(2)$1 < \kappa a < 10$ 和低 zeta 电位

$$\frac{I_{str}}{\Delta P} = \frac{\varepsilon_r \varepsilon_o \zeta A_c}{\eta L} \big[1 - G(\kappa a) \big] \qquad (5-30)$$

对于柱状毛细管,$G(\kappa a)$ 与零阶、一阶第一类修正 Bessel 函数有关:

$$G(\kappa a) = \frac{2 I_1(\kappa a)}{\kappa a I_0(\kappa a)} \qquad (5-31)$$

对于狭缝状毛细管,$G(\kappa a)$ 中的 a 为狭缝双壁距离的一半,

$$G(\kappa a) = \frac{\tanh(\kappa a)}{\kappa a} \qquad (5-32)$$

(3)高 zeta 电位

当 zeta 电位很高时,没有简单公式可以得到 I_{str},只能使用数值计算[37]。

5.4.3 流动电位测量滤膜的空间电荷模型

在滤膜的流动电位表征中，经常会使用空间电荷模型（space charge model）。此带电毛细管模型最早是在 20 世纪 60 年代提出来的[38]，后来又经过很多学者的不断完善[39,40]。此模型将毛细管内的电位分为两个部分，即源于毛细管表面电荷的电位与由于轴向流动的流动电位，并忽略离子大小的空间效应，假设离子为点电荷。它的基本方程包括基于径向离子浓度和电位的 Poisson-Boltzmann 公式、离子输运的 Nernst-Planck 公式和毛细管中力平衡的 Navier-Stokes 公式。这个模型提出来后的半个多世纪以来产生了很多种数学推导与处理方法，不同的方法得到的公式都不一样，而且都很复杂，需要数值化计算。最终得到的是被称为膜参数的六个唯象系数，即纯水渗透率、反射系数、电渗系数、溶质渗透率系数、电导率和电输运数。

根据空间电荷模型，在纳米孔中，流动电位是表面电位（表面电荷密度）的非单调函数[41]。从图 5-6 可以看出，一个流动电位值可能与两个不同的 zeta 电位值相关[42]。为了消除这种歧义，流动电位可以作为 KCl 溶液 pH 值的函数进行研究。无机膜的 zeta 电位受流经膜孔的溶液 pH 值的影响。流动电位-pH 图可如图 5-6 那样显示与两个不同 pH 值相关的一个特定流动电位值。即流动电位-pH 曲线呈现出相对于溶液 pH 值的最大值，每个流动电位值与两个不同的 pH 值相关。如果能够知道膜流动电位等电点的 pH 值，就能确定与已知 pH 值下获得的流动电位相对应的正确 zeta 电位，因为 pH 值离等电点越远，zeta 电位越高。与离等电点最远的 pH 值相对应的流动电位值与从流动电位-zeta 电位图中两个可能的 zeta 电位中的最高值相关联。

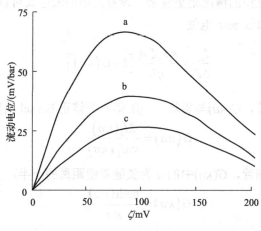

图 5-6　根据空间电荷模型计算在不同浓度 KCl 溶液中流动电位与 zeta 电位的关系

KCl 溶液的浓度：a—0.003mol/L；b—0.006mol/L；c—0.01mol/L。膜孔半径为 75nm

5.5　CVI 与 ESA

电声学可以提供非常快速的 zeta 电位单点测量，典型的测量时间为十几秒，而且测量非常精确，测量值通常约为 0.1～0.3mV。样品处理和制备非常简单，无需稀释样品，还可以进行快速、精确的自动滴定。以超声波作为驱动力不会产生热效应，特别适合测量高离子强度的生物体系，如蛋白质样品或浓溶液[43]。这两点恰巧是传统光学方法电泳测量的短板：高离子强度的电泳测量会产生热量，破坏样品；光不能透过高浓度样品，所以必须稀释。有两种方法可以根据电声测量数据计算 zeta 电位值。

5.5.1　基于动态电泳迁移率

（1）稀溶液（体积分数<4%）

对于 $\kappa a \gg 1$（$\kappa a \approx 20$ 可以获得可靠的结果，尽管误差通常可容忍至约 $\kappa a = 13$）和任意 zeta 电位的球形颗粒的稀释悬浮液，可以使用以下将动态电泳迁移率与 zeta 电位和其他颗粒性质联系起来的公式[44]：

$$\mu_d = \left(\frac{2\varepsilon_r\varepsilon_o\zeta}{3\eta}\right)(1+f)G(\alpha) \tag{5-33}$$

式中，函数 f 是颗粒表面周围切向电场的量度。这是一个复数：

$$f = \frac{1+i\omega' - \left[2Du + i\omega'(\varepsilon_{rp}/\varepsilon_r)\right]}{2(1+i\omega') + \left[2Du + i\omega'(\varepsilon_{rp}/\varepsilon_r)\right]} \tag{5-34}$$

式中，$\omega' \equiv \omega\varepsilon_r\varepsilon_o/K_L$ 是测量频率 ω 与电解质的 Maxwell-Wagner 弛豫频率之比。如果可以假设颗粒周围的切向电流基本上由滑移面外的离子携带，则 Du 可由 Du^d 替代。对大部分有较大 κa 的颗粒，表面电导可以忽略不计，而在水中 $\varepsilon_{rp}/\varepsilon_r$ 通常很小，所以对很多胶体颗粒，$f = 0.5$。

公式中的函数 $G(\alpha)$ 是惯性效应的直接度量，也是个复数：

$$G(\alpha) = \frac{1+(1+i)\sqrt{\alpha/2}}{1+(1+i)\sqrt{\alpha/2} + i\dfrac{\alpha}{9}\left(3+\dfrac{2\Delta\rho}{\rho}\right)} \tag{5-35}$$

式中，无量纲参数 $\alpha = \omega a^2\rho/\eta$。

G 强烈地依赖于颗粒粒径（a）。当 a 较小时（<0.1μm）时，G 的相位角为零，当 a 较大（例如 a>10μm）时，G 的最小值为零，相位滞后为 π/4。在这种情况下，动态

123

迁移率的频率依赖性和相位滞后完全由惯性因子 G 决定。**Zeta** 电位根据修正的 **Smoluchowski** 公式计算，以考虑较大颗粒的惯性效应，特别是在较高频率下。这时通过动态迁移率来确定粒径和电荷特别简单，因为 μ_d 的相位与 zeta 电位无关。对于单分散悬浮液，用在不同频率下测得的动态迁移率拟合式（5-33），可以从 μ_d 的相位角获得粒径，从 μ_d 的大小获得 zeta 电位（见图 3-14）。

图 5-7 是在用六偏磷酸钠对沉淀碳酸钙浆料滴定时进行电声（CVI）测量得到的 zeta 电位与 pH 值的变化图。

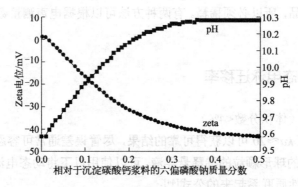

图 5-7　添加剂对沉淀碳酸钙浆料(PCC) zeta 电位的影响

（2）浓溶液

利用电声方法测量的往往都是浓溶液，所以从测量浓溶液的动态迁移率得到 zeta 电位的理论很重要。下述是如何从动态迁移率计算浓溶液中胶体颗粒的尺寸和 zeta 电位的公式。建立该公式是基于与实验一致的假设，考虑了具有重叠边界层的近邻颗粒之间的相互作用，不包含可调整参数，也不包含需要通过与实验比较才能确定的因子[45]。

$$\mu_d = \frac{\varepsilon_r \varepsilon_o \zeta}{\eta(2+\varphi)} \frac{(2-2\varphi)-3\varphi(F-1)-\left(\dfrac{2\lambda^2}{3+3\lambda+\lambda^2}\right)}{1+\left(\dfrac{\Delta\rho}{\rho}\right)\left\{\varphi F\left[\dfrac{2\lambda^2}{3(3+3\lambda+\lambda^2)}\right]\right\}} \tag{5-36}$$

其中

$$F = \frac{2}{3}\left\{\frac{1}{2}+\left[4\lambda^2 I+(1+2\lambda)e^{-2\lambda}\right]J^2\right\} \tag{5-37}$$

$$J = \frac{e^\lambda}{1+\lambda+\left(\dfrac{\lambda^2}{3}\right)} \tag{5-38}$$

$$I = \int_1^\infty \big[g(r) - 1 \big] r e^{-2\lambda r} \mathrm{d}r \qquad (5\text{-}39)$$

式中，$g(r)$ 是对分布函数[46,47]。

$$\lambda = (1+i)\sqrt{\frac{\omega \rho a^2}{2\eta}} \qquad (5\text{-}40)$$

式中，i 为虚数；ω 为频率；ρ 为悬浮液密度；a 为颗粒半径；η 为动力黏度。

利用在不同频率测量的电声信号，从以上公式对复数动态迁移率的相位角与绝对值的拟合不但可以得出 zeta 电位，而且在假定对数正态分布的情况下，还可以得出粒径分布的 d_{15}、d_{50} 和 d_{85} 值[45]。d_x 表示比 d_x 直径更小的颗粒有 $x\%$ 的质量分数，即质量递增累计分布分数在 d_x 处的值。

从上述一系列公式[包括未列出的对分布函数 $g(r)$]可以看出，拟合过程极其复杂，对测量数据的准确度与频率覆盖范围有很高的要求。

另一种方法是使用经验公式将在浓溶液中测量但是按稀溶液处理得到的 zeta 电位（ζ_{app}）进行下列颗粒体积分数的校正（ζ_{corr}）[48]：

$$\zeta_{corr} = \zeta_{app} \exp\left\{ 2\varphi \left[1 + \frac{1}{1 + \left(\dfrac{0.1}{\varphi}\right)^4} \right] \right\} \qquad (5\text{-}41)$$

5.5.2　基于 I_{CV} 的直接估计

I_{CV} 的低频渐近值与 zeta 电位在粒径单分散体系中的关系有以下公式[49]：

$$I_{CV,\omega\to 0} = \frac{\varepsilon_r \varepsilon_o \zeta (1-\varphi) \varphi (\rho_p - \rho_s)}{\eta (1 + 0.5\varphi) \rho_s} \nabla P \qquad (5\text{-}42)$$

在推导上述公式时，使用了悬浮液电导率和介质电导率之间适用于非导电颗粒、薄双电层和低表面电导率的 Maxwell-Wagner 关系式[50]：

$$\frac{K_L}{K_m} = \frac{1-\varphi}{1+0.5\varphi} \qquad (5\text{-}43)$$

此理论也可扩展到粒径多分散的浓溶液，但最终用来转换电声信号到 zeta 电位的公式极其复杂，已远超出了一般应用的深度，有兴趣的读者可参考原始文献[49-51]。

图 5-8 是用不同浓度的金红石（R-746，Du Pond 公司）悬浮液的 CVI 测量结果，根据不同电声理论计算出的 zeta 电位：实心圆形[52]，实心方形[53]，空心菱形（单分散）[51]，实心菱形（多分散）[51]（这些符号表明用相应所引的文献中的理论计

算的结果)。

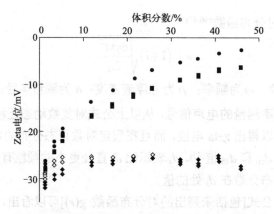

图 5-8　根据不同理论从电声测量得出的 zeta 电位

5.6　非水悬浮液内 zeta 电位的计算

在非水相介质内,首先要辨别此颗粒体系是稀溶液还是浓溶液。如果是稀溶液,则可以使用前述大部分水相介质内的方法。由于界面的极化,考虑颗粒的电导率时需要使用下列公式得到的有效颗粒电导率 $K_{p,\text{eff}}$:

$$K_{p,\text{eff}} = 2K_m \frac{(1-\varphi) - \dfrac{K_L}{K_m}\left(1 + \dfrac{\varphi}{2}\right)}{(1-\varphi)\dfrac{K_L}{K_m} - (1+2\varphi)} \tag{5-44}$$

对浓非水体系,介质中颗粒分散体的电导率与位置相关,因为颗粒的双电层可能占据悬浮液的大部分体积。这是理论处理电动现象的重要障碍,造成了浓非水体系中严格的电动理论的表述变得极其复杂。但是这个问题在高频场情况下却几乎不存在,因为与水系统相比,低极性和非极性液体的一个特点是 Maxwell-Wagner 弛豫频率非常低。这意味着在 MHz 频率区域应用电场或超声场的现代电声方法中,可以忽略与电导率相关的所有影响,因为该频率范围远远高于液体的 Maxwell-Wagner 特征频率。这使得电声技术最适合于非水介质中悬浮液的电动表征。但是因为低极性或非极性介质中的颗粒产生的电声信号非常微弱,在进行电声表征时需要减去分散介质产生的背景[54]。可以用几个不同体积分数的样品进行测量,以确保信号确实来自于颗粒。

5.7　环境对 zeta 电位的影响

Zeta 电位不是悬浮颗粒的固有性质，而取决于颗粒和介质的性质，以及它们在界面上的相互作用。液体化学成分和离子成分的任何变化都会影响界面平衡，从而影响 zeta 电位。样品制备和测量程序都会影响测量结果，不正确的结论通常是由于样品制备过程中的伪影和测量程序中的问题，或者不正确地应用理论模型来计算的 zeta 电位。

简单的无机电解质会对 zeta 电位产生重大影响。该效应取决于电解质的类型（阳离子和阴离子的价数之比）、离子的价数及其浓度。在图 5-9 的例子中，通过添加不同的电解质来改变胶体二氧化硅稀悬浮液的 zeta 电位。$AlCl_3$ 是阳离子与阴离子所带电荷数之比为 $3:1$ 的电解质，其三价阳离子很容易将 zeta 电位推向零。在电解质为 K_2SO_4、KCl 与 $Na_4P_2O_7$ 的情况下，zeta 电位首先变得越来越负，直到达到一个平台；继续添加到更高浓度时，由于离子开始压缩双电层，zeta 电位开始升高。

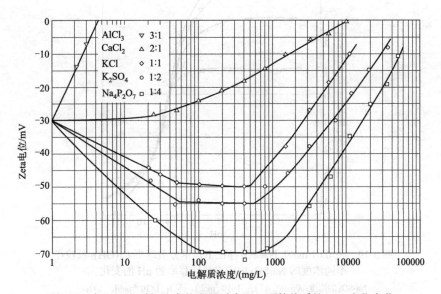

图 5-9　在不同类型与浓度的电解质中同一颗粒体系的 zeta 电位变化

图 5-10 显示了在不同浓度 Na_2SO_4 的悬浮液中，单分散 $Cr(OH)_3$ 颗粒的电泳迁移率曲线。在足够高的硫酸盐浓度下，电泳迁移率在碱性条件下，过了等电点后的 pH 值范围内的值基本恒定[55]。图 5-11 显示了作为 pH 值函数的单分散 $Cr(OH)_3$ 颗

粒的两条电泳迁移率曲线。新制备颗粒等电点的 pH 值为 8.5。另一组是同一样品在玻璃容器的碱性溶液内保持 3 天后的数据。电泳迁移率的显著变化是由于微量的硅酸盐从容器中浸出并吸附在颗粒上[56]。图 5-12 显示了 Fe_2O_3 单分散球体的电泳迁移率随着纯水的反复冲洗的变化趋势[57]。此样品是通过在高温下老化 $FeCl_3$ 溶液制备的，在制备过程中一些氯化物阴离子被固体物所吸收，并缓慢地扩散到颗粒表面，因此需要大量的清洗才能消除这种污染物。所以当处理或比较各种实验数据时，必须防止表面可能的杂质与污染，否则同一类物质可能有完全不同的表面电状况。例如不同 TiO_2 颗粒的等电点可以从 pH 2.7 变到 pH 6.0[58]，这些变化除了与制备方法有关以外，还有很大的因素是在制备过程中有杂质吸附在表面而改变了表面物理性质甚至化学组成。图 5-13 显示了不同实验室制备的不同大小的近球形 Fe_2O_3 颗粒的电泳迁移率。

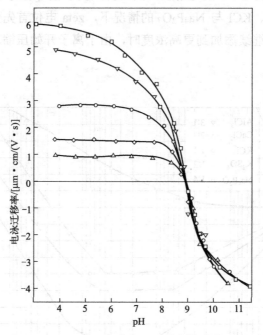

图 5-10　在 0.01 mol/L $NaClO_4$ 存在下，单分散球形 $Cr(OH)_3$ 颗粒在
不同浓度的 Na_2SO_4 中的电泳迁移率随 pH 的变化

Na_2SO_4 的浓度：0mol/L（□）；1×10⁻⁵mol/L（▽）；1×10⁻⁴mol/L（○）；
4×10⁻⁴mol/L（◇）；1×10⁻³mol/L（△）

　　颗粒表面吸附的物体如表面活性剂也会改变其 zeta 电位。图 5-14 显示了在添加了 10⁻⁵mol/L 十六烷基三甲基溴化铵（CTAB）后（实心符号），在含 4.2×10⁻²mol/L 乙醇悬浮液中气泡的 zeta 电位随 NaCl 浓度的变化与未添加 CTAB 时（空心符号）

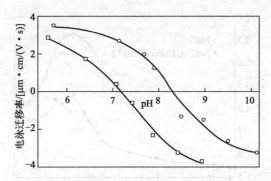

图 5-11　在 1×10⁻³mol/L NaClO₄ 溶液中，单分散 Cr(OH)₃ 颗粒的电泳迁移率随 pH 的变化
○ 纯化样品；□ 在玻璃容器中的碱性溶液中储存 3 天后的样品

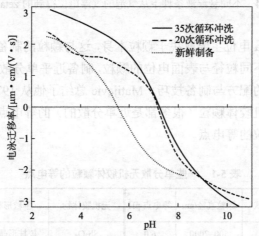

图 5-12　Fe₂O₃ 单分散颗粒的电泳迁移率随着反复用纯水冲洗的变化趋势

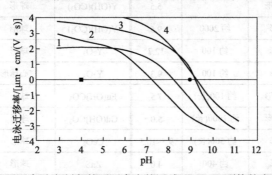

图 5-13　不同实验室制备的不同大小的近球形 Fe₂O₃ 颗粒的电泳迁移率
1—d = 100nm[59]；2—d = 240nm[57]；3—d = 200nm[60]；4—d = 80nm[61]；● d = 192nm[62]；■ d = 1600nm[63]

的变化[64]。在没有 NaCl 的情况下，zeta 电位显示正值（+0.3V）。添加了 CTAB 后，随着 NcCl 浓度的增加，zeta 电位从正变为负。在不存在 CTAB 的情况下，该曲线随 NaCl 浓度的增加呈现出类似的趋势。

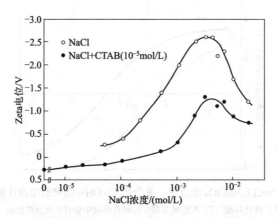

图 5-14 不同悬浮液条件下从气泡的气浮电位得到的 zeta 电位

胶体颗粒的 zeta 电位主要取决于颗粒本身，这与颗粒的制备过程有关。同样的原材料可以制备出不同粒径与表面电位的颗粒，制备近乎单分散的无机胶体颗粒尤为困难，需要特殊的配方与制备技巧。Matijevic 总结了他从 1973—1997 年二十多年内合成的各类无机胶体颗粒（很多都是近单分散的）的等电点[65]。表 5-1 为一些单分散无机胶体颗粒的等电点。

表 5-1 一些单分散无机胶体颗粒的等电点

无机胶体物	颗粒形状	颗粒直径/nm	等电点 pH	无机胶体物	颗粒形状	颗粒直径/nm	等电点 pH
MnO, MnO_2	球形	500~2000	6.0	Sb_2O_4	棱柱形晶体	约 2000	7.5
Co_3O_4	立方形		5.5	$Y(OH)(CO_3)$	球形	约 150	7.5
NiO	球形	约 2000	9.5	$Y(OH)(CO_3)$	球形	约 150	8.6
	盘形	约 100	12.7	Y_2O_3	球形	约 120	8.5
$Ni(OH)_2$	盘形	约 100	9.3	Y_2O_3	空心球形		8.5
CuO	椭球形	约 100(长)	7.5	$Eu(OH)CO_3$	球形	约 150	7.5
	椭球形	约 1000(长)	5.0	$Gd(OH)CO_3$	球形	约 150	7.5
$Cu(OH)_2$	针形	约 500(长)	9.5~10.5	CeO_2	球形	约 100	6.0
ZrO_2	球形	约 400	4.0	ZnS	球形	约 300	5.5
	空心球形	约 170	4.5	ZnS	球形		3.0
$ZrO_2 \cdot nH_2O$	球形	约 20	8	CdS	球形	约 400	3.5
SnO_2	近球形	约 50	4.2	$BaSO_4$	近球形	约 200	6.5
$Sn(OH)_4$	近球形	约 200	4.5				

　　尽管很多公布的电动迁移率数据都基于各类分散得很好的样品，但不同测量结果的差异往往超出预期的实验误差。分歧的原因很难查明。这些差异可能是由于测量不准确，但更可能的原因是表面化学中的微小不一致。所以必须认识到少量的污染如何以显著的方式影响电动行为。这些结果显然也会影响基于电泳迁移率而得出的 zeta 电位，这时给这些数字赋予精确量值的意义就需要十分谨慎。

　　当使用电动现象的测量来检测颗粒表面电荷特性变化时，如果不能完全避免系统中固有的轻微污染或有意引入分散体中的添加剂引起的对表面电性的变化，则对 zeta 电位值的诠释需要谨慎。在实际应用中，电泳迁移率或 zeta 电位的绝对值不像这些参数的相对变化那样重要。从这些参数的变化或表面电荷符号的反转可以至少定性地指示吸附、黏附或其他过程中颗粒行为的一些变化，以及它们分散在液体中时的稳定性。

5.8　Zeta 电位的样品与测量准备及其对结果的影响

5.8.1　样品准备

　　除了悬浮液样品制备中的一般做法以外，由于颗粒的 zeta 电位取决于颗粒以及分散介质，如果不采取特殊措施，简单的稀释可能会改变介质的化学成分，从而影响颗粒 zeta 电位。稀释有时甚至也会导致颗粒的溶解，从而改变表面和介质。样品制备需要遵循的程序是：从原始体系变为可用于测量的稀释样品后，zeta 电位不变。

　　样品制备程序要求在稀释时，不仅原始体系和稀释后体系之间的颗粒及其表面保持相同，而且介质需要保持相同的电化学性质。颗粒表面电荷取决于分散介质的化学特性，如果要稀释浓悬浮液进行测量，则分散介质的 pH 值和各种离子浓度都是需要控制的重要特性。颗粒在浓缩悬浮液中的环境需要与稀释后完全相同（除了颗粒浓度）。样品制备过程往往会极大地影响液体成分。用传统的方法，在不影响分散介质和界面的物理化学性质的情况下，很难调整用于电动测量的颗粒浓度。例如在 KNO_3 溶液中，分散无定形二氧化硅会导致悬浮液的 pH 值和离子强度与去离子水中的相同材料不同。这些差异对界面性质（如 zeta 电位）有相当大的影响。

　　如果测试样品代表该批次且已充分取样，则在样品中测量的结果仅对该批次的材料有效。应检查待分析的材料，以确保颗粒充分分散，在与测量时间相关的时间段内不会发生任何沉降。如果颗粒在测量过程中沉淀，使用光学方法进行测量可能不合适，因为留在激光光束中的颗粒可能不代表整个样品（例如对于多分散样品，大颗粒将有更多的沉降，从而测量结果偏重较小的颗粒）。在样品制备过程中需要格外小心，以避免改变待测样品的电泳迁移率。与样品直接接触的实验室器皿，如玻璃烧杯或注射器，可能会吸附介质中的特定离子，或在清洁过程或实验室器皿本身生产过程中残留的微量污染物。通常首选一次性塑料烧杯和移液管，只要它们与样品化学兼容即可。通常在实验报告中需要详细说明样品是如何处理的，以及稀释剂是如何制备的。可以对样品进行多次完全稀释和测量，以证明所采用的方法是稳定和可重复的。

在电声测量中，通常需要很少或不需要样品制备，仪器使用理论和校准程序将原始测量数据转换为 zeta 电位，该理论和校准过程考虑了有限的颗粒浓度以及颗粒尺寸的影响[66]。在依赖于电泳和光学检测的系统中，通常需要将样品稀释到适当的浓度。在这种情况下，需要注意可能会改变样品电动特性的溶剂冲击或其他稀释效应。使用去离子水进行简单稀释是一种常见的误导性且通常不正确的制备 zeta 电位测量样品的方法。

样品稀释可以遵循所谓的平衡稀释方法，即使用与原始体系中相同的液体作为稀释剂。如果处理得当，平衡稀释会导致样品中唯一修改的参数是颗粒浓度。理论上只有基于平衡稀释的样品制备过程才能产生与初始体系有相同 zeta 电位的稀释样品。

得到用于平衡稀释的液体有三种方法。第一种方法包括使用重力沉降或离心法提取上清液。然后用此清液或"母液"将初始样品稀释至所选测量技术的最佳程度。该方法适用于相对于介质有足够密度差的大颗粒。对于密度差很小的纳米颗粒和生物系统，需要高速离心机，但也可能很难获得纯清液；这时可以使用离心，使部分颗粒沉降，改变浓度。这种方法对 zeta 电位随粒径而变的样品不适合。

例如高浓度纳米二氧化硅浆料是晶圆化学机械抛光的常用磨料，保持浆料中高浓度纳米颗粒悬浮液体系的分散稳定是关键技术，通常用 zeta 电位来表征。在用光学方法测量高浓度二氧化硅浆料 zeta 电位前，使用离心法得到上层清液，然后进行原液平衡稀释，不改变颗粒存在的液体介质环境（离子浓度和 pH 值），仅改变颗粒浓度，保证了基于平衡稀释后的样品和原始浆料 zeta 电位的一致性。由于此类样品的 zeta 电位不随粒径而变，对于较难获得上层清液的高浓度浆料，用离心法降低颗粒浓度，与使用上层清液稀释的方法可获得同样的结果。而用去离子水稀释，悬浮液电导率与 zeta 电位都会发生很大变化[67]。

对于用第三相（乳化剂）稳定的通常不混溶的油相和水相的乳液，离心方法不适用。通常将其稀释到匹配的离子背景中，使初始的浓悬浮液和稀释后的悬浮液有相同的离子背景。该稀释剂可通过了解分散剂相中的离子组成（离子、离子表面活性剂）获得。然而这不一定能涵盖颗粒本身释放的物种。第三种可能更适合纳米和生物胶体的方法是使用透析。透析膜需要对离子和分子具有渗透性，但对胶体颗粒不具有渗透性。

如果样品需要稀释，建议在不同浓度下进行一系列测量，这样可以观察到颗粒-颗粒相互作用的影响或其他稀释效应。通常，由颗粒-颗粒相互作用引起的受阻运动会减少表观运动，从而使测量的 zeta 电位绝对值偏小。而不同程度的稀释可能会观察到不同的 zeta 电位，直至稀释到颗粒间的相互作用不再影响到测量值。

Zeta 电位测量对清洁度和少量污染物（如多价离子或浸出材料）的存在特别敏感，这些污染物可能不会显著影响电导率或 pH 值，但却会影响 zeta 电位的测量。用于稀释或样品制备的任何水的质量都很重要，不能假设来自商业水处理系统的去离子水满足 zeta 电位测量的要求。如果可能，应对此水源进行独立测试。

在一些罕见的情况下，测量样品需要比初始样品有更高的浓度。这可以通过从初始样品的介质中分离颗粒，然后将其重新分散到相同的介质中，且使其体积分数较高来实现。也可以通过离心样品，然后去除部分上清液相实现。可是使用这种方法时必须对该过程进行验证，以避免颗粒损失或团聚效应。

用于稀释或制备样品的任何介质本身必须不含颗粒（至少在残余颗粒可能影响 zeta 电位测量的程度上）。可以使用平均孔径小于待分析的最小颗粒的膜过滤器来"清洁"介质（注意膜的疏水性或化学电阻率），高速离心也可用来得到无颗粒的介质。

无论是初始样品还是经过制备（稀释）的样品，必须按时间顺序对其稳定性进行一系列测量。离子物质与悬浮颗粒表面物质的解离可导致 pH 值或电导率随时间的变化从而影响颗粒的迁移率。建议在每次测量前后测定悬浮液的 pH 值和/或电导率，确认样品没有变化。样品中任何可观察到的不稳定性都是对分析的进一步挑战。如果遇到这个问题，除了报告测量值之外，还要报告变化率。

5.8.2　测量准备

颗粒的 zeta 电位取决于颗粒本身的特征，如粒径、组成、表面功能、形状等，也同时取决于介质的下列因素：pH 值、离子强度、离子组成、电导率、其他高分子化合物成分、温度、黏度、颗粒浓度等。所以这两类特性参数都必须知道，并控制在测量过程中不变。测量所得到的实验结果，除了测量误差，只表示在这些条件下的数值。对于 zeta 电位，还取决于所用的理论模型。

另外，为了得到可靠可信的数据，还需要对每一样品进行多次测量。如果结果没有变化的趋势，则可使用平均结果；如有随时间变化的趋势，则需要找出趋势的原因，并进行报告。

用于产生上清液或等效悬浮介质的任何玻璃器皿或其他容器都需要清洁且无离子污染。样品在测量池表面的可能吸附也会改变测量结果，并导致 zeta 电位测量结果的偏差。解决这一问题的一种方法是在测量前用样品调节容器或样品池[68]。

如果用同一仪器测量在不同介质中或不同浓度的样品，必须保证仪器中的样品转换是在前一样品完全清除之后进行的。除非测试容器是一次性或可更换型的，由于冲洗不足，前一样品的残留物可能会留在测试容器中。当在非常高和非常低的离子浓度或明显不同类型的样品之间切换时，冲洗必须极其充分。最好使用专门用于高离子浓度样品测量的单独容器（样品池），或者使用一次性容器（样品池）。如果必须使用同一容器或样品池，则建议在多个相关样品的情况下，从低离子浓度到高离子浓度以及从低 pH 值到高 pH 值进行测量，以避免残留污染。

样品中的介质需要适合于所用的技术。例如当使用电泳光散射法时，在所用激光的波长下，介质需要是透明且不吸收的。黏度不能太高，理想的黏度为低于10mPa·s。介质在测量温度下不能显著挥发或蒸发，或者用于测量的样品池应能够防止溶剂的显著损失。

在固体或液体颗粒的 zeta 电位测量中，在填充过程中或过滤过程中从溶解的空气中可能会形成气泡，气泡也可能由于电化学反应在电极表面发生电解而形成。介质中的气泡可能会成为所测量颗粒群体的一部分而使结果产生偏差，黏附在样品池壁上的气泡会扭曲电场，黏附在电极表面的气泡可能导致电导率测量不正确。每次测量前必须检验与清除任何可能干扰测量的气泡。

5.8.3 二氧化碳对测量的影响

大气中的 CO_2 溶解在水溶液中形成碳酸，碳酸分解形成质子（H^+）和碳酸氢根离子（HCO_3^-）：

$$CO_2 + H_2O \Longleftrightarrow H_2CO_3 \Longleftrightarrow H^+ + HCO_3^- \tag{5-45}$$

该反应的平衡受 pH 值的影响，但也会改变 pH 值。该系统是自我调节的：对于去离子水以及任何初始 pH 值在 6～8 之间的水，pH 值会转变到 5.6 左右。当初始 pH 值低于 6 时，其 pH 值基本上不受 CO_2 的影响。当 pH 值高于 8 时，由于 CO_2 的存在，pH 值会显著下降。该过程还会影响离子强度，这对于基于蒸馏水和去离子水的系统尤为重要。纯水在 25℃下的电导率理论值为 $0.055\mu S/cm$，可是对环境

CO_2 的吸收（取决于大气中 CO_2 的水平）可导致其电导率增加 10～30 倍。例如文献指出："用大气二氧化碳平衡的纯水的电解电导率可在 0.7μS/cm 至 1.3μS/cm 之间，取决于实验室的大气压力，给出的标准不确定度为±0.2μS/cm。"[69]。

5.9　Zeta 电位的参考物质

　　Zeta 电位的参考物质是用来校准或验证电动参数测量仪器，确保测量质量的"校准"物质。它也可以在科学与技术研究中作为模型颗粒、载体或标记颗粒。

　　Zeta 电位参考物质具有足够均匀和稳定的颗粒表面电状态属性。所被挑选的颗粒物质经实践证明不但属性均匀和稳定，并且有合适的测量和测试方法来验证其均匀性与稳定性，然后进行表征和测试以确保其适用于设定的测量过程。由于电泳测量是应用最广的测量技术，所以 zeta 电位参考物质大部分都是设计成用于电泳测量，有的干脆就仅以电泳迁移率而不是 zeta 电位为标定参数，即使以 zeta 电位为标定参数，电泳迁移率也会同时是另一标定参数。一项为建立电泳迁移率参考物质而进行的、使用不同方法和仪器的广泛合作研究发现，聚合物微球具有最佳的可重复性[70,71]。一些使用其他方法（如微电泳法）已建立了电泳迁移率的蛋白质和聚电解质也可以作为电泳迁移率的参考物质。

　　Zeta 电位的有证参考物质是其标定值经过有效计量程序表征过的参考物质，并附有此参考物质的证书，提供指定的数值、其相关不确定性和计量可追溯性陈述。国际标准化组织 ISO 并给出了生产与认证的计量可追溯性流程[72]与证书必要的内容、标签与附件[73]。参考物质与有证参考物质可以由任何机构、单位或厂家生产，并不一定具有权威性，其质量及为大众的接受程度也多半依赖于生产单位的内部质量控制系统与外部的市场声誉。很多仪器生产商都有与其仪器配套使用的 zeta 电位参考物质，并伴有证书。要让分析行业或市场接受此类参考物质或有证参考物质，其 zeta 电位值或电泳迁移率值必须根据某些国际或国家标准物质，使用经过验证和可靠的测量方法确定。如果要作为标准物质，则还要满足更高的要求。

　　作为标准机构所制备的 zeta 电位标准参考物质主要有两种：一种由美国标准与技术研究院（NIST）研制，一种由 NIST 与欧盟联合研究中心（EC-JRC）联合研制。

5.9.1　NIST 电泳迁移率标准参考物质

　　NIST 的电泳迁移率标准参考材料（SRM 1980）是一种带正电的，含 500mg/L

微晶 FeOOH 和 0.1mol/g KH_2PO_4，在 pH = 2.5 的 0.05mol/L $NaClO_4$ 电解质中的悬浮液，使用前必须稀释。通过全球五个实验室的比对数据进行统计分析后，确定了经认证的电泳迁移率为+2.53μm·cm/(V·s)[74]。

微晶 FeOOH 是通过水解硝酸铁溶液的沉淀和老化合成的[75]。最后的老化沉淀用去离子水反复洗涤，冷冻干燥并储存在密封的聚乙烯瓶中。从多个批次获得的粉末的 BET 单点表面积为 843m²/g。所得颗粒为棒状，根据电子显微镜图像测定，其大小约为 20nm × 60nm。

SRM 悬浮液的制备方法如下。将冷冻干燥粉末（10g）分散在 2L 的 0.05mol/L $NaClO_4$ 溶液中，该溶液含有 0.1mol/g KH_2PO_4 粉末，pH = 2.5。将该悬浮液老化 60 天，并在第一个 10 天期间通过超声处理。老化后，用 0.05mol/L $NaClO_4$ 溶液将悬浮液稀释 10 倍，超声处理，再老化 19 天。从该悬浮液中，将40cm³ 等分试样转移到具有单分散系统的高密度聚乙烯瓶中，并老化 1 个月。最终的 500mg/L FeOOH 悬浮液构成 SRM，在分析之前用去离子水将 10mL 等分试样稀释至 100mL 的体积。

此正磷酸盐 FeOOH 标准物在 pH=2.5 下的电泳迁移率、pH 值和外观方面有着优异的稳定性。电泳迁移率测量值的离散性很低，49 组测量中只有两组超过了 0.05μm·cm/(V·s) 的标准偏差。电泳迁移率在 60 天后达到了稳定值。经过稀释后的悬浮液也有很好的稳定性，在 1 天之内没有可观察到的电泳迁移率变化。在通常的实验室温度范围内，此 SRM 在 18～28℃范围内的电泳迁移率与温度呈线性关系，其变化仅为 0.02μm·cm/(V·s·℃)，是由介质黏度的变化引起的。

为了确定此标准物在不同实验室和仪器之间的测量再现性，在 NIST 与美国四个大学或厂商的实验室内，用不同的仪器测量随机选择的样品，以同样的方法进行制备和测量。图 5-15 显示了所有参与实验室（包括 NIST）测量的电泳迁移率的数值。图中的虚线表示平均值和标准偏差，横坐标为送往各实验室的瓶号。SRM 电泳迁移率的认证迁移率值和不确定度为(+2.53±0.12)μm·cm/(V·s)。从图中可看出，在正常实验室条件下根据特定的方法进行分析，此 SRM 将能得到一致且可重复的电泳迁移率值。为了进一步验证运输对样品稳定性的影响，实验中的几个样品又被送回 NIST，并在 NIST 重新分析，所测量的电泳迁移率值依旧在认证的不确定度范围内。

可能影响测量结果最普遍的问题是样品制备过程中的污染。对于与多种离子溶液物质可形成络合物的氧化物，特别需要注意的是硫酸盐、磷酸盐和有机表面活性剂。很低水平的污染就会对颗粒的电泳迁移率产生相对较大的影响。所以用于清洗和稀释悬浮液的水源必须使用去离子水，而不是简单的蒸馏水。玻璃器皿、移液管和 pH 电极必须彻底清洁能影响电位的污染物。仪器的测量样品池也必须进行预处

理以避免与减少测量变化和测量值的漂移。对此 SRM，未经预处理的样品池可能
会有前次测量残留的带正电的颗粒沉积在带负电的壁上。

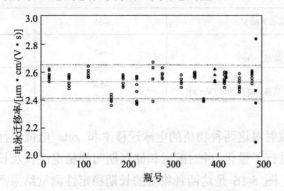

图 5-15　不同实验室测量的 SRM 1980 电泳迁移率

5.9.2　EC-JRC/NIST zeta 电位标准参考物质

　　EC-JRC 与 NIST 联手研制了两种不同浓度的，由缓冲液改性和稀释的商业
胶体二氧化硅微球悬浮在硼酸盐缓冲液中的 zeta 电位标准参考物质——SRM
1992/ERM-FD305 和 SRM 1993/ERM-FD306，其 zeta 电位与电泳迁移率的认证值见
表 5-2[76,77]。

表 5-2　EC-JRC/NIST zeta 电位标准参考物质

项目	SRM 1992/ERM-FD305	SRM 1993/ERM-FD306
Zeta 电位（认证值）/mV	-58 ± 5	-56 ± 4
电泳迁移率（认证值）/[$10^{-8}m^2$/(V·s)]	-4.5 ± 0.4	-4.3 ± 0.3
安瓿瓶容量/mL	5	25
电导率/（mS/cm）	0.38	0.42
pH	8.9	8.9
颗粒水化动力学直径/nm	140	140
颗粒浓度（质量分数）/%	0.15	2.2
Zeta 电位（电声法）/mV		-54.7 ± 8.4
动态电泳迁移率（电声法）/[$10^{-8}m^2$/(V·s)]		-5.4 ± 0.3

续表

项目	SRM 1992/ERM-FD305	SRM 1993/ERM-FD306
zeta 电位（颗粒追踪法）/mV	−55	
zeta 电位 （电不对称流场流分离法）/mV	−65	
电泳迁移率 （电不对称流场流分离法）/[10^{-8}m^2/(V·s)]	−5.1	

通过电泳光散射对这两种物质的电泳迁移率和 zeta 电位进行了认证，对安瓿瓶之间的均匀性进行了量化，并对配送和储存期间的稳定性以及长达两年的长期稳定性进行了评估。图 5-16 是这两种物质的长期稳定性测量结果[76,77]。定值是根据全球参与的 15 个合格实验室的电泳光散射测量结果得到的（删除了技术上无效的结果，但没有仅基于统计原因消除异常值）。这两种用于质量控制、方法性能评估与仪器校准的标准参考物质在使用时不用稀释。根据同一安瓿瓶内的同质性与可接受精度结果的最小样本摄入量（即保证认证值在其规定的不确定度内的最小测试样品量）的指标，每次测量至少使用 0.4mL 的 SRM 1992/ERM-FD305 或 0.2mL 的 SRM 1993/ERM-FD306。

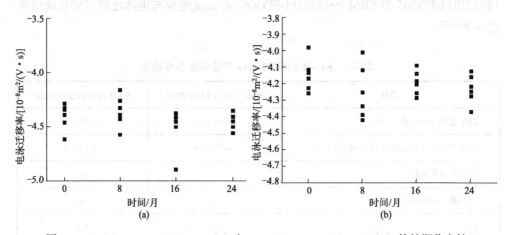

图 5-16　SRM 1992/ERM-FD305（a）与 SRM 1993/ERM-FD306（b）的长期稳定性

在研制过程中，SRM 1993/ERM-FD306 也在 5 个实验室进行了电声学的测量；SRM 1992/ERM-FD305 也在 2 个实验室通过颗粒追踪法测量 zeta 电位，在 1 个实验室通过电不对称流场流分离法（electrical asymmetrical-flow field-flow fractionation）测量 zeta 电位与电泳迁移率。从表 5-2 可以看出这些数值与用电泳光散射测出的不同。由于这些测量值的不确定性与实验室间偏差大于计量学可接受的范围，这些值没有被用作此标准物质的认证值。

傅鹰（1902—1979），物理化学家与化学教育家，中国胶体科学的主要奠基人。

埃贡·马蒂耶维奇（Egon Matijevic，1922—2016），美籍克罗地亚裔化学家，以制备各类单分散的规则形状胶体颗粒而著名。

参考文献

[1] O'Brien, R. W.; White, L. R. Electrophoretic Mobility of a Spherical Colloidal Particle. *J Chem Soc Faraday Trans 2*, 1978, 74: 1607-1626.

[2] O'Brien, R. W.; Hunter, R. J. The Electrophoretic Mobility of Large Colloidal Particles. *Can J Chem*, 1981, 59(13): 1878-1887.

[3] Mangelsdorf, C. S.; White, L. R. The Dynamic Double Layer Part 1: Theory of a Mobile Stern Layer. *J Chem Soc Faraday Trans*, 1998, 94(16): 2441-2452.

[4] Delgado, Á. V.; González-Caballero, F.; Hunter, R. J.; Koopal, L. K.; Lyklema, J. Measurement and Interpretation of Electrokinetic Phenomena (IUPAC Technical Report). *Pure Appl Chem*, 2005, 77(10): 1753-1805.

[5] Anderson, J. L. Effect of Nonuniform Zeta Potential on Particle Movement in Electric Fields. *J Colloid Interf Sci*, 1985, 105(1): 45-54.

[6] Yoon, B. J. Electrophoretic Motion of Spherical Particles with a Nonuniform Charge Distribution. *J Colloid Interf Sci*, 1991, 142(2): 575-581.

[7] Sherwood, J. D. Electrophoresis of Rods. *J Chem Soc Faraday Trans 2*, 1982, 78(7): 1091-1100.

[8] Sherwood, J. D.; Stone, H. A. Electrophoresis of a Thin Charged Disk. *Phys Fluids*, 1995, 7(4): 697-705.

[9] Keh, H. J.; Huang, T. Y. Diffusiophoresis and Electrophoresis of Colloidal Spheroids. *J Colloid Interf Sci*, 1993, 160(2): 354-371.

[10] Fair, M. C.; Anderson, J. L. Electrophoresis of Dumbbell-like Colloidal Particles. *Int J Multiphas Flow*, 1990, 16(4): 663-679.

[11] Solomentsev, Y.; Anderson, J. L. Electrophoretic Transport of Spheroidal Colloids in Nonhomogeneous Electric Fields. *Ind Eng Chem Res*, 1995, 34(10): 3231-3238.

[12] Levine, S.; Marriott, J. R.; Neale, G.; Epstein, N. Theory of Electrokinetic Flow in Fine Cylindrical Capillaries at High Zeta-Potentials. *J Colloid Interf Sci*, 1975, 52(1): 136-149.

[13] Booth, F. Sedimentation Potential and Velocity of Solid Spherical Particles. *J Chem Phys*, 1954, 22(12): 1956-1968.

[14] Stigter, D. Sedimentation of Highly Charged Colloidal Spheres. *J Phys Chem*, 1980, 84(21): 2758-2762.

[15] Ohshima, H.; Healy, T. W.; White, L. R.; O'Brien, R. W. Sedimentation Velocity and Potential in A Dilute Suspension of Charged Spherical Colloidal Particles. *J Chem Soc Faraday Trans 2*, 1984, 80(10): 1299-1317.

[16] Chen, S. B.; Koch, D. L. Electrophoresis and Sedimentation of Charged Fibers. *J Colloid Interf Sci*, 1996, 180(2): 466-477.

[17] Dukhin, S. S.; Derjaguin, B. V. In *Surface and Colloid Science*. ed. Matijevic, E. Vol 7, Chpt 2, Wiley, 1974.

[18] Delgado, Á. V.; Arroyo, F. J. Electrokinetic Phenomena and Their Experimental Determination: an Overview, in *Interfacial Electrokinetics and Electrophoresis*. ed. Delgado, Á. V. Chpt 1, pp1-54, Marcel Dekker, 2001.

[19] Booth, F. The Electroviscous Effect for Suspensions of Solid Spherical Particles. *Proc Roy Soc Lon, Series A*, 1950, 203(1075): 533-551.

[20] Stigter, D. Sedimentation of Highly Charged Colloidal Spheres. *J Phys Chem*, 1980, 84(21): 2758-2762.

[21] Ohshima, H.; Healy, T. W.; White, L. R. Accurate Analytic Expressions for the Surface Charge Density/Surface Potential Relationship and Double-Layer Potential Distribution for a Spherical Colloidal Particle. *J Colloid Interf Sci*, 1982, 90(1): 17-26.

[22] Liu, Y. C.; Keh, H. J. Sedimentation Velocity and Potential in a Dilute Suspension of Charged Porous Spheres. *Colloid Surface A*, 1998, 140: 245-259.

[23] Keh, H. J.; Liu, Y. C. Sedimentation Velocity and Potential in a Dilute Suspension of Charged Composite Spheres. *J Colloid Interf Sci*, 1997, 195(1): 169-191.

[24] Ohshima, H. Sedimentation Potential in a Concentrated Suspension of Spherical Colloidal Particles. *J Colloid Interf Sci*, 1998, 208(1): 295-301.

[25] Keh, H. J.; Ding, J. M. Sedimentation Velocity and Potential in Concentrated Suspensions of Charged Spheres with Arbitrary Double-Layer Thickness. *J Colloid Interf Sci*, 2000, 227(2): 540-552.

[26] Carrique, F.; Arroyo, F. J.; Delgado, Á. V. Effect of a Dynamic Stern Layer on the Sedimentation Velocity And Potential in a Dilute Suspension of Colloidal Particles. *J Colloid Interf Sci*, 2000, 227(1): 212-222.

[27] Li, D. Electrokinetic Effects on Pressure-driven Liquid Flow in Microchannels. *Surfactant Science*

Series, 2002, 106: 555-82.

[28]　Ricq, L.; Pierre, A.; Reggiani, J. C.; Pagetti, J.; Foissy, A. Use of Electrophoretic Mobility and Streaming Potential Measurements to Characterize Electrokinetic Properties of Ultrafiltration and Microfiltration Membranes. *Colloid Surface A*, 1998, 138(2-3): 301-308.

[29]　Rice, C. L.; Whitehead, R. Electrokinetic Flow in a Narrow Cylindrical Capillary. *J Phys Chem*, 1965, 69(11): 4017-4024.

[30]　Fievet, P.; Szymczyk, A.; Labbez, C.; Aoubiza, B.; Simon, C.; Foissy, A.; Pagetti, J. Determining the Zeta Potential of Porous Membranes Using Electrolyte Conductivity Inside Pores. *J Colloid Interf Sci*, 2001, 235(2): 383-390.

[31]　Briggs, D. R. The Measurement of the Electrokinetic Potential on Proteins by the Streaming Potential Method. *J Am Chem Soc*, 1928, 50(9): 2358-2363.

[32]　Chang, M. Y.; Robertson, A. A. Zeta Potential Measurements of Fibres. DC Streaming Current Method. *Can J Chem Eng*, 1967, 45(2): 66-71.

[33]　Biefer, G. J.; Mason, S. G. Electrokinetic Streaming, Viscous Flow and Electrical Conduction in Inter-Fibre Networks. The Pore Orientation Factor. *Trans Faraday Soc*, 1959, 55, 1239-1245.

[34]　Schurz, J.; Erk, G. Influence of Plug Porosity on Streaming Potential Measurements, In *Frontiers in Polymer Science*. ed. Wilke, W. Steinkopff, 1985:44-48.

[35]　Levine, S.; Neale, G.; Epstein, N. The Prediction of Electrokinetic Phenomena within Multiparticle Systems: II. Sedimentation Potential. *J Colloid Interf Sci*, 1976, 57(3): 424-437.

[36]　O'Brien, R. W.; Perrins, W. T. The Electrical Conductivity of a Porous Plug. *J Colloid Interf Sci*, 1984, 99(1): 20-31.

[37]　Erickson, D.; Li, D. Streaming Potential and Streaming Current Methods for Characterizing Heterogeneous Solid Surfaces. *J Colloid Interf Sci*, 2001, 237(2): 283-289.

[38]　Morrison Jr, F. A.; Osterle, J. F. Electrokinetic Energy Conversion in Ultrafine Capillaries. *J Chem Phys*, 1965, 43(6): 2111-2115.

[39]　Hijnen, H. J. M.; Van Daalen, J.; Smit, J. A. M. The Application of the Space-charge Model to the Permeability Properties of Charged Microporous Membranes. *J Colloid Interf Sci*, 1985, 107(2): 525-539.

[40]　Apel, P.; Koter, S.; Yaroshchuk, A. Time-Resolved Pressure-Induced Electric Potential in Nanoporous Membranes: Measurement and Mechanistic Interpretation. *J Membrane Sci*, 2022, 653: 120556.

[41]　Datta, S.; Conlisk, A. T.; Kanani, D. M.; Zydney, A. L.; Fissell, W. H.; Roy, S. Characterizing the Surface Charge of Synthetic Nanomembranes by the Streaming Potential Method. *J Colloid Interf Sci*, 2010, 348(1): 85-95.

[42]　Szymczyk, A.; Fievet, P.; Aoubiza, B.; Simon, C.; Pagetti, J. An Application of the Space Charge Model to the Electrolyte Conductivity Inside a Charged Microporous Membrane. *J Membrane Sci*, 1999, 161(1-2): 275-285.

[43]　Dukhin, A. S.; Parlia, S. Measuring Zeta Potential of Protein Nano-particles Using Electroacoustics. *Colloid Surface B*, 2014, 121: 257-263.

[44]　O'Brien, R. W. Electro-acoustic Effects in a Dilute Suspension of Spherical Particles. *J Fluid Mech*,

1988, 190: 71-86.

[45] O'Brien, R. W.; Jones, A.; Rowlands, W. N. A New Formula for the Dynamic Mobility in a Concentrated Colloid. *Colloid Surface A*, 2003, 218(1-3): 89-101.

[46] Wertheim, M. S. Exact Solution of the Percus-Yevick Integral Equation for Hard Spheres. *Phys Rev Lett*, 1963, 10(8): 321-323.

[47] Wertheim, M. S. Analytic Solution of the Percus-Yevick Equation. *J Math Phys*, 1964, 5(5): 643-651.

[48] Johnson, S. B.; Russell, A. S.; Scales, P. J. Volume Fraction Effects in Shear Rheology and Electroacoustic Studies of Concentrated Alumina and Kaolin Suspensions. *Colloid Surface A*, 1998, 141(1): 119-130.

[49] Dukhin, A. S.; Shilov, V. N.; Ohshima, H.; Goetz, P. J. Electroacoustic Phenomena in Concentrated Dispersions: New Theory and CVI Experiment. *Langmuir,* 1999, 15(20): 6692-6706.

[50] Dukhin, S. S.; Shilov, V. N. Dielectric Phenomena and the Double Layer in Disperse Systems and Polyelectrolytes. *John Wiley & Sons*, 1974.

[51] Dukhin, A. S.; Shilov, V. N.; Ohshima, H.; Goetz, P. J. Electroacoustic Phenomena in Concentrated Dispersions: Theory, Experiment, Applications. *Surfactant Science Series*, 2002, 106: 493-519.

[52] O'Brien, R. W. Determination of Particle Size and Electrical Charge. *US Patent 5,059,909*, 1991.

[53] Ohshima, H.; Dukhin, A. S. Colloid Vibration Potential in a Concentrated Suspension of Spherical Colloidal Particles. *J Colloid Interf Sci*, 1999, 212(2): 449-452.

[54] Kosmulski, M. Background-Subtraction in Electroacoustic Studies. *Colloid Surface A*, 2014, 460, 104-107.

[55] Sprycha, R.; Matijević, E. Monodispersed Colloidal Chromium Hydroxide—Sulfate Ion System as a Calibration Standard for Microelectrophoresis. *Colloid Surface*, 1990, 47: 195-210.

[56] Sprycha, R.; Matijevic, E. Electrokinetics of Uniform Colloidal Dispersions of Chromium Hydroxide. *Langmuir*, 1989, 5(2): 479-485.

[57] Hesleitner, P.; Babic, D.; Kallay, N.; Matijevic, E. Adsorption at Solid/solution Interfaces. 3. Surface Charge and Potential of Colloidal Hematite. *Langmuir*, 1987, 3(5): 815-820.

[58] Furlong, D. N.; Parfitt, G. D. Electrokinetics of Titanium Dioxide. *J Colloid Interf Sci*, 1978, 65(3): 548-554.

[59] Regazzoni, A. E.; Blesa, M. A.; Maroto, A. J. Electrophoretic Behavior of the Hematite/complexing Monovalent Anion Solution Interface. *J Colloid Interf Sci*, 1988, 122(2): 315-325.

[60] Schudel, M.; Behrens, S. H.; Holthoff, H.; Kretzschmar, R.; Borkovec, M. Absolute Aggregation Rate Constants of Hematite Particles in Aqueous Suspensions: a Comparison of Two Different Surface Morphologies. *J Colloid Interf Sci*, 1997, 196(2): 241-253.

[61] Penners, N. H. G.; Koopal, L. K.; Lyklema, J. Interfacial Electrochemistry of Haematite (α-Fe$_2$O$_3$): Homodisperse and Heterodisperse Sols. *Colloid Surface*, 1986, 21: 457-468.

[62] Hesleitner, P.; Kallay, N.; Matijevic, E. Adsorption at Solid/liquid Interfaces. 6. The Effect of Methanol and Ethanol on the Ionic Equilibria at the Hematite/water Interface. *Langmuir*, 1991, 7(1): 178-184.

[63] Kandori, K.; Yasukawa, A.; Ishikawa, T. Influence of Amines on Formation and Texture of

Uniform Hematite Particles. *J Colloid Interf Sci*, 1996, 180(2): 446-452.

[64]　Ozaki, M.; Sasaki, H. Sedimentation and Flotation Potential: Theory and Measurements. *Surfactant Science Series*. 2002, 106: 481-492.

[65]　Matijevic, E. A Critical Review of Electrokinetics of Monodispersed Colloids. In *Interfacial Electrokinetics and Electrophoresis*. ed. Delgado, Á. V.; Chpt 8, Marcel Dekker, 2001:219-238.

[66]　Dukhin, A. S.; Goetz, J. P. *Characterization of Liquids, Nano and Microparticulates, and Porous Bodies Using Ultrasound*. 3rd ed, Elsevier, 2017.

[67]　陈鹰, 周莹, 厉艳君, 郝玉红, 郝萍, 吴立敏. 高浓度纳米二氧化硅浆料 zeta 电位的测量. 理化检验(物理分册). 2020, 56(11): 19-24+30.

[68]　Varenne, F.; Botton, J.; Merlet, C.; Vachon, J.; Geiger, S.; Infante, I. C.; Chehimi, M. M.; Vauthier, C. Standardization and Validation of a Protocol of Zeta Potential Measurements by Electrophoretic Light Scattering for Nanomaterial Characterization. *Colloid Surfaces A*, 2015, 486: 218-231. (Erratum: 2016, 498: 283-284,.)

[69]　Wu, Y. C.; Berezansky, P. A. Low Electrolytic Conductivity Standards. *J Res Natl Inst Stan*, 100(5): 521, 1995.

[70]　Oka, K.; Furusawa, K. Electrophoresis. in *Surfactant Science Series 76: Electrical Phenomena at Interfaces*. ed. Ohshima, H.; Furusawa, K.; Chpt 8, pp151-224,. Marcel Dekker, 1998.

[71]　Seaman, G. V. F.; Knox, R. J. Microparticles for Standardization of Electrophoretic Devices and Process Control. *J Dispersion Sci Tech*, 1998, 19: 915-936.

[72]　*ISO Guide 35:2017 Reference Materials-Guidance for Characterization and Assessment of Homogeneity and Stability*. International Organization for Standardization, 2017.

[73]　*ISO Guide 31:2015 Reference Materials-Contents of Certificates, Labels and Accompanying Documents*. International Organization for Standardization, 2015.

[74]　Hackley, V. A.; Premachandran, R. S.; Malghan, S. G.; Schiller, S. B. A Standard Reference Material for the Measurement of Particle Mobility by Electrophoretic Light Scattering. *Colloid Surface A*, 1995, 98(3): 209-224.

[75]　Atkinson, R. J.; Posner, A. M.; Quirk, J. P. Crystal Nucleation in Fe (Ⅲ) Solutions and Hydroxide Gels. *J Inorg Nucl Chem*, 1968, 30(9): 2371-2381.

[76]　Ramaye, Y.; Kestens, V.; Charoud-Got, J.; Mazoua, S.; Auclair, G.; Cho, T.; Toman, B.; Hackley, V.; Linsinger, T. Certification of Standard Reference Material 1992/ERM-FD305 Zeta Potential & Colloidal Silica (Nominal Mass Fraction 0. 15%): *Special Publication (NIST SP):* National Institute of Standards and Technology, 2020.

[77]　Ramaye, Y.; Kestens, V.; Charoud-Got, J.; Mazoua, S.; Auclair, G.; Cho, T.; Toman, B.; Hackley, V.; Linsinger, T. Certification of Standard Reference Material 1993/ERM-FD306 Zeta Potential & Colloidal Silica (Nominal Mass Fraction 2.2%): *Special Publication (NIST SP)*: National Institute of Standards and Technology, 2020.

第6章

气泡与液滴的表面电动现象与 zeta 电位

6.1 概论

本书前几章的大部分论述是有关液相中的固体颗粒。对液相中的气体颗粒，即（含）泡液中的气泡，情况有所不同。在颗粒（气泡）这一边，组成气泡的物质，通常为 N_2、O_2、CO_2 或 H_2，在稳定状态下，不会离解出离子，但具有很大的表面压力，特别是对于微纳气泡。热力学不稳定的气泡中的气体分子有溶解到液相中去的趋势，直到在气泡周围的液相内达到饱和溶解。而如果液相是水，则水分子在气液表面更是有复杂的离解、构型变化等活动[1]。这样在气泡周围也会形成一层不同于体液相组成的液相层。这一边界层可能比固液表面更为复杂，因为除了电荷或离子的分布，液体的成分都会由于气体的溶解而不同，从而导致气泡周围液体的黏度与介电常数的变化。有数种不同的技术可以通过测量不同参数而推测或估算出此边界层的厚度，例如使用小角与广角 X 射线散射[2]、低能量核磁共振弛豫时间测量[3]等。对液相中互不相溶的液滴，界面的两边都存在各自液体分子的布朗运动，尽管不相溶，但是液滴形态的瞬间可变性，两种液体分子由于布朗运动在界面的动态相互渗透，都会与固液界面的物理与电动状况有很大的不同。这方面的严格理论处理与试验数据的验证尚在发展之中，文献中往往还是借用固液界面的理论处理方式。在应用中，zeta 电位的测量多用于比较其在不同环境或随时间的变化，以及不同样品之间的比较，绝对值的准确度往往不是首要考虑的，所以理论模型的缺乏或不足并没有对 zeta 电位在气液与液液分散体系中的应用造成太多的阻碍，这两类体系的 zeta 电位测量与应用的论文不断增多，仅气液分散体系的 zeta 电位论文数就以每四年翻三番的速度在增加。

　　液体中未受污染的液滴和气泡的电动行为与固体颗粒的截然不同。如果没有表面活性成分（表面活性剂、高分子、聚电解质、蛋白质等）的吸附层，液滴或气泡就不稳定，主要原因是界面上存在动量传递，液滴或气泡内部也可能发生流动。滑移面的经典概念失去了意义。由于液滴或气泡内部的流动，它们周围液体的切向速度在颗粒表面不必变为零，导致电泳迁移率高于对应固体颗粒的电泳迁移率。对这类情况建立模型并得出迁移率到 zeta 电位的转换并不容易。由于界面滑移面与固液体系有异，界面的两边都可能存在双电层，应用固液体系的经典双电层模型会有很大的偏差。然而对于表面完全覆盖的液滴与气泡，表面可视为不可拉伸或变形，可按刚性颗粒进行处理。对于部分覆盖的气泡（如浮选），情况比较复杂，在剪切力的影响下，滑移面的定义、位置和表面电荷不均匀性都与经典的固体表面不一样[4]，由于表面张力梯度而沿着两相界面的质量传递的 Marangoni 效应❶变得很重要[5]。

　　表面活性剂被广泛地用于各类分散体系。它们的影响在气液或液液的分散体系中也十分重要，往往会改变这些分散体系的热力学与动力学过程。表面活性剂科学是胶体与界面化学中最重要的研究内容之一[6]。

　　表面活性剂有亲水和亲脂两部分，很容易在表面或界面上吸附，也会在临界浓度以上形成胶束。表面活性剂的经典分类为：

　　① 阴离子型，包括羧酸盐、硫酸盐、磺酸盐和磷酸盐；

　　② 阳离子型，包括季铵盐；

　　③ 非离子型，包括聚氧乙烯醚和甘油酯；

　　④ 两性型，同一分子含有阴离子和阳离子。

　　对于非离子型表面活性剂，还可以用亲水亲油平衡（hydrophile lipophile balance，HLB）值来区分它们：

$$\text{HLB} = 20M_\text{H}/M_\text{T} \tag{6-1}$$

　　式中，M_H 和 M_T 分别是表面活性剂的亲水部分和整个表面活性剂的分子量[7]。

6.2　气泡

　　对亚微米及更大的气泡，由于在普通黏度的液相内，会很快上升与爆裂，所以

---

　　❶ 英国物理学家 Thomson 在 1855 年首次发现了这种现象，即当摇晃酒杯中的酒时，酒会沿着杯壁向上行走，称为"酒泪"。意大利物理学家 Marangoni 在他 1865 年的博士论文中详细研究了这一现象，故而以其名字命名为 Marangoni 效应。

对其界面的研究较少。而近几十年来急剧增长的微纳气泡的研究与应用，已成为气液体系界面研究的主体，有关"nanobubbles"的论文数近五年来每年递增约 20%。

根据经典理论，微纳气泡在液相中不可能长时间稳定存在。可是 40 多年来，从最早发现稳定微气泡存在[8]到迄今大量的微纳气泡水相体系，已证实气泡可以在液相（主要为水相）内在天直至月的时间尺度内长期稳定存在[1,9]。可是对于这些微纳气泡长期稳定存在的现象，尽管有各类探讨，并有大量的实验观察，也提出了不少可能的机理，如气体在液相中的溶解，液体分子的布朗运动，气泡靠近或聚集成微米大小的簇时对气体扩散流出的相互屏蔽[10]，等等，但至今尚没有普适的解释与机理。

微纳气泡已被应用在很多行业内，国际标准化组织也专门成立了专业委员会（ISO TC 281），已制定了多项有关国际标准。对于在微米及以下尺寸的气泡，传统称为微米气泡（microbubble）或纳米气泡（nanobubble），在 ISO TC 281 发布的国际标准中称为微细气泡（fine bubble，体积等效直径小于 100μm 的气泡）、微气泡（microbubble，体积等效直径大于等于 1μm 且小于 100μm 的气泡）、超细气泡（ultrafine bubble，体积等效直径小于 1μm 的气泡）。图 6-1 是不同大小气泡的生存期。

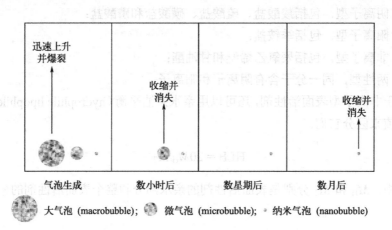

图 6-1　不同大小气泡的生存期

6.2.1　气泡的生成

气泡可以单独或群体产生，除了传统的气泡产生方法，近十几年来，随着微纳气泡行业的起步与发展，已经有很多种不同的气泡产生方法与设备，特别是粒径在亚毫米以下直至纳米大小的气泡。根据 ISO 的概括，共有 15 种微细气泡的产生方法[11]：

① 旋流系统 液体在气缸内部高速旋转，降低气缸中心轴附近的压力，从而使气体从外部吸入。在气缸内，发生离心分离，其中低密度气体位于中心，高密度液体位于气缸壁。气柱被猛烈的剪切流粉碎，产生细小的气泡。

② 静态混合器系统 该系统的流动路径具有复杂的结构，容器圆筒内壁上的突起在循环驱动下的液体流中产生涡流，而与液体一起携带的大气泡被剪切力粉碎，产生细小气泡。

③ 喷射器系统 该系统利用流道的突然变窄和加宽，产生负压并被动吸入空气。当流体以高速通过狭窄的流动路径时产生负压而吸入气体。被吸入的气体由于下游路径变宽而产生的气穴而被彻底粉碎，从而形成气泡。

④ 文氏管系统 当含有大气泡的液体通过横截面积变窄的文氏管喉部时，产生的压力突然下降会导致气泡暂时膨胀，随后横截面积变宽引起的压力突然恢复所产生的冲击波导致大气泡的强力破裂。

⑤ 加压溶解系统 容器中的水由加压泵吸入。当水被吸入时，液体流动路径变窄产生负压，该负压使得气体能够从系统外部被吸入管道中，并且被吸入的气体和从水容器供应的液体被强制混合在一起。当水通过喷嘴时，气体过饱和的加压状态的水会恢复到正常压力，从而促进气泡核的生成。当液体从喷嘴流出时排放到液体中的气泡核通过吸收过饱和的溶解气体（作为传质的结果）而成长为许多细小的气泡。

⑥ 机械剪切系统 旋转叶片在吸入液体的同时吸入气体，通过搅拌叶片和搅拌产生的液体湍流涡流，大气泡在气泡发生器的气体和液体排放口处被强力粉碎。含有细小气泡的液体沿离心方向排出。

⑦ 微孔系统 在该系统中，气体被供应到由具有微孔的多孔膜组成的圆柱体中。气体被缓慢地从浸没在液体中的固体表面上形成的极其微小的孔中挤出，产生微小的膨胀气泡。液体在双壁管的圆形路径中流动，双壁管沿垂直于气泡膨胀的方向包围圆柱体，液体产生的剪切力将气泡从孔中切断而排出。

⑧ 添加表面活性剂的微孔系统 使用表面活性剂来降低气液界面张力，即使在以合理方式使用微孔方法促进大气泡分离的外力已达到极限的情况下，也能进一步减小气泡的粒径。

⑨ 微孔剪切系统 加压气体通过轴进入安装在轴上，并与轴一起旋转的微孔陶瓷盘中，轴和盘都浸没在液体中。轴的旋转会在圆盘上产生剪切力，从而破坏圆盘上形成的气泡，产生细小的气泡。

⑩ 热分离系统 与加压溶解细气泡生成方法一样，该方法利用气体在液体中

由温度变化引起的溶解度变化。在室温下空气在液体中达到饱和溶解度，当液体被加热时，气体的溶解度降低，产生气泡核，随后形成气泡。

⑪ 混合蒸汽冷凝系统　含有不凝气体（例如氮气）的加压蒸汽从喷嘴喷入冷却水中。产生的蒸汽气泡在分散后立即冷却，冷凝成液体，而其中不可冷凝的气体变成微细气泡。

⑫ 电解系统　水的电解用于从电极同时产生氢气泡和氧气泡。

⑬ 超声（空化）系统　当超声应用于液体时产生的气穴会生成由蒸汽或溶解气体组成的气泡。

⑭ 纳米孔系统　在该系统中，气体通过某些超细/纳米级孔隙，如碳陶瓷，并在离开时被赋予电荷。当使用超细/纳米孔产生超细气泡时，也可以使用旋转系统：超细/纳米孔介质/材料在液体中旋转，使周围液体产生足够的运动，液体转动时从介质/材料中"拉出"超细气泡。

⑮ 等离子系统　当在水中使用脉冲高压电源产生等离子时，也会产生细小的气泡。

6.2.2　Zeta 电位的测量方法

测量气泡电动行为时的困难主要来自于：

① 气泡的表面很容易吸附液体中的非介质分子。无论是作为体系组成部分的分子、离子，如表面活性剂等，还是液体中存在的各种杂质或颗粒，都会以不同程度吸附在表面，这种吸附可以显著地改变气泡的表面电荷状态。

② 大部分气泡，特别是亚毫米及更大的气泡，会在重力场中高速上升，并在上升的过程中可能发生粒径或体积的变化；

③ 由于气体分子在液体中有溶解度，气泡周围的液体与本体介质不但有电荷分布的不同，而且组成与黏度也会不同。溶解度随温度而变，因此气泡的大小与 zeta 电位也显示出比固体颗粒更敏感的温度依赖性。

所以在引入气泡测量之前必须仔细净化液体，获得关于其固有电性质的有价值的信息。对实验室的研究性测量，如果有其他组成，例如表面活性剂，则需要了解其成分与浓度。作为预防措施，用电解直接在液体中产生大量氧气和氢气微气泡，用其收集液体表面不需要的分子，然后将它们从测量单元中移除[12,13]。当较粗的杂质以例如金属氢氧化物沉淀的形式存在时，也可以通过超速离心去除。对于在水相中的气泡测量，因为水可以溶解大气中的 CO_2（在饱和时，pH 可以达到 5.6），由其产生的碳酸盐和碳酸氢盐会影响气泡的表面电位。

（1）大气泡（直径大于数百微米）的 zeta 电位测量

① 气泡旋转法　这是最古老的方法：将含气泡的水放在水平圆柱形管中心，管的两端用金属盘作为电极封闭；通过旋转管，气泡可以保持在轴上，并且可以在施加的电位下测量气泡水平方向的电泳速度[14]。这种方法的缺陷是封闭管中水的电渗流动会干扰电泳运动的测量，通过用适当的物质涂覆管内壁，可以消除电渗流而得到正确的电泳迁移率[15]。

② 气泡上升法　上升的气泡在液体中产生流动电流，从而可以获得气浮电位[16]。在这些设备中，高精度可变电阻与两个测量电极串联放置；如果与电极之间的溶液的电阻相比，该电阻的值可以忽略不计，则主要是由气泡置换的所有电荷通过外部电路返回到下部电极。然后可以根据在已知电阻两端产生的电压来计算流动电流。此方法由于没有外加电场，所以没有电渗。此外，由于气泡上升的柱子可以长达 50cm 以上，气泡上升的持续时间足够长，可以提供表面活性剂吸附的一些动态信息。

将气泡从测量柱的底部通入。由于气泡的加入，测量柱的体积 V 会增加，液面会有所升高。可将测量液面高度作为时间的函数。当气泡通过水溶液上升时，电极之间产生的气浮电位 U_{flot} 可通过静电计接通相距为 l 的两个电极来测量，并记录为时间的函数。根据 Smoluchowski 方程，zeta 电位和气浮电位之间的关系由下式给出：

$$\zeta = \frac{(V+\Delta V)\eta K_m U_{flot}}{\Delta V(\rho_m - \rho_o)\varepsilon_r \varepsilon_o gl} \tag{6-2}$$

式中，V 为介质的体积；ΔV 为介质中气泡的总体积。如果柱子很长，由气泡加入导致的液面增高远小于液面高度，即液柱的体积增量远小于液柱的体积，可以用柱面的增高 ΔH 作为变量。将在温度为 20℃时的有关参数填入，上述公式可近似为：

$$\zeta = 1.98 \times 10^6 K_m \frac{U_{flot}}{\Delta H} \tag{6-3}$$

因此，通过测量两电极之间的电位、悬浮液电导率 K_m 和液柱高度的变化 ΔH 就能得到 zeta 电位。

③ 水平电泳法　这是最常用的方法，在第 3 章中有详细的描述。测量通常在平行六面体或圆形毛细管、两端有电极的微电泳池内进行。可以采用第 3 章中描述的方法避免或消除电渗在最后结果中的影响。此方法测量气泡的主要挑战在于：由

于气泡在样品池中的垂直上升速度取决于气泡的粒径，上升速度有可能远超过其水平的电泳速度。尽管垂直运动并不影响水平运动速度的测量，但是必须保证气泡仍在视野中，从而产生能测量的信号。

④ 垂直电泳法　这种方法使用双激光多普勒电泳设备，通过测量气泡上升率的差异，在有电场和无电场的情况下，确定气泡电泳迁移率。垂直的外加电场平行于气泡上升矢量，导致气泡的自然上升速度降低或增加。装有显微镜镜头的微型照相机用于测量气泡直径。圆柱形管的直径约为气泡直径的 100 倍，因此可以忽略管壁处的电渗对管轴处气泡速度的影响。该装置能够高精度地测量电泳迁移率。然而由于测量时间极短，不适合于研究气泡表面的吸附动力学[12,13]。

（2）微细气泡的 zeta 电位测量

对于微细气泡，由于布朗运动与较小的浮力，它们可以在液相中停留较长时间，本书第 3 章所列的一些测量技术可以用来测量其表面的电动现象，其中用得最多是电泳光散射。

6.2.3　气泡在水中的表面电动现象

由于对气液的界面电动现象尚无普适的理论模型与公式，现在有关论文中的 zeta 电位数据都来自于从某一测量技术（大部分为电泳测量）中获得的迁移率应用 Hückel-Onsager 公式甚至 Helmholtz-Smoluchowski 公式而得到的。但是必须了解应用这些公式的局限性，例如水溶液中气泡上浮力的 Dorn 效应与固体颗粒的截然不同。这主要是因为该电位受到 Reynolds 数、Péclet 数和吸附在气泡表面的表面活性剂等因素的强烈影响，而很多这些因素在固液交界处都不存在。因此上述 Smoluchowski 公式仅在有限条件下成立。按照经典理论，固体颗粒的 zeta 电位不随颗粒的粒径而变，可是移动气泡的 zeta 电位随气泡的粒径有较明显的变化。可能是由于流动，表面电荷向后移动，导致电偶极子变弱，因此粒径越大，气浮电位越低。如图 6-2 显示了在含不同电解质的悬浮液中［不同浓度的十六烷基硫酸钠（SHS）、丁醇（BuOH）、纯水］不同粒径气泡的 zeta 电位，其中不同的符号表示在不同气体流速中测得的气泡粒径，实心符号表示按照气泡的平均直径计算的 zeta 电位[17]。

这些 zeta 电位数据尽管其绝对值可能与真实的 zeta 电位有偏差，但是其在不同环境下（pH、其他离子种类与浓度、温度、黏度等）或随时间的变化仍有很大的实际意义。

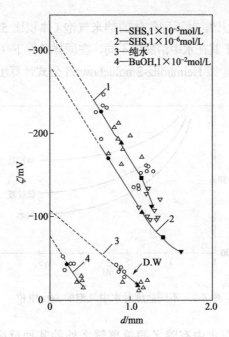

图 6-2　不同大小气泡的 zeta 电位

（1）在不含表面活性剂的水中

很多研究测量表明：在不含电解质或表面活性剂的"纯水"中的气泡呈现出负电泳迁移率，其 zeta 电位在不同实验中得到的值从负毫伏直到–100mV。这种电负性的起源可能归因于在界面附近的水偶极子取向的影响下，OH^- 的优先吸附。对于多种气体的纳米气泡的粒径与 zeta 电位的测试表明，气体溶解度是决定气泡特征的重要因素。溶解度最小的气体有最小的气泡直径，而溶解度最高的气体其气泡的直径最大。纳米气泡的负 zeta 电位源自气泡表面上的 OH^- 的数量，而这又是气体扩散速率和气体溶解度的函数[18]。

在文献资料中，有很多在加了电解质的水中测量不同气泡的 zeta 电位，如添加了下列一种电解质（Na_2SO_4、$NaClO_4$、KCl 或 $NaNO_3$）水中的氢气泡、氧气泡与氯气泡[19]，添加了 $NaCl$ 或 $MgSO_4$ 水中的氮气泡[20]，以及 $NaClO_4$ 水中的氧气泡[12]。当加入电解质后，所加低价离子能屏蔽外加电场和带电气泡之间的相互作用，降低 zeta 电位。例如体积比 5：95 混合的臭氧与氧气生成的纳米气泡在加入 $NaCl$ 后，其 zeta 电位随 $NaCl$ 浓度的对数增加而呈直线下降，从去离子水中的–39.5mV 降到 $c_{NaCl}=1mol/L$ 的–11.6mV[18]。在不同的 pH 下，可以观察到 zeta 电位（或电泳迁移率）随着浸入溶液的酸度增加而降低，并趋近于零，盐度越低，这种下降越明显（图 6-3）[20,21]。很多气泡的等电点在 pH 1.5~3 之间。当 pH 低于等电点时，气泡 zeta

电位的符号将发生变化[19]。对不同气体的纳米气泡（体积比 5：95 混合的臭氧与氧气、空气、氮气），由于其在水中溶解度不同，在同样条件下（20℃,pH 7,0.002mol/L 的 NaCl），溶解度越高，按 Helmholtz-Smoluchowski 公式计算出的 zeta 电位越高[18]。

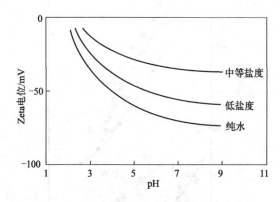

图 6-3　不同盐度时水中气泡的 zeta 电位

如果所加电解质在水中有除了简单离解之外的其他反应，则 zeta 电位的变化则较复杂。例如在 10^{-2}mol/L 的 NaCl 溶液中气泡在酸性范围内带负电，当加了浓度为 10^{-3}mol/L 或 10^{-2}mol/L 的 $MgCl_2$ 水溶液后，由于 Mg^{2+} 的特定吸附而导致 zeta 电位降低；而在 pH 9～11 范围，由于 $Mg(OH)_2$ 在气液界面的沉淀，气泡所带电荷反转，zeta 电位成为正值[22]。在 10^{-2}mol/L 的 NaCl 溶液中加入 $5×10^{-6}$mol/L、10^{-4}mol/L 或 10^{-3}mol/L 的 $AlCl_3$ 水溶液后，由于 Al^{3+} 及其氢氧化物在低 pH 范围内的特定吸附，以及氢氧化铝在中等 pH 范围内沉淀，也观察到电荷符号反转的现象[23]。

在给定条件下，气泡的电泳迁移率或 zeta 电位与电解质离子的大小有关。对于一价或二价盐，随着水合阴离子半径的增加，氮气泡的电泳迁移率在阳离子为 Mg^{2+}（3.74Å）的 MgX（浓度为 4.92mmol/L）溶液中按以下顺序降低：

Br^- (3.30Å) > NO_3^- (3.35Å) > Cl^- (3.32Å) > ClO_4^- (3.38Å) > SO_4^{2-} (3.7Å)

氮气泡的电泳迁移率在阴离子为 Cl^- (3.32Å) 的 XCl（浓度为 4.92mmol/L）溶液中随水合阳离子半径的减小而降低：

Li^+ (3.82Å) > Na^+ (3.58Å) > K^+ (3.31Å) > Rb^+ (3.29Å) > Cs^+ (3.29Å)

这些电动现象表明，在气泡/水界面离子的吸附取决于离子的大小[24]。

（2）在含表面活性剂的水中

在气泡/液体界面，表面活性剂分子的亲水基团指向液体，而亲脂性基团指向气体。表面活性剂的表面活性导致气液表面张力降低，直到达到临界胶束浓度（cmc）。

高于该浓度,表面张力保持恒定,表面活性剂分子形成胶束,胶束是与单体分子处于动力学平衡的多分子聚集体。表面活性剂在气泡/液体表面的吸附会改变其电荷,特别是离子型表面活性剂。研究表面活性剂对气泡电动行为的影响至关重要。文献中所报道的大多数情况是,表面活性剂浓度范围从非常低的值到接近 cmc 值,以避免胶束的存在干扰电动现象的测量。

在非离子型表面活性剂水溶液中的气泡的 zeta 电位根据表面活性剂浓度的变化主要取决于 pH 值,也受表面活性剂的影响,但要小得多。例如很多研究表明,在中性或酸性 pH 值下,在聚氧乙烯十二烷基醚或聚氧乙烯甲醚很宽的浓度范围内直至接近 cmc,氩气气泡的 zeta 电位几乎不随表面活性剂浓度而变[25-27]。Zeta 电位的强烈 pH 依赖性表现在当溶液变为碱性时,负电位值随着表面活性剂浓度的增加而增加。气泡电负性随表面活性剂浓度的增加可能归因于所用表面活性剂的低阳离子特性[28]。

阴离子型表面活性剂对气泡的影响研究得最多的是十二烷基硫酸钠(SDS),十六烷基硫酸钠、十二烷基苯磺酸钠和十六烷基苯磺酸钠也经常被用来研究气泡表面的电动现象。对阴离子型表面活性剂,其浓度的增加会提高气泡的电负性,zeta 电位最高(在 cmc 附近)可达大于 100mV 的负值[29]。这些值的大小受表面活性剂表面吸附率的影响。

研究气泡/液体界面的主要阳离子型表面活性剂是不同烷基长度的烷基三甲基溴化铵,十二烷基三甲基氯化铵、十二胺盐酸盐和十六烷基氯化吡啶也被用来研究气泡表面电动现象。在这些系统中观察到的最重要的趋势是电泳迁移率或 zeta 电位取决于特定表面活性剂的浓度或 pH 值,会由负变正。例如在 pH 5.6 时,在浓度为 10^{-3}mol/L 的癸基三甲基溴化铵水溶液中,或在 10^{-6}mol/L 十六烷基三甲基溴化铵的水溶液中,气泡的电泳迁移率为零[20]。而在十六烷基氯化吡啶的水溶液中,无论 pH 值如何,气泡的 zeta 电位始终为正[27]。

在中性 pH 条件下,纯水中气泡的电位为负。当添加表面活性剂时,根据表面活性剂浓度,观察到两种不同的行为:阴离子型表面活性剂和非离子型表面活性剂增加了气泡负电位的大小(阴离子比非离子有效得多),而阳离子型表面活性剂可以改变气泡电位的符号 [图 6-4(a)];气泡的电位对表面活性剂溶液的 pH 非常敏感。阴离子型表面活性剂或非离子型表面活性剂与阳离子型表面活性剂的行为不同 [图 6-4(b)][30]。在 pH 的高酸性范围内,非离子型表面活性剂或阴离子型表面活性剂溶液中的气泡的 zeta 电位可能为零(阴离子的酸性比非离子的酸性略强);阳离子型表面活性剂溶液中气泡的等电点在相对碱性的范围内。

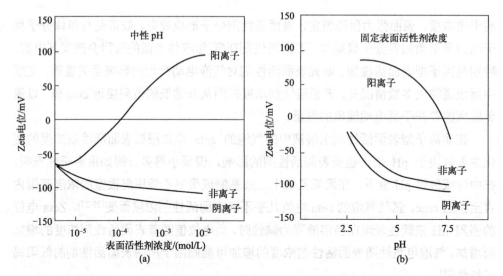

图 6-4　中性 pH 不同表面活性剂浓度（a）与固定表面活性剂
浓度不同 pH（b）中气泡的 zeta 电位

6.3　液滴

乳液体系在人类活动和许多工农业领域有着巨大的实际应用。大多数乳液需要稳定，其稳定性取决于其浓度与液滴的大小，直径越小，乳液越稳定[31]。例如水包油（o/w）型乳液，小油滴（小于 1mm）内的拉普拉斯压力足够高，大多数条件下不会变形，类似刚性球体。然而由于乳液在热力学上是不稳定的，只要没有阻碍液滴总表面积减少的因素，它就会很快地聚结。

6.3.1　液滴的 zeta 电位

（1）在纯水与含醇的水中

分散在另一种液体内的液体可以有很多种类，例如金属类型（汞）、有机液体（碳氢化合物、酯和醚）、极性液体（如甲醇或水）以及一些含硅和氟化有机物质。通常比较关注“油”在水中和水在“油”中，即有机液滴分散在水中（o/w）与水滴分散在有机液体中（w/o）的乳液体系。而在这两种体系内，更多实际应用与需求是在 o/w 中，其中除了水与“油”以外，往往还有第三种组分乳化剂，它们聚集在油/水界面，从而在油滴表面形成吸附膜，导致界面张力降低以及界面电荷的变化。绝大部分乳化剂为各类不同的表面活性剂。

油在水中（o/w）的体系有三类：

① 纯油滴；

② 通过非离子型表面活性剂稳定的油滴；

③ 含有离子型表面活性剂或离子和非离子型表面活性剂的混合物的水包油乳液。

已有很多这类体系 zeta 电位的报道，表 6-1 是一些文献报道的在不含表面活性剂与含非离子型表面活性剂的水溶液中油滴的 zeta 电位[32]。

表 6-1　水溶液中油滴在室温的 zeta 电位

液滴	非离子型表面活性剂	离子强度 /(mol/L)	pH	HLB	Zeta 电位 /mV	参考文献
橄榄油	(乙氧基化)山梨醇酯混合物	10^{-6}	6	9	−37	33
月桂酸乙酯	无	0.01	6		−45	34
液体石蜡	乙氧基化油醇	5×10^{-4}	5.4	8.5	−49	35
矿物油	(乙氧基化)山梨醇酯混合物	10^{-6}	6	9~10	−40~−45	36
十八烷	无	0.01	5.7		−23	34
氯苯	聚氧乙烯(6)十六醇	10^{-6}	6	10.5	−53	37
正辛基溴	无	0.01	6		−10	34
甲苯	山梨醇单月桂酸酯	0.01	6	8.6	−75	38
甲苯	无	10^{-3}	6		−61	39
十氢化萘	无	10^{-6}	6		−71	40

在这些文献中，对于液滴 zeta 电位的起源，提出了不同的解释：

① 在两相之一中存在杂质；

② 两个相位之一的极化；

③ 优先吸附或解吸电解质离子；

④ 羟基离子的吸附或氢离子的解吸。

如果油/水系统达到热力学平衡，那么在浸入两相的两个可逆和相同的电极之间不应该出现电位差；然而如果系统中存在一些离子物质，则会发生相之间的分配。在大多数实际的乳液系统，系统处于非平衡（亚稳态）状态，油滴表面和连续相（水溶液）主体之间有电位差。对于油/水界面处的双电层模型，由于界面两边都是液体，所以扩散分别存在于两相之中。其电位落差分配由两相中的介电常数和离子浓度的乘积之比决定。尽管在油相中离子的数量将小得多，但由于水与油的相对介电常数有几十倍之差，在油相中双电层扩散中电位下降得更大。

对几种极性不同的油滴在水中电泳迁移率的比较发现，油滴的极性与电泳迁移率的相关性不强[34]。由于在纯水系统中也观察到电位的增加,因此也可以排除作为主要电荷源的电解质离子的优先吸附或解吸。

图 6-5 显示了一系列正构烷烃乳液在 10^{-3}mol/L NaCl 溶液中用电泳法测量的 zeta 电位,乳液通过在 15000r/min 的混合器中机械分散油相而获得,不添加任何乳化剂[41]。链中具有 $C_9 \sim C_{16}$ 原子的烷烃的负 zeta 电位具有强烈的 pH 依赖性,外推的等电点应该在 pH=2.8。而对于 $C_6 \sim C_8$ 正构烷烃,zeta 电位变化小得多,直到 pH=3 都相距等电点甚远。根据经典的扩散双电层理论,这些结果表明 OH⁻是决定电位的离子,并且相对于 H⁺,有优先"吸附"。为什么正己烷到正辛烷的行为与链更长的正烷烃不同,以及为什么它们的负 zeta 电位约为 pH 值范围 6~11 内其他正烷烃的一半,这些都尚无合理的解释。此外,在 pH 值低于 6 的情况下,正己烷、正辛烷与正十三烷的 zeta 电位与乳液稳定性之间存在直线关系,即 zeta 电位越低,乳液分解得越快。

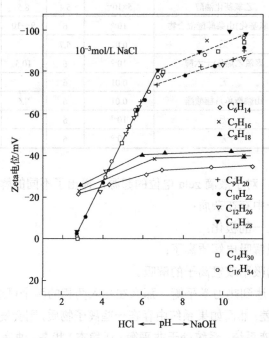

图 6-5　正构烷烃液滴在恒定离子强度下的 zeta 电位作为 pH 值的函数

图 6-6 显示了各类液滴体系的 zeta 电位和电泳迁移率与 pH 值的关系。随着 pH 值的增加,zeta 电位逐渐变负,这一趋势可以用氢离子的解吸与羟基的吸附来解释。

各种污染的影响可以通过检测在排除了各种可能的污染后的 zeta 电位来核实[43]。在研究油滴表面电荷的机理中,在非常仔细纯化的水中分别分散了不同的有机物液滴。除了 OH⁻吸附之外，还研究了液滴可以获得其负电荷的几种可能机制，例如 Cl⁻和/或 HCO₃⁻的吸附、正离子（例如 H_3O^+）的负吸附、界面处水偶极子的取向，以及存在于水相或油相中的微量表面活性污染物的吸附等。在相同的 pH=9.8 条件下，使用不同的电解质（$2.28×10^{-3}$mol/L NaCl 或 10^{-3}mol/L Na_2CO_3），二甲苯液滴的 zeta 电位几乎相同（约为–121mV）。此外，在 10^{-3}mol/L NaCl 中，pH 值为 6 时测量的二甲苯、十二烷、十六烷和全氟甲基十烷的 zeta 电位也大致相同（约为 –55.9mV）。因此液滴的负电荷不能通过这些负离子的特定吸附来解释[43]。结论是油/水界面的负表面电荷是由 OH⁻的特定吸附引起的。形成这种特定吸附的最可能机制就是边界层中 OH⁻和水分子之间形成氢键。但这一油/水界面负电泳迁移率（zeta 电位）仅仅是由于 OH⁻在该界面上吸附的结论，仍是有争议的问题。

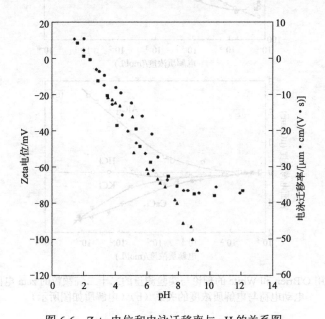

图 6-6　Zeta 电位和电泳迁移率与 pH 的关系图
◆ 液体石蜡/水/乙氧基化（3EO）十二醇[42]；■ 液体石蜡/水/乙氧基化（6EO）十二醇[42]；
▲ 水中的二甲苯液滴[43]；● 正十八烷/水/0.01mol/L NaCl[34]

也有学者假设在疏水表面附近存在离子的重新分布。尽管两种类型的离子（阳离子和阴离子）都被溶液的相邻层排斥，但例如当 KCl 存在时，Cl⁻在该区域优先"可溶"，从而可观察到粒子的负迁移率。这种"溶解度"的差异是由 K⁺和 Cl⁻的增溶熵的不同造成的。与 H⁺相比，HCO₃⁻和 OH⁻也优先溶解。在不同电解质溶液中对 $C_{22}H_{46}$ 正构烷烃液滴（平均半径 0.5μm）进行了测量并与理论进行了比较。图 6-7 显示了理论与实验测量的 zeta 电位结果的比较。在 Al^{3+} 的存在下，在

10^{-5}mol/L 和更高的浓度下，zeta 电位为正；而在 2×10^{-3}mol/L 到 3×10^{-2}mol/L 的 HCl 溶液中，尽管 zeta 电位趋向于零，但无法获得正的 zeta 电位。根据经典的双电层理论，这些行为可被归结为离子的特定（过量）吸附[44,45]，但仍有一些观察到的现象无法解释。

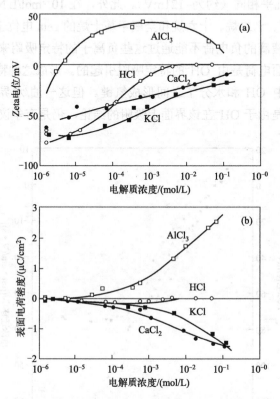

图 6-7　使用 O'Brien 和 White 的理论与实验测量的二十二烷颗粒的 zeta 电位（a）和电动电荷与电解质浓度的关系（b）（电解质如图所示）

电泳迁移率/浓度曲线上观察到的极值可能是由组合效应造成的，即随着电解质浓度的增加而电荷增加，并且这类乳液在长达 6 个月的时间里，都非常稳定。

然而另有报道使用电位滴定技术应用于十八烷的乳液，发现没有 OH$^-$/H$^+$ 的吸附。此乳液通过在 80℃下将烷烃溶解在水中并机械搅拌，然后超声处理 10min 后再冷却至室温。所得乳液（5g/200mL 水）具有平均直径 0.7μm 的颗粒，比表面积为 10.5m^2/g。这些颗粒的负电泳迁移率取决于 pH 和 NaCl 浓度。但是直到 pH=2.8，也没有出现正值，在最高 NaCl 浓度（即 0.1mol/L）下出现作为 pH 函数的负值的最大值。作为 NaCl 浓度函数的电泳迁移率最大值，出现在 10^{-3}mol/L。根据前述结论[44,45]，电泳迁移率与电解质浓度曲线增加的原因是离子在重组区域中的优先溶解度。可是此项研究的结果却发现 H[+]和 OH[-]都没有吸附在十八烷液滴的表面：空白和乳液的滴定曲线完全重叠，并没有过量的滴定消耗。作者由此提出了液滴间接充电机制的假设[46]。

以上讨论的结果是 H[+]/OH[-]不是在液滴表面产生电荷的离子，尽管 OH[-]是决定迁移率（zeta 电位）的离子。经典双电层理论很难解释液滴双电层的结构。此外，滑移面的位置仍然是一个悬而未决的问题。由于电泳和电渗方法都获得了碳氢化合物/水（电解质）溶液的负 zeta 电位，负电荷必须以某种方式相对牢固地固定在液滴表面。

以上结果以及其他的一些测量结果[47,48]对液滴 zeta 电位的起源都有一个共同的推断：双电层结构中的水偶极子对 zeta 电位有贡献。假设水偶极子在油滴表面被固定并有序排列，滑移面可能位于它们旁边。OH[-]和其他离子的作用可能是形成或破坏结构，并且可能会固定在偶极层（水合）上。因为在水溶液中很宽的 pH 范围内，油滴表面的 zeta 电位是负的，所以偶极子应该以其负极朝向水相。

正烷烃乳液在不同正醇溶液（0.1～1.0mol/L）中的 zeta 电位也为负值，OH[-]在 zeta 电位中的作用可能是与固定在烷烃表面的偶极子形成氢键。水形成的氢键可能比丙醇偶极更多，这可以解释在醇存在下负 zeta 电位比在纯水中小。

在 10^{-5}～10^{-2}mol/L 浓度范围内的 NaCl、CaCl$_2$ 或 LaCl$_3$ 盐的存在下，zeta 电位的表现有所不同，特别是在较高浓度和 La[3+]溶液中。在阳离子存在下，新制备乳液的 zeta 电位变化很大。与水溶液相比，在高浓度的含一价和二价阳离子（Na[+], Ca[2+]）的溶液中，zeta 电位保持为负。但在 La[3+]存在下，zeta 电位接近于零，甚至在几天后变为正值。观察到的 zeta 电位波动，特别是在阳离子存在的情况下，意味着由于阳离子的"吸附-脱附"（水合）过程，液滴表面的水和醇偶极子的结构发生了变化。然而，稳定乳液中液滴的有效直径和 zeta 电位之间没有很大的关系，至少在 zeta 电位绝对值高于 20mV 的情况下是如此[49]。

经典的 DLVO 理论（仅含范德华吸引力与静电排斥力）可在有些分散系统中用于计算悬浮在液体介质中的两个颗粒之间的总相互作用。它可以应用于中等疏水/亲水性表面，其特征是水的接触角在 15°～64°范围内。如果接触角大于 64°，则疏水力起显著作用；如果接触角小于 15°，则水化力在界面上起作用[50]。

（2）含表面活性剂的水中

图 6-6 显示了随着 pH 值的增加，zeta 电位逐渐变负。添加与不添加非离子型表面活性剂，油滴的 zeta 电位随 pH 变化的趋势相似。这一趋势可以从氢离子的羟基吸附或解吸方面理解。通过对"纯"油/水系统和非离子型表面活性剂存在下的油/水

系统收集的 zeta 电位数据进行比较，发现这些电位基本相似（见表 6-1）。因此，对于含有非离子型表面活性剂的体系，可以假设其机理与不含有非离子型表面活性剂是一致的。然而在界面处引入非离子型表面活性剂为问题增加了一个新的变量，因为现在表面电位的增加也可以通过与表面活性剂结合而从本体溶液中吸附离子而导致。在界面处引入表面活性剂分子将改变滑移面的位置。假设电荷结构不变，实验已证实这将导致 zeta 电位降低[43]。

很多作者认为油滴/水电位差是以下因素作用的结果：羟基离子与醚基团的结合[36]，或氢离子的解吸，以及通过与表面活性剂结合优先吸附电解质离子。

在离子型表面活性剂存在下，zeta 电位是表面活性物质解离或缔合以及随后吸附的结果。阴离子型表面活性剂导致负的 zeta 电位，而阳离子型表面活性剂产生正的 zeta 电位。对在水中带负电的油滴，随着阳离子型表面活性剂浓度的增加，zeta 电位通过等电点而改变符号。而且离子型表面活性剂存在时，油滴的 zeta 电位高于在非离子型表面活性剂存在的体系，如表 6-2 所示。

表 6-2　离子型表面活性剂存在下油滴在水中的 zeta 电位

乳液体系	表面活性剂常用名	zeta 电位/mV	参考文献
二甲苯/水/癸基三甲基溴化铵	DTAB	98	51
沥青/水/癸基三甲基溴化铵	DTAB	118	52
沥青/水/十六烷基三甲基溴化铵	CTAB	94	52
液体石蜡/水/十六烷基三甲基溴化铵	CTAB	93	53
液体石蜡/水/十二烷基苯磺酸钠	Teepol	-93	53

图 6-8 显示了电解质浓度对乙酰醇（CA）和十二烷基硫酸钠（SLS）稳定的甲苯在水乳液中 zeta 电位的影响。在该系统中，当添加了不同浓度的非离子型表面活性剂后，zeta 电位存在最小值。而如果没有非离子型表面活性剂（图 6-8 中的星号），则不会形成最小值。在单用非离子型表面活性剂稳定的乳液中也发现随浓度变化的 zeta 电位最小值，这是由于与双电层压缩竞争的同离子吸附[54]。

由非离子型或阴离子型表面活性剂与阳离子型表面活性剂的混合物稳定的乳液，其 zeta 电位取决于表面活性剂比率。当阳离子型表面活性剂占主导地位时，zeta 电位是正的，而当阴离子型表面活性剂占主导地位时，zeta 电位是负的。在混合的某些特定成分中将会有等电点。

o/w 体系加了离子型表面活性剂后，在离子型表面活性剂的低浓度区域，因为吸附的表面活性剂决定了液滴的电位，zeta 电位与表面活性剂浓度的对数成比例；

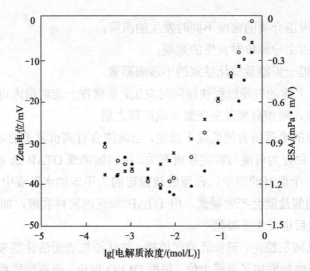

图 6-8　Zeta 电位或 ESA 信号对电解质浓度的对数作图

* 仅加了 SLS；● 加了 SLS 与 CA；○ 加了 SLS、CA 以及 NaOH[54]

而在较高浓度区域，由于表面达到了饱和吸附，zeta 电位对表面活性剂浓度的变化不敏感[55]。

　　总而言之，当加了表面活性剂以后，液滴的 zeta 电位取决于所谓的"电位决定"添加物的浓度和离子强度。最大电位取决于在油水界面吸附这些"电位决定"离子的能力。因此有许多方法可用来估计 zeta 电位绝对值的最大值。对离子型表面活性剂，其中一个简易的方法是假设液滴表面最密堆积的表面活性剂，而表面电位可以下式表述[56]：

$$\psi_{\circ} \approx \left(\frac{i k_B T}{e}\right)\sinh^{-1}\left(\frac{139}{A\sqrt{c}}\right) \tag{6-4}$$

　　式中，A 为每个表面活性剂的面积；c 为溶液中表面活性剂的浓度。对 A-B 型的表面活性剂，根据溶液中电解质的浓度，$i = 1$ 或 $i = 2$。Zeta 电位可据经验公式取表面电位的一半[57]。对于被非离子型表面活性剂覆盖的油滴，类似的论点也是有效的。

6.3.2　Zeta 电位与乳液稳定性

　　乳液的稳定性可由于下列过程而遭到破坏：

　　① 由于不同大小液滴化学势的差异引起的奥氏熟化，使较大的液滴以较小的液滴为代价生长，尺寸差异变得越来越明显；

② 液滴和周围介质的密度不同时发生的沉降；

③ 吸引力占主导地位时发生的絮凝；

④ 絮凝的进一步能量变化导致的小液滴凝聚。

一般来说，上述的失稳过程往往同时发生，尽管在一定时段内可能会发现一个过程占主导地位，例如凝聚发生在絮凝或沉降之后。

添加足够量的电解质会使乳液不稳定，当乳液含有高价离子的电解质时，失稳进行得更快，这种行为可能与特定吸附有关。用胆酸钠或 DTAB 稳定的二甲苯在水中的乳液就是一个很好的例子。在胆酸盐稳定的二甲苯的水乳液中添加了 Pb^{2+} 或 La^{3+} 或 Th^{4+} 的硝酸盐就会产生凝聚。用 DTAB 稳定的同样乳液，加了 $Fe(CN)_6^{3-}$ 和 $Fe(CN)_6^{4-}$ 的钾盐后也发生了凝聚[51]。

为了保持乳液的稳定，延长乳液保质期，往往添加表面活性剂来抑制上述不稳定过程。表面活性剂增加了界面电位，根据 DLVO 理论，疏液胶体系统通过液滴之间的静电排斥获得稳定性。总的来说，吸引力和排斥力的净作用决定了乳液液滴之间的相互作用，这些净作用随液滴间距离而变。当净作用力为排斥力时，乳液会具有一定的稳定性。然而，已知表面活性剂也会促进奥氏熟化，特别是在浓度高于 cmc 时。在表面活性剂胶束的存在下，油分子被增溶，并通过胶束扩散进行运输[58]。

乳液稳定性与 zeta 电位之间没有一个确定的相关性，而是与乳液中的电解质、表面活性剂有关。一方面有数据表明，氯苯水乳液的凝聚速率与 zeta 电位成比例，即 zeta 电位越低，凝聚越快[37]；另一方面，研究发现当正十六醇的浓度在同一乳液中从 0 增加到 5%时，聚结速率下降了几乎 80%，但是在这个过程中，zeta 电位几乎没有变化[59]。可以得出的推论是：o/w 乳液的稳定性并不完全归因于静电排斥。离子型表面活性剂稳定的乳液由于静电排斥而稳定，zeta 电位可以很好地预测基于离子型表面活性剂的乳液稳定性。但非离子型表面活性剂对稳定性的贡献是通过静电作用和空间位阻的组合，zeta 电位不是单一的决定因素。稳定性的第三个组成部分是界面黏度（和弹性），但这一方面的评估不容易，很少有研究包括黏度测量并说明其作用。

综上所述可以得知，表面活性剂的类型和用量，以及表面活性剂的混合组成可影响乳液稳定性，如果使用一种以上表面活性剂，是获得最佳乳液稳定性的关键[60]。对于非离子型表面活性剂，其 HLB 值也很重要。很多研究表明，使用 HLB 大于 9.7 的非离子型表面活性剂或离子型表面活性剂，在液滴发生絮凝后不会产生凝聚，而使用 HLB 小于 8.6 的非离子型表面活性剂时，当液滴絮凝时，会产生液滴的凝聚。

参考文献

[1] Alheshibri, M.; Qian, J.; Jehannin, M.; Craig, V. S. A History of Nanobubbles. *Langmuir*, 2016, 32(43): 11086-11100.

[2] Hirai, M.; Ajito, S.; Takahashi, K.; Iwasa, T.; Li, X.; Wen, D.; Kawai-Hirai, R.; Ohta, N.; Igarashi, N.; Shimizu, N. Structure of Ultrafine Bubbles and Their Effects on Protein and Lipid Membrane Structures Studied by Small-and Wide-Angle X-ray Scattering. *J Phys Chem B*, 2019, 123(16): 3421-3429.

[3] Zhang, R.; Gao, Y.; Chen, L.; Ge, G. Nanobubble Boundary Layer Thickness Quantified by Solvent Relaxation NMR. *J Colloid Interf Sci*, 2022, 609：637-644.

[4] Yang, C.; Dabros, T.; Li, D.; Czarnecki, J.; Masliyah, J. H. Measurement of the Zeta Potential of Gas Bubbles in Aqueous Solutions by Microelectrophoresis Method. *J Colloid Interf Sci*, 2001, 243(1): 128-135.

[5] Marangoni, C. Ueber die Ausbreitung der Tropfen einer Flüssigkeit auf der Oberfläche einer anderen. *Ann Phys*, 1871, 219(7): 337-354.

[6] 郝京诚. 溶液与界面的协同与融合-自组装聚集结构. 山东大学学报 (理学版), 2010, 45(1): 1-9.

[7] Griffin, W. C. Calculation of HLB Values of Non-ionic Surfactants. *J Soc Cosmet Chem*, 1954, 5, 249-256.

[8] Johnson, B. D.; Cooke, R. C. Generation of Stabilized Microbubbles in Seawater. *Science*, 1981, 213(4504): 209-211.

[9] Babu, K. S.; Amamcharla, J. K. Generation Methods, Stability, Detection Techniques, and Applications of Bulk Nanobubbles in Agro-Food Industries: a Review and Future Perspective. *Critical Reviews in Food Science and Nutrition*. Taylor & Francis, 2002: 1-20.

[10] Demangeat, J. L. Gas Nanobubbles and Aqueous Nanostructures: the Crucial Role of Dynamization. *Homeopathy*, 2015, 104(02): 101-115.

[11] *ISO 20480-3:2021 Fine bubble technology -General principles for usage and measurement of fine bubbles -Part 3: Methods for generating fine bubbles*. International Organization for Standardization, 2021.

[12] Kelsall, G. H.; Tang, S.; Yurdakul, S.; Smith, A. L. Electrophoretic Behaviour of Bubbles in Aqueous Electrolytes. *J Chem Soc Faraday T*, 1996, 92(20): 3887-3893.

[13] Kelsall, G. H.; Tang, S.; Smith, A. L.; Yurdakul, S. Measurement of Rise and Electrophoretic Velocities of Gas Bubbles. *J Chem Soc Faraday T*, 1996, 92(20): 3879-3885.

[14] Alty, T. The Origin of the Electrical Charge on Small Particles in Water. *P R Soc Lond A-Conta*, 1926, 112(760): 235-251.

[15] Graciaa, A.; Morel, G.; Saulner, P.; Lachaise, J.; Schechter, R. S. The ζ-potential of Gas Bubbles. *J Colloid Interf Sci*, 1995, 172(1): 131-136.

[16] Dukhin, S. S. Dorn's Effect during Strong Retardation of a Bubble Surface. *Kolloid-Z.*, 1983, 45: 22-33.

[17] Ozaki, M.; Sasaki, H. Sedimentation and Flotation Potential: Theory and Measurements.

Surfactant Science Series 106, Chpt 16, pp481-492, Marcel Dekker, 2002.

[18] Meegoda, J. N.; Aluthgun Hewage, S.; Batagoda, J. H. Stability of Nanobubbles. *Environ Eng Sci*, 2018, 35(11): 1216-1227.

[19] Brandon, N. P.; Kelsall, G. H.; Levine, S.; Smith, A. L. Interfacial Electrical Properties of Electrogenerated Bubbles. *J Appl Electrochem*, 1985, 15(4): 485-493.

[20] Kubota, K.; Jameson, G. J. A Study of the Electrophoretic Mobility of a Very Small Inert Gas Bubble Suspended in Aqueous Inorganic Electrolyte and Cationic Surfactant Solutions. *J Chem Eng Jpn*, 1993, 26(1): 7-12.

[21] McShea, J. A.; Callaghan, I. C. Electrokinetic Potentials at the Gas-Aqueous Interface by Spinning Cylinder Electrophoresis. *Colloid Polym Sci (Germany):* 1983, 261(9): 757.

[22] Li, C.; Somasundaran, P. Reversal of Bubble Charge in Multivalent Inorganic Salt Solutions—Effect of Magnesium. *J Colloid Interf Sci*, 1991, 146(1): 215-218.

[23] Li, C.; Somasundaran, P. Reversal of Bubble Charge in Multivalent Inorganic Salt Solutions—Effect of Aluminum. *J Colloid Interf Sci*, 1992, 148(2): 587-591.

[24] Sakai, M. Physico-chemical Properties of Small Bubbles in Liquids. *Prog Colloid Polym Sci*, 1988, 77, 136-142.

[25] Okada, K.; Akagi, Y.; Kogure, M.; Yoshioka, N. Effect on Surface Charges of Bubbles and Fine Particles on Air Flotation Process. *Can J Chem Eng*, 1990, 68(3): 393-399.

[26] Usui, S.; Sasaki, H. Zeta Potential Measurements of Bubbles in Aqueous Surfactant Solutions. *J Colloid Interf Sci*, 1978, 65(1): 36-45.

[27] Yoon, R. H.; Yordan, J. L. Zeta-potential Measurements on Microbubbles Generated Using Various Surfactants. *J Colloid Interf Sci*, 1986, 113(2): 430-438.

[28] Rosen, M. J.; Zhu, Z. H. Synergism in Binary Mixtures of Surfactants: 10. Negative Synergism in Surface Tension Reduction Effectiveness. *J Colloid Interf Sci*, 1989, 133(2): 473-478.

[29] Saulnier, P.; Lachaise, J.; Morel, G.; Graciaa, A. Zeta Potential of Air Bubbles in Surfactant Solutions. *J Colloid Interf Sci*, 1996, 182(2): 395-399.

[30] Graciaa, A.; Creux, P.; Lachaise, J. Electrokinetics of Gas Bubbles. in *Interfacial Electrokinetics and Electrophoresis*. ed. Delgado, Á. V.; Chpt 29, CRC Press, 2002: 825-836.

[31] Wlastra, P. Emulsion Stability. in: *Encyclopedia of Emulsion Technology*. ed. Becher, P. Marcel Dekker, 1996: 1-61.

[32] Ho, O. B. Surfactant-stabilized Emulsions from an Electrokinetic Perspective. in *Interfacial Electrokinetics and Electrophoresis*, ed. Delgado, Á. V. Chpt 31, CRC Press, 2002: 869-891.

[33] Floy, B. J.; White, J. L.; Hem, S. L. Fiber Optic Doppler Anemometry (FODA) as a Tool in Formulating Emulsions. *J Colloid Interf Sci*, 1988, 125(1): 23-33.

[34] Carruthers, J. C. The Electrophoresis of Certain Hydrocarbons and Their Simple Derivatives as a Function of pH. *T Faraday Soc,* 1938, 34: 300-307.

[35] Hantz, E.; Cao, A.; Depraetere, P.; Taillandier, E. Interactions in Oil-In-Water Emulsions Stabilized with Nonionic Surfactants Studied by Quasielastic Light Scattering and Electrophoretic Light Scattering. *J Phys Chem*, 1985, 89(26): 5832-5836.

[36] Becher, P.; Tahara, S. Phys Chem Anwendungstech. Grenzflächenaktiver Stoffe. Ber Int Kongr,

6th. 1972, 2: 519.

[37] Elworthy, P. H.; Florence, A. T.; Rogers, J. A. Stabilization of Oil-In-Water Emulsions by Nonionic Detergents: V. The Effect of Salts on Rates of Coalescence in a Chlorobenzene Emulsion. *J Colloid Interf Sci*, 1971, 35(1): 23-33.

[38] Sharma, M.; Bahadur, P.; Jainand, S. P. Effect of Cationic Surface Active Substances on the Stability of the Emulsion Stabilized by Sorbitan Monolaurate. *Rev Roum Chim*, 1979, 24(5): 747.

[39] Yoshihara, K.; Ohshima, H.; Momozawa, N.; Sakai, H.; Abe, M. Binding Constants of Symmetric or Antisymmetric Electrolytes and Aggregation Numbers of Oil-In-Water Type Microemulsions with a Nonionic Surfactant. *Langmuir*, 1995, 11(8): 2979-2984.

[40] Taylor, A. J.; Wood, F. W. The Electrophoresis of Hydrocarbon Droplets in Dilute Solutions of Electrolytes. *Trans Faraday Soc*, 1957, 53: 523-529.

[41] Stachurski, J.; MichaŁek, M. The Effect of the Zeta Potential on the Stability of a Non-Polar Oil-In-Water Emulsion. *J Colloid Interf Sci*, 1996, 184(2): 433-436.

[42] Tajima, K.; Koshinuma, M.; Nakamura, A. Steric Repulsion of Polyoxyethylene Groups for Emulsion Stability. *Colloid Polym Sci*, 1992, 270(8): 759-767.

[43] Marinova, K. G.; Alargova, R. G.; Denkov, N. D.; Velev, O. D.; Petsev, D. N.; Ivanov, I. B.; Borwankar, R. P. Charging of Oil-water Interfaces Due to Spontaneous Adsorption of Hydroxyl Ions. *Langmuir*, 1996, 12(8): 2045-2051.

[44] Dunstan, D. E.; Saville, D. A. Electrophoretic Mobility of Colloidal Alkane Particles in Electrolyte Solutions. *J Chem Soc Faraday Trans*, 1992, 88(14): 2031-2033.

[45] Dunstan, D. E.; Saville, D. A. Electrokinetic Potential of the Alkane/aqueous Electrolyte Interface. *J Chem Soc Faraday Trans*, 1993, 89(3): 527-529.

[46] Jabloński, J.; Janusz, W.; Szczypa, J. Adsorption Properties of the Stearic Acid-Octadecane Particles in Aqueous Solutions. *J Disper Sci Technol*, 1999, 20(1-2): 165-175.

[47] Chibowski, E.; Hołysz, L. On Changes in Hydrophobicity of Hydrophobic Surface: Sulfur/*N*-Alkane-Water System, *J Colloid Interf Sci*, 1989, 127(2): 377-387.

[48] Wiącek, A.; Chibowski, E. Stability of Oil/Water (Ethanol, Lysozyme or Lysine) Emulsions. *Colloid Surface B*, 2000, 17(3): 175-190.

[49] Chibowski, E.; Sołtys, A.; Łazarz, M. Model Studies on the *N*-alkane Emulsions Stability. *Trends in Colloid and Interface Science XI*, pp260-267, 1997.

[50] Derjaguin, B. V.; Churaev, N. V. The Current State of the Theory of Long-range Surface Forces. *Colloid Surface*, 1989, 41: 223-237.

[51] Singh, S. P.; Madhuri, M. I. S. S.; Bahaduro, P. Stabilization of Emulsions by Surface Active Agents. *Rev Roum Chim*, 1982, 27(7-12): 803-814.

[52] Lane, A. R.; Ottewill, R. H. The Preparation and Properties of Bitumen Emulsion Stabilized by Cationic Surface-active Agents. in *Theory and Practice of Emulsion Technology*. ed. Smith, A. L. Academic Press, 1976: 157-177.

[53] Tadros, T. F. Stability of Oil-in-Water Emulsions in Polymer-Surfactant Complexes. Paraffin-Water Emulsions in Mixtures of Poly-(Vinyl Alcohol) with Cetyltrimethyl Ammonium Bromide or Sodium Dodecylbenzene Sulphonate. in *Theory and Practice of Emulsion Technology*. ed.

Smith, A. L. pp281-299, Academic Press, 1976.

[54] Goetz, R. J.; El-Aasser, M. S. Effects of Electrolyte on the Electrokinetic Properties of Toluene-In-Water Miniemulsions. *J Colloid Interf Sci*, 1991, 142(2): 317-325.

[55] Avranas, A.; Stalidis, G. Interfacial Properties and Stability of Oil-In-Water Emulsions Stabilized with Binary Mixtures of Surfactants: Ⅱ. Effect of a Cationic Surfactant on a Nonionic Surfactant Stabilized Emulsion. *J Colloid Interf Sci*, 1991, 143(1): 180-187.

[56] Haydon, D. A.; Phillips, J. N. The Gibbs Equation and the Surface Equation of State for Soluble Ionized Monolayers in Absence of Added Electrolyte at the Oil-Water Interface. *T Faraday Soc*, 1958, 54: 698-704.

[57] Davies, J. T.; Rideal, E. K. *Interfacial Phenomena*. 2nd ed, Chpt 3, Academic Press, 1963.

[58] De Smet, Y.; Deriemaeker, L.; Finsy, R. Ostwald Ripening of Alkane Emulsions in the Presence of Surfactant Micelles. *Langmuir,* 1999, 15(20): 6745-6754.

[59] Elworthy, P. H.; Florence, A. T.; Rogers, J. A. Stabilization of Oil-In-Water Emulsions by Nonionic Detergents: VI. The Effect of a Long-Chain Alcohol on Stability. *J Colloid Interf Sci*, 1971, 35(1): 34-40.

[60] 龚福忠. 乳状液膜体系油/水界面的 zeta 电位研究. 广西大学学报, 1997, 22(3): 214-217.

第 **7** 章
Zeta 电位的应用

    Zeta 电位的应用遍布很多行业，每年发表的文章也很多。其中最主要的应用类型是维持或破坏悬浮体系的稳定性。颗粒间稳定性一般涉及两种机理：静电排斥与位阻排斥。静电排斥通过改变介质中的离子类型与浓度，包括调节 pH 来实现，成本低且过程可逆，zeta 电位是这类机理的关键参数。位阻排斥通过在表面吸附长分子链来实现，需要适合的分子，而且过程往往是不可逆的，所吸附的分子还可能造成不良作用。

    本章选取了几个领域，就 zeta 电位在这些领域的典型应用做一些简要的介绍，并附上相应的文献。对这些应用的细节或详细数据感兴趣的读者可以参考援引的原始文献。

7.1　滤膜

    流动电位测量是表征滤膜电动特性的最常用技术之一[1-3]。由于所涉及的驱动力是压力梯度，因此流动电位法允许在过滤过程中不间断地表征膜电动特性，可用于研究污垢对膜表面性质的影响[4]，检查清洁处理的效率，或研究老化对膜电动性能的影响[5]。

    研究表明，从流动电位得到 zeta 电位时使用 Helmholtz-Smoluchowski 公式的前提是 κa >10 且电荷密度低[6]。当 κa ≤ 3 时，流动电位仅能得到表面净电荷的符号[7]。一般来说，流动电位的标称值越高，离子透过率越低，显示了电动效应对膜选择性的影响。

7.1.1　滤膜的 zeta 电位

    膜材料的 zeta 电位受到很多因素影响。其中最明显的，也是研究得最多的有以下几种因素。

（1）pH

图 7-1 给出了使用流动电位法测定的表观 zeta 电位与 pH 值的关系[8]。在有机膜（如聚醚砜化膜和聚砜膜）上也进行了类似的实验来决定等电点[8,9]。在这些情况下，在宽 pH 范围内观察到的负净电荷（在 KCl 电解质溶液中测量）归因于氯离子的吸附。

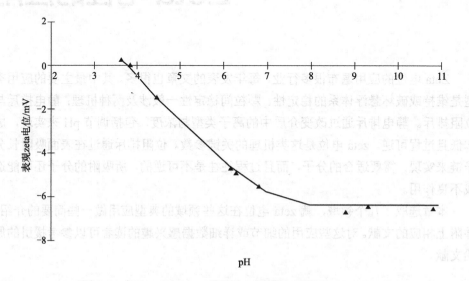

pH

图 7-1　在 1mmol/L NaCl 溶液中，温度 50℃的 M1 Carbosep
（分子量：1.5×10⁵）滤膜的 zeta 电位

（2）溶液中的电解质

滤膜的流动电位与 zeta 电位不仅取决于 pH 值，也取决于液体中的电解质种类。例如，对图 7-1 中的滤膜，在 pH=6.5 时，膜表面位点基本上是 ZrO^-；流动电位主要取决于 ZrO^--K^+、ZrO^--Na^+、ZrO^--Ca^{2+} 或 ZrO^--Mg^{2+} 等络合物的净电荷。流动电位不仅取决于反离子的性质，还取决于它们的迁移率。这是因为流动电位是在压力差下测量的电位，而该电位差使离子迁移。例如，在使用带负电的膜过滤 KNO_3 和 KCl 溶液时，它们的流动电位非常相似（在给定的 pH 值和离子强度下），因为它主要取决于 K^+。然而如果是过滤 NaCl 溶液，流动电位就高于 KCl 溶液的，这与相应反离子的电导率值一致[10]，从而在 NaCl 和 KCl 介质中计算的 zeta 电位值也不同[8]。

表 7-1 列出了 M1 Carbosep（分子量：1.5×10⁵）滤膜在 1mol/L 的不同电解质中用流动电位表征的一些参数，其中溶液的电导率与流动电位测量是在 pH=6.4、温度 50℃下进行的。

表 7-1　不同电解质溶液测定的 M1 Carbosep（分子量：$1.5×10^5$）滤膜特征

电解质	等电点 (pH, ±0.2)	K_L/(mS/cm)	流动电位耦合系数 /(mV/bar)	Zeta 电位 /mV
KNO_3	5.0	0.12	−6.9	−0.73
KCl	5.0	0.12	−7.0	−0.74
NaCl	5.0	0.10	−12.0	−1.06
$CaCl_2$	5.5	0.12	−5.0	−0.53
$MgCl_2$	5.5	0.12	−6.0	−0.64

注：$1bar=10^5Pa$。

（3）溶液的离子强度

滤膜的 zeta 电位不仅取决于电解质的种类，也与电解质的浓度有很大关系。对于离子与表面相互作用为纯静电的中性电解质的溶液中，由于双电层压缩现象，由流动电位测量计算的 zeta 电位会随着电解质浓度的增加而降低。当离子浓度升高时，双电层厚度减小，更多的反离子可以吸附在其上。因此扩散层中的电荷密度将降低，导致流动电位以及 zeta 电位降低。当使用 KCl 等中性电解质时，离子强度不会改变膜的等电点，在高电解质浓度下，zeta 电位将趋于零（图 7-2）。对有表面特定吸附的离子，情况就不一样了。图 7-3 显示了在与图 7-2 相同的实验条件下使用 Na_2SO_4 溶液获得的结果（在低于膜的等电点 pH=3.2）。由于二价阴离子（SO_4^{2-}）在表面的特定吸附，离子强度的增加导致滤膜的 zeta 电位从低离子强度时的正值变到高浓度时的负值[11]。

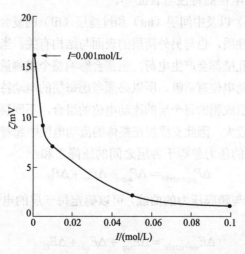

图 7-2　在 NaCl 溶液（pH=3.2）中测量的氧化铝-二氧化钛-二氧化硅混合膜的 zeta 电位

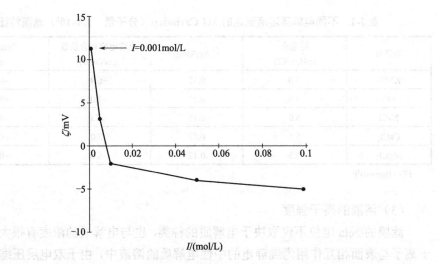

图 7-3 在 Na₂SO₄ 溶液（pH = 3.2）中测量的氧化铝-二氧化钛-二氧化硅混合膜的 zeta 电位

7.1.2 多层滤膜

很多用于细过滤与超细过滤的陶瓷膜有多层复合微结构，其中叠加的层具有逐渐增大的孔径和厚度。称为支撑层的最厚层为具有最小孔径的过滤层提供了必要的机械强度。支撑层可以由与过滤层不同的材料制成。两层都可以由不同的金属氧化物组成，支撑层也可以是非陶瓷材料。下面通过一种有三层不同金属氧化物结构的陶瓷膜来说明其电动电位的特性与表征[12]。

对有支撑层（sup）以及中间层（int）和过滤层（fil）的复合膜，流动电位测量的不仅是过滤层的表面性质，也与另外两层的表面与结构有关。当这类复合膜与含水介质接触时，每一层的孔壁都会产生电荷，也都会影响整个膜测量的流动电位，每一层的孔隙都会对总体流动电位有贡献。所以必须考虑每层的电动特性，尤其是过滤层。复合膜的流动电位是组成膜的每个层的流动电位的组合，不同层的等电点彼此不同，特别是支撑层的厚度较大，因此支撑层在整体的流动电位中起着不可忽视的作用。

多层膜两侧之间的压力差等于各层之间的压降之和：

$$\Delta P_{\text{sup+int+fil}} = \Delta P_{\text{sup}} + \Delta P_{\text{int}} + \Delta P_{\text{fil}} \tag{7-1}$$

通过显示电位差与跨膜压力的曲线，可以确定每一层的电位降。三层膜上的电位降也可以写成：

$$\Delta E_{\text{sup+int+fil}} = \Delta E_{\text{sup}} + \Delta E_{\text{int}} + \Delta E_{\text{fil}} \tag{7-2}$$

如果实验测量的渗透通量和电位差都是三种结构的跨膜压力的线性函数，则中间层和过滤层的流动电位可以表示为[13]：

$$U_{str,int} = \frac{U_{str,sup+int} - U_{str,sup}\dfrac{L_{P,sup+int}}{L_{P,sup}}}{1 - \dfrac{L_{P,sup+int}}{L_{P,sup}}} \tag{7-3}$$

$$U_{str,fil} = \frac{U_{str,sup+int+fil} - U_{str,sup+int}\dfrac{L_{P,sup+int+fil}}{L_{P,sup+int}}}{1 - \dfrac{L_{P,sup+int+fil}}{L_{P,sup+int}}} \tag{7-4}$$

式中，$L_{P,sup}$、$L_{P,sup+int}$ 和 $L_{P,sup+int+fil}$ 是根据三个结构的通量测量确定的水力渗透性。研究表明，两个串联连接且具有不同半径和长度的毛细管的流动电位取决于每个管子的长度和管子半径之间的比率[14]。在表 7-2 的例子中，支撑层占总厚度的 99% 以上，而且中间层和过滤层的孔只有支撑层孔的大约 1/2 和 1/12，因此不能单用复合膜进行的测量来表征过滤层的电动行为。通过测量支撑层、支撑层与中间层，与复合膜的流动电位，与膜渗透性数据相结合，就可以使用式（7-3）和式（7-4）计算得到中间层与过滤层的流动电位。

表 7-2　多层 Tami™ 超细过滤膜

项目	支撑层	中间层	过滤层
材料	Al_2O_3-TiO_2	TiO_2	ZrO_2
厚度	2mm	10μm	5～6μm
平均孔径	0.5μm	0.2μm	40nm
孔隙率	35%	40%	—

7.1.3　滤膜表征的电渗测量

除了流动电位法以外，电渗测量也经常用在表征有机膜[15]或无机膜[16]的电荷状态，以及胶体颗粒（在这些颗粒电泳沉积到膜孔上之后）在微电泳无法达到的浓度范围内的电动性质。电渗实验包括加电场在膜浸入其中的电解质溶液中，阳极和阴极位于膜的两侧。电解可以在恒定的外加电压或电流下进行。液体电渗透传输的体积随时间线性增加，电渗流速由传输体积对时间作图的斜率确定。

图 7-4 描述了用于电渗实验的实验装置[16]。膜固定在浸入恒温电解质溶液的管子的一端。使用两个铂电极，一个是位于管中的网状电极，一个是位于管外部的圆柱形电极。通过电源在电极之间施加恒定电流，用小毛细管将溢出的电解质转移到精密天平中称重。

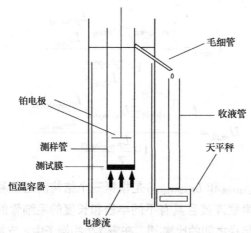

图 7-4　表征膜的电渗实验装置示意

　　在测量中需用大量的测量溶液,以防止 pH 值的任何变化(由于电解质溶液的电解)。在实验开始时,使管内和管外的液位相等。施加在两个铂电极之间的恒定电流(通常在 1～30mA 范围内)在管中引起电解质的电渗流动。电极的极性被选择为可使得电渗流动的液体流向毛细管。电渗流速通过将流过膜的流体量作为时间的函数进行加权来确定。

　　对同样的膜,在同样的电解质类型与浓度下,使用流动电位法与电渗法测出来的等电点的 pH 值十分相近,可是在相同的 pH 值和离子强度下,电渗法给出的 zeta 电位值比通过流动电位测量确定的大。两种方法之间的差距随着等电点的 pH 移动和离子强度的增加而增加。这些结果表明可能这两种方法中的滑移面位置不同。图 7-5 为用这两种方法在 pH = 7.2 的不同浓度的 NaCl 溶液中的一个陶瓷滤膜(64% Al_2O_3,27% TiO_2,9% SiO_2,孔径 0.9μm)测量得到的 zeta 电位的比值[17]。随着离子强度的增加,ζ_{eo}/ζ_{str} 的比率变得更高。离子强度的增加导致扩散层的压缩,这些观察结果证实了在不同电动测量方法中假设的滑移面位置是不一样的。

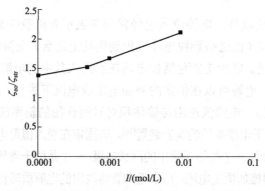

图 7-5　用电渗与流动电位法得到的 zeta 电位之比

7.2　蛋白质吸附研究

Zeta 电位已被广泛用于在颗粒上的吸附研究。由于滑移面的变化以及吸附物所带电荷对表面电位的影响，都可作为探测研究吸附量与吸附物在表面的覆盖与构型的"探针"。图 7-6 是中性的嵌段共聚物（W_c）在带负电的聚苯乙烯乳胶球（W_l）上不同吸附量（W_c和 W_l）时的三维电泳迁移率谱图。最左边的是纯乳胶悬浮液中测得的一个负电泳迁移率的峰，随着中性嵌段共聚物的加入，出现一

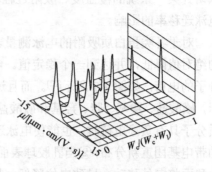

图 7-6　嵌段共聚物在乳胶小球上吸附的电泳迁移率谱图

个新的峰，那是部分吸附了嵌段共聚物的乳胶小球，原先的峰（裸乳胶小球）位置不变。随着所加嵌段共聚物的增多，吸附了嵌段共聚物的峰逐渐增强，位置也更向零移动，而裸乳胶的峰逐渐消失。从用不同粒径乳胶球的一系列吸附量的测量，配合同时测量的粒径数据，可以推导出嵌段共聚物在不同曲率表面的吸附机理和表面吸附物的构象[18]。

载体上吸附生物分子广泛地被应用在生物化学研究与医学实践中，例如可用于临床分析实验室的颗粒增强免疫测定法的免疫乳胶（抗体涂覆的乳胶颗粒）。目前有 200 多种疾病可以通过市售乳胶凝集免疫测定法检测。在这些免疫测定中，免疫乳胶颗粒的胶体聚集必须仅由相应抗原的存在引起。这使得有必要获得具有高胶体稳定性的免疫乳胶，以避免介质的物理化学条件（pH、温度、离子强度等）而导致系统的非特异性聚集。而乳胶与吸附在表面的生物大分子的特性可以通过表面电动现象来进行表征与研究，获取有关信息[19]。

正如在第 4 章陈述的那样，对表面有吸附的颗粒，zeta 电位的计算很复杂。而且这些蛋白质覆盖的复合颗粒的电动行为不仅取决于 zeta 电位，还取决于其他参数，如蛋白质层上电解质溶液流过其的流体动力学阻力、电荷密度和该层的厚度，以及在此层上的电位分布。已有一些理论模型描述这些复合颗粒[20,21]，但最终的公式都较复杂，通过这些公式从理论上计算电泳迁移率相当困难，因为那些积分很少有解析解，许多需要数值计算。即使进行数值计算，也需要知道体系的四个特性，即表面吸附层的厚度、密度与摩擦系数，以及裸乳胶颗粒的 zeta 电位。所以很多实验科学家就直接用测量的电泳迁移率，而不进一步计算 zeta 电位。

当蛋白质吸附在乳胶球上以后，蛋白质分子的双电层和乳胶球表面相互重叠，电荷在两者之间重新分布。如此形成的乳胶-蛋白质的双电层是蛋白质在特定吸附条件下界面行为的结果。因此，比较吸附前后的电动性质（如电泳迁移率及其导出

的 zeta 电位）可以了解在蛋白质吸附中起作用的各种因素。在有控制的条件下，可以研究某一系统的覆盖度、吸附过程和分散条件（pH、离子强度和离子组成）对电泳迁移率的影响。

对于各类蛋白质吸附的电泳测量表明，随着蛋白质吸附量的增加，电泳迁移率的绝对值降低，并达到一个稳定值。电泳迁移率降低的幅度取决于 pH，即蛋白质分子的电荷，如图 7-7 所示[22]。而且这一现象与乳胶的表面基团无关。如图 7-8 所示，磺酸盐、羧基、脒、羟基和硫酸盐的乳胶都有此类依赖性[23]。甚至即使当蛋白质分子具有负净电荷时，也能使电泳迁移率降低。这有两种可能性：①蛋白质分子的带电基团重新分布；②当乳胶球表面被大分子覆盖时，它变得更加坚硬和不规则，滑移面将向外移动，导致电位降低，从而降低电泳迁移率。

有很多研究使用不同覆盖度的颗粒，然后在不同的 pH 和离子强度条件下重新分散所吸附的物质，来获得有关蛋白质涂覆的乳胶颗粒的电状态信息[24]。这些研究表明即使裸乳胶的电泳迁移率与 pH 无关（在 pH = 4~10 范围内），但蛋白质包覆的乳胶都有一个等电点。蛋白质包覆的阴离子乳胶的等电点低于蛋白质分子的等电点；而蛋白质包覆的阳离子乳胶的等电点大于蛋白质分子的等电点。乳胶表面电荷在复合颗粒的双电层结构中起着重要作用，蛋白质的吸附量越大，所包覆的乳胶的等电点越接近蛋白质分子的等电点。结合迁移率和吸附率的结果，可以发现吸附量最大值的 pH 似乎更接近复合乳胶的平均值，而不是溶液中乳胶的平均值。对不同离子强度溶液研究发现，随着离子强度的增加，最大吸附的 pH 值向酸性侧移动。

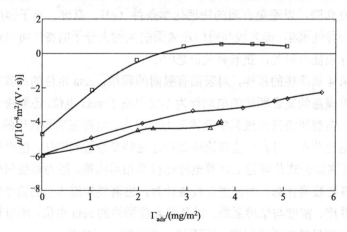

图 7-7　兔子 IgG（血清免疫球蛋白 G）在数个 pH 不同吸附量的电泳迁移率

□ pH = 5：0；　◇ pH = 7：0；　△ pH = 9：0

离子强度 2mmol/L

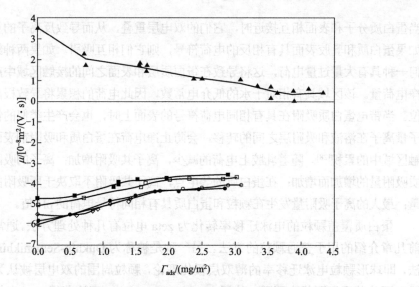

图 7-8　不同表面基团的乳胶在不同免疫球蛋白抗体片段吸附量时的
电泳迁移率（pH=7，离子强度=2mmol/L）

□■ 表面含磺酸盐的两种乳胶；　○● 表面含羧基的两种乳胶；

▲ 表面含脒阳离子的乳胶；　◇ 表面含羟基和硫酸盐的乳胶

　　乳胶颗粒已被用作凝聚试验中抗原和抗体反应的载体，例如在凝聚试验中，宏观团聚体的存在表示了交联抗原的存在。当用电泳迁移率来检测溶液中存在抗原 IgM 时，IgG 涂覆的聚苯乙烯乳胶的电泳迁移率随着 IgM 浓度的升高而降低，趋于稳定值[25]。通过抗原或抗体与乳胶表面的共价偶联，可以显著改进合成聚合物胶体颗粒用于免疫测定的灵敏度[26]。此类偶联过程中的物理吸附和化学结合的电动行为以及偶联复合物的电动性质和胶体稳定性取决于偶联机制。

　　乳胶凝聚免疫测定的另一个重点是抑制互补抗原与乳胶颗粒未被占据部分的非特异性相互作用。避免该问题的一种方法是用第二种蛋白质（例如牛血清白蛋白 BSA）覆盖乳胶表面。诊断测试系统的开发中因此需要研究 IgG 和 BSA 的按序吸附，例如测量在 pH=7 下按序吸附获得的 IgG-BSA/乳胶颗粒复合物的电泳迁移率[27]。在这项研究中，随着预先吸附的带正电荷的 IgG 数量的增加，迁移率向更正值转变；并且随着预吸附 BSA 量的增加，蛋白质-IgG 复合物等电点的 pH 值向更高的方向移动。乳胶的表面电荷必须至少部分地补偿蛋白质上的电荷，因为蛋白质-乳胶复合物的等电点低于溶解蛋白质的平均等电点。这些特征可以协助颗粒增强免疫测定的发展。

　　由于蛋白质对离子具有高结合亲和力，离子在蛋白质吸附过程中起着重要作用。从蛋白质包覆的乳胶颗粒的电动特性可以推断出离子在蛋白质吸附过程中的作用。在水相中，带电表面和蛋白质分子被反离子包围，反离子与表面电荷一起形成双电层。

当蛋白质分子和表面相互接近时，它们的双电层重叠，从而导致反离子的重新分布。如果蛋白质和乳胶表面具有相反的电荷符号，则它们相互吸引。如果两种组分中的任何一种具有大量过量电荷，这将导致在蛋白质层和表面之间的接触区域中产生可观的净电荷量。该区域具有相对于水的低介电常数，因此电荷的积累将导致极高的静电电位。当带电蛋白质吸附在具有相同电荷符号的表面上时，也会产生类似的情况。低分子量离子在溶液和吸附层之间的转移，会防止净电荷在蛋白质和吸附剂表面之间的接触区域中的累积[28]。随着乳胶上电荷的减少，离子共吸附增加；离子的吸附随着蛋白质吸附量的增加而增加；在蛋白质的等电点，离子共吸附不取决于所吸附的蛋白质的量；最大的离子吸附量发生在颗粒和蛋白质具有相同符号电荷的 pH 值。

蛋白质覆盖颗粒的电泳迁移率转化为 zeta 电位有几种处理方法。通常所用的是前几章介绍的用于普通颗粒的方法。另一种是被称为 Dukhin-Semenikhin 理论的方法，即球形颗粒电泳迁移率的薄双层极化理论，颗粒周围的双电层被认为因颗粒的运动而从其平衡形状变形[29]。使用 Dukhin-Semenikhin 理论获得 zeta 电位需要知道由蛋白质覆盖的乳胶表面的电荷密度。可以对悬浮液与不含乳胶或复合颗粒的类似溶液的电位滴定的比较来得到表面电荷密度：在任何 pH 值，裸乳胶或复合物表面的电荷可以根据滴定剂反应体积相对于无颗粒溶液的差异来估计。

用于免疫测定的蛋白质覆盖的颗粒悬浮液本身需要很稳定，才能经过生产、分装、运输等各个环节保持稳定的质量。Zeta 电位对于衡量稳定性是个很重要的参数。对于将裸乳胶和 BSA 包覆乳胶颗粒的 zeta 电位作为 NaCl 浓度的函数研究表明，zeta 电位随着吸附量的增加而降低，即 BSA-乳胶涂层颗粒之间的排斥相互作用低于裸颗粒之间的相互作用[30]。同样吸附在乳胶表面的高表面覆盖率的人血清白蛋白（HSA）在 NaCl 溶液中却由于 HSA 的吸附而有高的胶体稳定性。当单价电解质 NaCl 换成二阶的 $MgCl_2$ 和 $CaCl_2$，HSA 包覆的乳胶的 zeta 电位低于裸乳胶的 zeta 电位，HSA 涂层乳胶通过二价阳离子连接生成 HSA-HSA 而产生絮凝[31]。

对于表面吸附了亲水球状蛋白的胶体颗粒，另外有一种亲水机制可以通过 zeta 电位的测量来解释稳定机制，即考虑水合离子在蛋白质层上的吸附来解释体系的稳定性。当两个相互接近的表面带有有序水合反离子层，它们的重叠会产生排斥力，导致系统能量的增加。阳离子如 Na^+ 和 Ca^{2+} 可以通过这些"水化力"稳定带负电的亲水表面，而且随着电解质浓度的增加，稳定性变得更高。测量被蛋白质覆盖的聚苯乙烯乳胶的迁移率以及导出的 zeta 电位作为 pH 和电解质浓度的函数，对于检测反离子在乳胶颗粒-蛋白质复合物上的特定吸附非常有用，图 7-9 与图 7-10 分别显示了蛋白质覆盖的乳胶球在 $CaCl_2$ 和 NaCl 电解质溶液中不同 pH 时的电泳迁移率。为避免来自缓冲液中外来离子的影响，实验中仅通过添加 NaOH 或 HCl 来控制 pH。如图 7-9 所示，在低

Ca²⁺浓度时，存在等电点。当 Ca²⁺浓度增加后，整个 pH 范围内没有等电点。这种蛋白质的等电点约在 pH 4.7，因此蛋白质层在 pH 5~8 范围内必须是带负电的，然而在这个范围内，整个复合颗粒的电泳迁移率是正的。这一结果表明，Ca²⁺吸附在带负电荷的蛋白质层上，导致 μ 的符号发生变化。电泳迁移率的测量值提供了关于反离子吸附在蛋白质层上的重要信息，证实了基于水化力的稳定性机制。但是在单价离子 Na⁺的环境中，在同样的 pH 范围内却没有 μ 符号的反转。这可能是由于在此单价离子（Na⁺）浓度下，阳离子的吸附尚不足以改变颗粒整体的电位符号[32]。

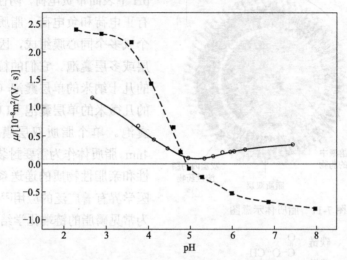

图 7-9　蛋白质覆盖的乳胶球在 CaCl₂ 电解质溶液中不同 pH 时的电泳迁移率

CaCl₂ 浓度：■ 2.0×10⁻³mol/L；○ 3.8×10⁻²mol/L

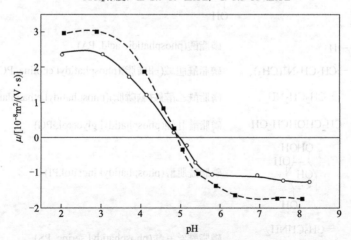

图 7-10　蛋白质覆盖的乳胶球在 NaCl 电解质溶液中不同 pH 时的电泳迁移率

NaCl 浓度：■ 2.0×10⁻³mol/L；○ 1.0×10⁻²mol/L

7.3 脂质体研究

脂质体是由含亲水性头部基团和亲脂性烃链的磷脂分子的双层膜组成并分散在水溶液中的球形自封闭结构，内部含有溶剂或其他组分。由于其膜组织的泡状结构，有时被称为"人工细胞"（图 7-11）。

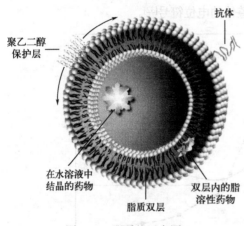

聚乙二醇保护层

抗体

在水溶液中结晶的药物

脂质双层

双层内的脂溶性药物

图 7-11 脂质体示意图

由于 H^+ 的解离，酸性脂质在中性 pH 下表面带负电荷，两性脂类在头部有正电荷和负电荷。脂质体可能由一个或多个同心膜组成，因此被称为单层或多层囊泡。它们的粒径范围从小的几十纳米的单层囊泡（SUV）到大的几微米的单层囊泡（LUV）或多层囊泡。单个脂质双层膜的厚度约为 4nm。脂质体作为需要封装和保护亲水性和亲脂性物质的递送系统，在生物医学界有着广泛的应用[33,34]。图 7-12 为常见磷脂的链端化学结构与简称。

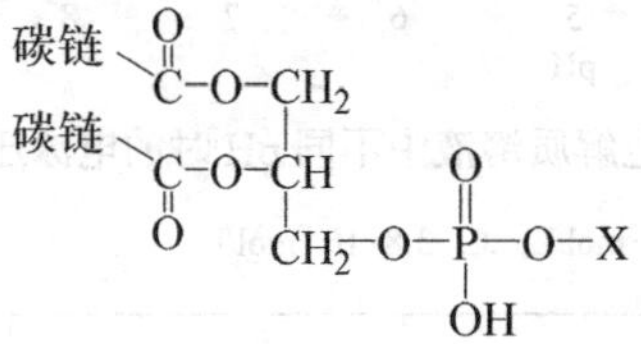

碳链
碳链

其中X=

—H   磷脂酸(phosphatidic acid, PA)

—CH$_2$CH$_2$N$^+$(CH$_3$)$_3$ 磷脂酰胆碱(卵磷脂)(phosphatidyl choline, PC)

—CH$_2$CH$_2$NH$_2$ 磷脂酰乙醇胺(脑磷脂)(phosphatidyl ethanolamine, PE)

—CH$_2$CHOHCH$_2$OH   磷脂酰甘油(phosphatidyl glycerol, PG)

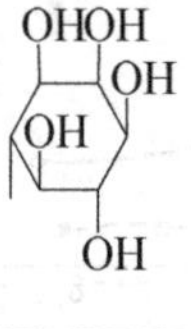

磷脂酰肌醇(phosphatidyl inositol,PI)

—CH$_2$CHNH$_2$
      |
      COOH   磷脂酰丝氨酸(phosphatidyl serine, PS)

图 7-12 常见磷脂链端的化学结构及简称

　　研究脂质体作为药物递送系统或其他应用的适用性时，因为悬浮液在制备后必须储存很长时间，控制和预测脂质体稳定性很重要。根据经典 DLVO 理论，表面电位对脂质体悬浮液的胶体稳定性至关重要。表面电位越低，越容易发生聚合。通过将电泳迁移率/zeta 电位数据与颗粒粒径测量相结合，可以研究脂质体的稳定性。正如预期的那样，在等电点附近，因为缺乏电荷排斥，复合物的稳定性最小而发生聚集或融合。脂质体的 zeta 电位还是影响核苷酸摄取效率的参数之一。基于某固体脂质纳米微粒测量结果的图 7-13 显示了表面电位与平均粒径的反向变化关系，图中 Z 均直径为用动态光散射测量并用累积量法得到的平均粒径。

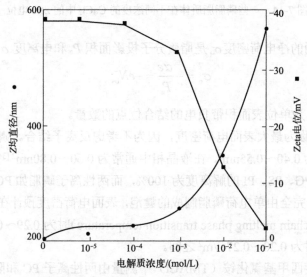

图 7-13　固体脂质纳米微粒 zeta 电位与粒径随电解质浓度的变化

　　除了稳定性外，表面电位还会影响脂质体与膜、药物或其他囊泡的相互作用。脂质体是否发生聚集取决于它们之间的相互作用。相互作用势中的位垒通常来自静电排斥和范德华引力的结合。因此测量和控制脂质体的电动性质对于脂质体的基本理解和实际应用至关重要，其中 zeta 电位的电泳测量是最常用的技术。从 zeta 电位的测量也可以研究、监测脂质体的凝聚/聚并与絮凝以及这些现象的动态过程。脂质体的凝聚及其可逆性与下列因素有关：①脂质体的粒径（越大越容易凝聚）；②所加电解质的电荷数（越高越容易凝聚）；③所加电解质的浓度（越高越容易凝聚）。图 7-14 显示了来自蛋黄的磷脂酰胆碱（PC）、来自牛脑的磷脂酰乙醇胺（PE）和来自蛋黄的磷脂酰甘油（PG）分散在不同浓度 CaCl$_2$ 水溶液中的 zeta 电位。PC 和 PE 的脂质体带有负电荷。PC 脂质体的表面电荷可以通过 Ca^{2+} 的结合来中和（PC 脂质体等电点约在 Ca^{2+} 浓度 1×10^{-3}mol/L 处），但在上述实验浓度范围内，PE 和 PG 没有到达等电点[35]。

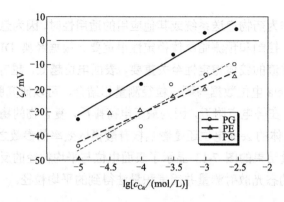

图 7-14　一些磷脂脂质体在不同浓度的 $CaCl_2$ 中的 zeta 电位

脂质体表面的净电荷密度 σ_o 是脂质分子投影面积 P_a 和电离度 α 的函数：

$$\sigma_o = -\frac{\alpha e}{P_a} = -eN_{bs}^- \tag{7-5}$$

式中，N_{bs}^- 为单位表面积带负电的结合位点的数量。

σ_o 有时也称为最大表面电荷密度，因为不考虑反离子结合。磷脂投影面积在凝胶相中通常为 $0.40\sim0.55nm^2$，在液晶相中通常为 $0.60\sim0.80nm^2$[36]。如果假设酸性磷脂如 PA、PG、PS、PI 的解离度为 100%，而两性离子磷脂如 PC 和 PE 的解离程度为零，对于完全由单电荷磷脂制成的囊泡，表面电荷密度预计在低于脂链熔化相变温度（lipid chain melting phase transition temperature）时为 $0.29\sim0.40C/m^2$ 之间，高于相变温度时为 $0.20\sim0.27C/m^2$ 之间。

在不同浓度四甲基氯化铵（TMACl）中测量由两性离子 PC 和阴离子 PS 的混合物形成的脂质体的 zeta 电位，其数值与理论预测的吻合得很好。图 7-15 显示了在 25℃下，3.1mmol/L、15mmol/L 或 105mmol/L TMACl 溶液中混合 PC、PS 脂质体的 zeta 电位。15mmol/L 和 105mmol/L TMACl 电解质还包含 1mmol/L 3-(N-吗啉基)丙磺酸缓冲液（pH = 7.5）和 1mmol/L EDTA，而 3.1mmol/L TMACl 电解质也包含 0.1mmol/L 3-(N-吗啉基)丙磺酸缓冲液和 0.5mmol/L EDTA。图中的实线是理论预测，横坐标为每单位表面积的 PS 分子数（N_{bs}^-）。在理论分析中，假设两种磷脂的分子投影面积都为 $0.7nm^2$，而滑移面位于离脂质体表面 0.2nm 处[37]。

生物膜通常暴露于碱性离子的环境。在许多实验中观察到的在钠、钾、钙或镁离子环境中的磷脂双层膜的表面电位并不如 Gouy-Chapman 理论所预测的那样负，后者假设表面电荷密度由负脂质的表面浓度决定。可以解释的原因是反离子与表面结合后产生的屏蔽作用。钙和其他阳离子通过聚集在膜附近的双电层扩散层和吸附到磷脂上，改变了带负电双层膜附近的电位。金属阳离子通过与酸性脂质的电离磷酸基和/或羧基结合，也会部分中和酸性脂质形成的膜的负表面电位。

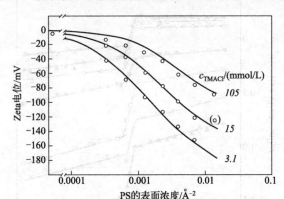

图 7-15 TMACl 溶液中混合 PC、PS 脂质体的 zeta 电位

这类吸附或屏蔽作用的影响不但取决于阳离子的浓度，也与阳离子的性质有关，例如在 0.1mol/L NaCl 和 0.1mol/L TMACl 中 PS 脂质体的 zeta 电位分别为–62mV 和 –91mV。碱金属阳离子吸附到 PS 表面对 zeta 电位的影响按下列序列递减 $Li^+ > Na^+ > K^+ > Rb^+ > Cs^+$[37]。一般认为无机单价阳离子通常不会结合到纯两性离子脂质体如 PC 表面，除了 Li^+。另一方面，不同的阴离子对脂质体表面亲和力也有很大差异。图 7-16 是一系列钾盐对二甲基磺酰基磷脂酰胆碱（DMPC）脂质体电泳迁移率的影响，阴离子在 PC 脂质体表面亲和力遵循以下顺序：

$$ClO_4^- > I^- > SCN^- > Br^- > NO_3^- > Cl^- \approx SO_4^{2-} \text{ [38]}.$$

图 7-16 显示了 DMPC 脂质体的电泳迁移率取决于温度，在脂链熔化相变温度下具有不连续的行为。带正电 Be^{2+} 包覆的 DPPC 脂质体的 zeta 电位在相变温度以下比未包覆的高约 10~15mV，而在相变温度以上却要比未包覆的低，这可能是由所结合阳离子的部分释放造成的[39]。

二价过渡元素离子比一阶碱土元素离子在脂质体表面结合得更好，经常观察到表面电荷中和以及电荷反转。电荷反转浓度可从 zeta 电位对电解质浓度作图来决定（图 7-17）[40]。而三价离子能更稳定地与磷脂中的磷酸基团结合，Al^{3+} 的亲和力比 Ca^{2+} 的亲和力要大约 500 倍。

Zeta 电位提供了很有力的手段来研究蛋白质-脂质体的相互作用，从而能了解蛋白质或酶与生物膜之间的体内相互作用以及了解这些囊泡在体内的清除行为与脂质体、蛋白质之间相互作用之间的关系，对在各个领域实际应用脂质体有很大的现实意义[41]。多肽，如聚（L-赖氨酸）或聚（L-谷氨酸），可被吸附到 PC 脂质体表面，导致其电泳迁移率的显著变化，添加聚（L-赖氨酸）使脂质体的 zeta 电位值

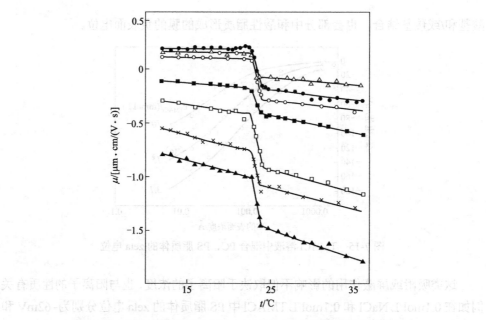

图 7-16　DMPC 脂质体在 10mmol/L KX（X 为不同的阴离子）与
5mmol/L Tris-HCl（pH=7.4）溶液中的电泳迁移率作为温度的函数

● KCl；△ K_2SO_4；○ KNO_3；■ KBr；□ KSCN；× KI；▲ $KClO_4$

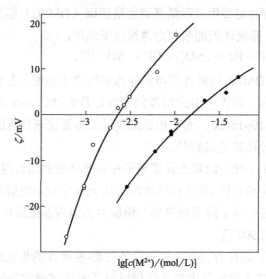

图 7-17　二棕榈酰磷脂酰胆碱（DPPC）：PI（75%：25%，质量分数）
脂质体混合物在 25℃时在 $CaCl_2$（○）或 $MgCl_2$（●）溶液中的 zeta 电位

（M 代表 Ca 或 Mg）

更正，而添加聚（L-谷氨酸）导致略微负值[42]。如果蛋白质与脂质体有相似的电荷，则不会发生结合或吸附，电泳迁移率也不会有变化。只有在蛋白质正电荷部分的数量超过负电荷部分的数量至少 3 个电荷单元的 pH 值下才会观察到蛋白质对带负电荷的磷脂脂质体的吸附，反映在电泳迁移率或 zeta 电位的变化。PC/PG 脂质体在吸收了带正电荷的蛋白质（胰蛋白酶抑制剂、肌红蛋白、核糖核酸酶和溶菌酶）后，电泳迁移率的绝对值下降，变得不那么负[43]。随着所加蛋白质量的增加，电泳迁移率愈来愈小，最终跨过等电点，改变符号并趋于平稳。在细胞色素 c 与二甲基磺酰基磷脂酰胆碱（DMPC）与二甲基磺酰磷脂酰甘油（DMPG）脂质体的相互作用中，如图 7-18 所示，达到平台的细胞色素 c/磷脂比率取决于带负电的 DMPG 的含量[44]。所有这些数据证实，蛋白质与脂质体的相互作用在很大程度上受静电相互作用的影响，但也存在其他类型的相互作用力，如疏水相互作用。

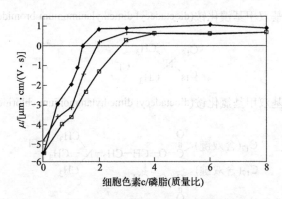

图 7-18　浓度为 2.5mg/mL 的不同脂质体混合物在 5mmol/L TES 缓冲液 (pH 7.0)中的电泳迁移率作为细胞色素 c/磷脂质量比的函数

□ 纯 DMPG；+ DMPG：DMPC = 180∶20（*w/w*,质量比）；

◆ DMPG：DMPC = 60∶40（*w/w*）

很多脂质体都是带负电的，可是为了能结合带负电的核酸并将其输送到细胞内，与血液成分相互作用，已经有多种阳离子脂质制备的带正电的脂质体。阳离子脂质体也可与带负电荷的核苷酸发生强烈的相互作用，在基因治疗研究中越来越重要，因为它们可以作为反义寡核苷酸、质粒 DNA 或其他核苷酸的载体，还可显著防止核酸酶降解并提高寡核苷酸摄取率。这些带正电的脂质体由阳离子脂质组成，含有单或双脂链和带正电荷的极性头。由于它们的合成特性，它们不具有免疫原性，易于标准化[45]。图 7-19 为一些阳离子脂质链端的化学式。

Zeta 电位测量是研究阳离子脂质体与核苷酸相互作用的重要而方便的工具。由于脂质体的最终电荷对于其与血清成分的相互作用至关重要，zeta 电位测量为预测核苷酸转染的效率提供了一种快速而简单的工具。将肝素、IgG、牛血清白蛋白（BSA）和高密度脂蛋白（HDL）等蛋白质添加到阳离子脂质体-核酸囊泡复合物中后，复合物上的正电荷数量减少，血清介导的体内囊泡吸收抑制与复合物电荷与粒径大小的变化一致。因此与细胞膜的相互作用不仅基于静电相互作用，并且随着复合物尺寸的增加，复合物表面的蛋白质如 BSA 的存在可能充当空间屏障，以防止细胞内的内体失稳，这对于这些复合物用于基因治疗是很重要的。在这些体系内，zeta 电位测量是研究相互作用的有用工具[46]。

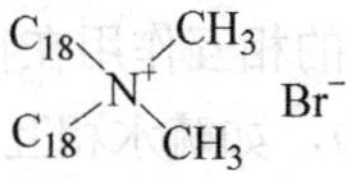

双十八烷基双甲基溴化铵(dioctadecyl dimethylammonium bromide, DODAB)

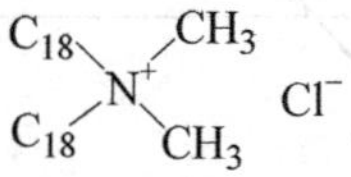

双十八烷基双甲基氯化铵(dioctadecyl dimethylammonium chloride, DODAC)

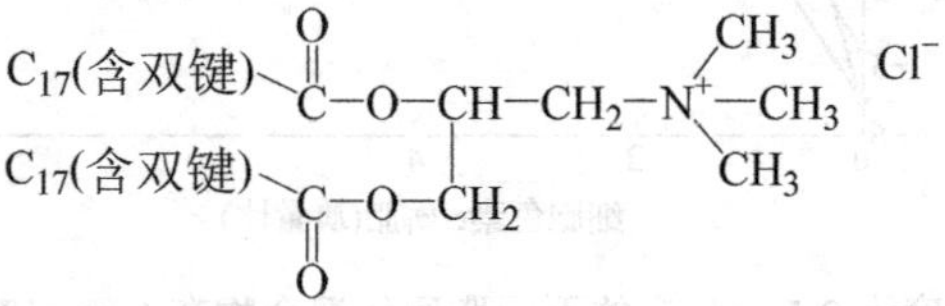

1,2-二油酰基-3-三甲基铵丙烷(氯化物)(1,2-dioleoyl-3-trimethylammonium propane,DOTAP)

图 7-19　一些阳离子脂质链端的化学式

C_{18}—十八碳链；C_{17}—十七碳链

正如预期的那样，阳离子脂质体表现出高度正的 zeta 电位。通过加入两性磷脂如 PE 或 PC，或带负电的核苷酸可以降低 zeta 电位。进一步添加核苷酸时会出现电荷反转，然后添加更多核苷酸，zeta 电位也变得越来越负。但在有些研究中，即使在带正负电荷的物体（脂质体与带负电的核苷酸）的比高达 1：0.9 的情况下，阳离子脂质体仍为高度阳性。所以表面电位的变化也取决于脂质体和核苷酸的种类，以及脂质体的特性，如薄层性[47]。

基因治疗是用带菌载体将基因材料释放给患者达到治疗的目的。作为基因治疗带菌载体的阳离子脂质体可与变形体式的 DNA 形成复合体，而最佳转染与脂质体与

DNA 的比有关。Zeta 电位测量可被用于寻找特定脂质体与不同 DNA 的最佳比。图 7-20 为通过 zeta 电位测定阳离子脂质体表面吸附带负电的 DNA 所得到的 zeta 电位谱图。脂质体带正电（最右边的峰，谱线 1），当加入带负电的 DNA 后，DNA 吸附在脂质体表面，中和了部分正电，zeta 电位峰向左（负电位方向）移动（谱线 2 与谱线 3）；当加入更多的 DNA 后，整个颗粒的电位为负，zeta 电位分布呈现双峰（谱线 4），左边更负的峰是悬浮液内脂质体吸附后剩余的 DNA 分子；当再加入更多的 DNA 后，还是双峰分布（谱线 5），左边的负峰位置不变，但强度升高，说明有更多的"游离" DNA，而脂质体则达到了全覆盖（谱线 5 右边的峰）。

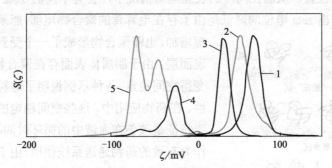

图 7-20　DNA 滴定脂质体的 zeta 电位谱图

1—脂质体；2—脂质体+DNA；3—脂质体++DNA；4—脂质体+++DNA；5—脂质体++++DNA

当脂质体表面吸附或结合很长链的高分子时，由于长链的不同构型形成空间位阻，所测量到的电泳迁移率/zeta 电位与表面电位会出现脱节，即在同样的表面电位下，该值取决于滑移面外推的距离，zeta 电位可能很低，例如被称为聚乙二醇化 PE 是通过加入与 PE 的极性端化学结合的聚乙二醇（PEG）而在脂质体表面生成一层"长毛"而形成的[48]。如表 7-3 所示，两性离子 PC 脂质体的 zeta 电位接近于零。通过引入带负电的 PG，zeta 电位和表面电位急剧增加。如果聚乙二醇化二硬脂酰磷脂酰乙醇胺（表 7-3 中 PEGPE）以与 PG 相同的量包含在 PC 脂质体的双层结构中，由于 PEGPE 的阴离子特性，表面电位增加，然而尽管 PEGPE 携带与 PG 类似的负电荷，但 zeta 电位并未有同样的增加。而减少 PEGPE 的量，观察到较小的负表面电位，但 zeta 电位也没有同样的增加[49,50]。

表 7-3　脂质体表面接枝与电位

脂质体	Zeta 电位/mV	表面电位/mV
PC	1.3±0.2	0
PG-PC (7.5/92.5)	−21.2±0.8	−25.4±5.8
PEGPE-PC (7.5/92.5)	−5.4±0.4	−24.8±4.7
PEGPE-PC (5/95)	−7.5±2.6	−14.4±2.4

按照经典表面电动力学理论，距离表面 x 处的电位是表面电位的指数衰减，衰减常数为扩散层特征厚度，也即德拜长度。所以从测量的 zeta 电位与表面电位可以估计求得涂层厚度：表 7-3 中，从 -21mV 到 -5mV 的移动对应于特征厚度从 0.52nm 增加到 4.8nm，这与通过其他独立方法估计的涂层厚度约为 6nm 非常接近。在不同电解质盐浓度下测量的 zeta 电位相对于德拜长度的线性回归，也可以计算滑移面的位置[50]。

这些表面长链分子对 zeta 电位的影响与链的长度、构型，以及表面覆盖率都有关系。如图 7-21 所示，同样的长链分子在不同的覆盖率下由于不同的构型，会有不同的滑移面位置，从而在同样的表面电荷情况下，会有不同的 zeta 电位[51]。另外也有作者提出 zeta 电位的降低是由于存在毛茸茸的聚合物尾部，脂质体表面的摩擦增加，也即聚合物形成了一个受到黏性阻力的表面层。由于脂质体表面存在聚合物刷，脂质体变得空间稳定。各种示例说明了这种改进的稳定性。在药物应用中，这些空间稳定的脂质体的主要特征是改善在血液中的循环时间，允许脂质体作为有效的药物递送系统使用。由于表面存在聚合物刷，它们无法接近体内的血液成分和细胞表面。与血液成分和细胞表面的相互作用被认为会刺激脂质体免疫系统的黏附、融合、裂解或破坏，这反过来导致脂质体从静脉系统中快速移除，并限制其效率。由于血液循环时间较长，提高了脂质体药物载体系统的治疗效率。

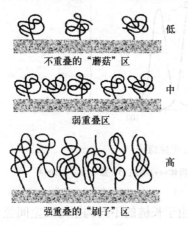

图 7-21　长链分子在表面不同覆盖率时的构型示意图

7.4　油墨

颜料分散体和液态油墨是浓缩的、非常复杂的胶体系统。油墨由颜料、树脂、溶剂和不同的添加剂组成。有很多不同种类的油墨和分散体，有些使用有机溶剂，而有些是水基的。其中一些溶剂（例如甲苯）对人体有毒有害，因此行业内面临着越来越大的压力，要求减少或消除有毒有机溶剂的使用，改用水基配方。有些油墨含有相对低浓度的颜料和分散剂（低黏度），例如喷墨油墨或凹版油墨；而有些含有非常高浓度的颜料与树脂，例如平版印刷中使用的膏状油墨（高黏度）。油墨的稳定性是实现良好印刷性和显色的关键问题，还决定了产品的保质期。

根据所用颜料和溶剂的化学性质，将不同的分散剂和分散技术用于制备颜料分散体。氧化物型颜料，例如 TiO_2、$CaCO_3$ 或 Fe_2O_3，用无机或有机的聚离子分散在水中，静电电荷和高 zeta 电位是分散稳定的主要因素。所以必须仔细选择颜料分散体稳定的机理。大多数水性油墨是使用阴离子聚合物（丙烯酸酯、马来酸盐、磺化聚酯等）配制的。因此为此类系统设计的颜料分散体必须通过阴离子或非离子聚合物（表面活性剂）稳定，以实现良好的兼容性。携带相反电荷的聚合物和颜料不能用在一起配制油墨。颜料颗粒的电荷符号和值可以通过电动方法来确定。由于油墨和颜料分散体都是浓缩系统，因此需要使用能够在不稀释的情况下处理这种系统的实验技术，例如电动声波振幅。

颜料的电动性质强烈依赖于表面处理[52]。许多颜料都经过处理，以改善其分散性，提高稳定性，或改变其他特性，如化学电阻率、耐候性、耐久性等。一些颜料可能具有研磨性，会导致印版或凹版印刷滚筒过度磨损。较大的颜料聚集体可以非常显著地加速磨损过程。因此，保持这种颜料在亚微米尺寸范围内的良好分散对打印机非常重要。具有高亲和力的聚合物（分散剂）处理过的颜料不仅在液体油墨中而且在干油墨膜中也表现出非常高的分散度。良好的颜料分散对于实现印刷品的高光泽和颜色强度非常重要。

无机颜料通常被涂覆以改变其表面性质，使颜料的电动特性接近给定涂层的特性[53]。例如当二氧化硅涂有氧化铝时，其等电点的 pH 值（pH = 2）会向更高的 pH 值移动，移动的幅度取决于氧化铝的表面覆盖度。当完全覆盖时，此类颗粒等电点的 pH 值与氧化铝相同（pH = 9）。如果碱性颗粒（pH > 7）被酸性更强的涂层覆盖，则涂层材料的 pH 值将降低。该技术通常用于二氧化钛和氧化铁颜料的表面处理。对于有机颜料，为了提高其分散性，往往用分子一端固定在颜料表面上并将官能团（例如羧基、氨基）暴露在空气中的物质处理它们的表面，这些表面官能团易于与溶剂相互作用，并可使颗粒表面带电。这类表面处理可以在颜料制造的不同阶段进行[54]。

有一类特殊的颜料分散剂，称为"超分散剂"。这些物质是聚合物材料，其专门设计为非常牢固地锚定在给定颜料的表面上，并形成非常有效的立体层，保护颜料颗粒免受絮凝。超分散剂的实例是含有羧酸官能团的脂肪聚酯、脂肪聚脲或聚氨酯。超分散剂广泛用于印刷油墨行业，以制备具有所需流变性能的高强度颜料基料。它们可以降低加工成本，并可以提高工厂的产能[55]。

液体油墨用于电子照相印刷。在圆柱体的光导绝缘表面产生带有静电电荷的图案潜像。图像显影的过程是带有相反电荷的油墨颗粒电泳转移到圆柱体的带电部位，然后将滚筒上的显影图像转印到纸张上。液体油墨中，颜料颗粒分散在含聚合物、分散剂和电荷控制剂的低电导率溶剂中。溶剂必须是电导率非常低的绝缘液体，以防止潜像放电。此外，溶剂应具有非常低的黏度（以允许调色剂颗粒快速迁移到表面），安全，并且价格低廉。液体油墨使用无机或有机颜料，满足关于颜色、耐光性、抗渗性、低渗性等方面的要求。液体油墨中使用的聚合物（分散剂）应确保良好的颜料颗粒分散性，防止颗粒絮凝，并将其固定在基材上。使用电荷控制剂的主要目的是使颜料颗粒带电，从而使颗粒的电泳沉积成为可能。颜料颗粒上的电荷密度是表征液体油墨的一个重要的参数，通常用 Q/m（电荷质量比）来表征液体油墨。而 Q/m 与 zeta 电位有下列关系[56]：

$$\frac{Q}{m} = \frac{3\varepsilon_r \varepsilon_o \zeta}{a^2 \rho} \tag{7-6}$$

式（7-6）中，由于颗粒大小（a）与密度（ρ）是常数，所以从 zeta 电位可以直接得到 Q/m。图 7-22 显示了液体油墨颗粒在不同电荷控制剂浓度下的 zeta 电位[57]。

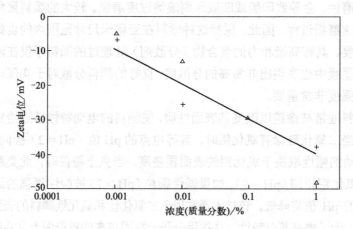

图 7-22　液体油墨颗粒在不同电荷控制剂浓度 OLOA 1200 下的 zeta 电位

平版印刷是另一种主要的印刷工艺，电动现象测量方法也用于表征油墨、印版和润版液之间相互作用的不同实验技术中，例如用 zeta 电位测量来研究润版液中 pH 值和表面活性剂和钙离子浓度对油墨性能的影响时，观察到了墨水/润版液系统中钙离子浓度较高时的"电荷反转"[58]。流动电位技术也被用来研究印刷平版的表面特性，了解印版和润版溶液之间的相互作用。

7.5　矿物

表面电动力学的研究与电动或动电现象的观察、测量与应用已被广泛用于各类矿物的挖掘生产过程，如矿物浮选与研究中，特别是在矿物-水系统中的相互作用。矿物-水溶液系统可能由不同种类的有机和无机物质组成。由于矿物本身固有的特性，其中一些物种是由矿物本身造成的。由于矿物类型众多，研究应用的范围极广，本小节简略地介绍其中的一个小分支——黏土矿物方面的一些表面电动现象。

黏土矿物是含水铝硅酸盐，镁和铁在不同程度上取代了铝，并具有可交换的碱和碱土元素作为潜在的基本成分。基本铝硅酸盐结构中的这些取代，导致了黏土矿物的化学成分和结构特征的广泛多样性。层状硅酸盐矿物有六个主要结构组：①高岭石-蛇纹石、②叶蜡石-滑石、③云母、④蒙脱石-蛭石、⑤坡缕石-海泡石和⑥绿泥石组[59]。土壤和近期沉积物中的化学过程在很大程度上取决于其矿物成分表面的反应。就有机和无机化合物的吸附而言，黏土矿物是土壤、沉积物和悬浮物中最活跃的无机成分。它们在自然环境中在污染物的化学-生物转化、运输和沉积中发挥着重要作用，一些黏土矿物还能用来催化有机反应。

对于黏土矿物表面研究主要是两个参数——表面积与表面电荷密度。由于铝硅酸盐晶格内部的同构置换而产生的过量负晶格电荷，是通过表面的阳离子来补偿的，这些阳离子太大而不能并入晶格内部。在水溶液中，如果存在的话，这些阳离子很容易被其他阳离子交换[60]。所以表面电荷密度又可以阳离子交换容量（cation-exchange capacity，CEC）来表征。CEC 可以定义为在给定的温度、压力、溶液组成和土壤-溶液质量比条件下，可以与其他阳离子交换的过量阳离子[61]。它可以通过用"标准"阳离子取代可交换的阳离子进行分析测定，通常用 mmol/g 表示。可以使用许多不同的方法，使用阳离子如 Na^+ 和 NH_4^+ 的交换过程来测定 CEC。

黏土矿物是含带负电的基面和带正电的边缘表面的薄板状颗粒。因此前几章描述的圆盘模型很适用于黏土矿物，其颗粒整体的电荷来源于带负电的基面和带正电的边缘表面之间的比率。

在克罗地亚拉斯河河口研究的 zeta 电位对悬浮物絮凝和沉降动力学的影响表明，沉积物稳定性和悬浮物质输运的关系与负 zeta 电位大小的变化一致。在拉斯河口，观察到了黏土颗粒的快速沉积，悬浮物的浓度很高，并且存在很强的盐度梯度，因此，絮凝作用增强。Zeta 电位测量和粒度分析为此类过程提供了具有预测潜力的重要指标。图 7-23 显示了原始水样中悬浮颗粒的 zeta 电位与盐度的关系。随着盐度的增加，zeta 电位绝对值从约 25mV 降低到 10mV，证实了有关河流、河口和海洋环境中离子强度为 $10^{-3}\sim0.56$mol/L 中悬浮矿物颗粒带负电荷的文献数据[62]。

实验表明，进入海水的细粒悬浮无机颗粒作为单一胶体颗粒并不稳定，并以比组成颗粒沉降快很多倍的速度絮凝。悬浮矿物颗粒的表面电荷密度影响其沉降速率和对环境污染物的吸附能力。在黏土中，影响电荷密度的重要因素是二价阳离子的

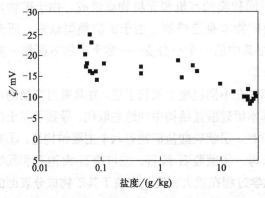

图 7-23 河口沉积物的 zeta 电位与盐度的关系

存在、介质的 pH 值以及有机和无机化合物的吸附。Zeta 电位随着盐度的增加而显著降低，导致电荷中和引起的絮凝。此外，湍流的水力和由此产生的机械颗粒碰撞也增强了絮凝作用。这种现象与颗粒浓度有关[63]。

对三峡库区自然流态下泥沙的絮凝过程的模拟研究中，分析了在不同浓度的 NaCl、MgCl$_2$、CaCl$_2$、AlCl$_3$ 溶液中泥沙 zeta 电位及絮凝特性的变化。结果表明加入电解质可以改变泥沙颗粒的 zeta 电位，并且随电解质浓度的增加，泥沙颗粒电位绝对值降低，但不同价态及不同种类的离子对于 zeta 电位的影响有所不同。在动态水流条件下，电解质的投入对泥沙絮凝起明显的促进作用，并且这种促进作用同样与电解质种类有关[64]。

天津、连云港两地高浓度淤泥质吹填土泥浆，在添加高分子量的各类有机、无机混合絮凝剂后，吹填土颗粒表面 zeta 电位发生改变，甚至改变符号，形成胶体并发生沉降，泥水分离现象明显。测量表明 zeta 电位位于 0～4.9mV 区间内最有利于泥浆絮凝[65]。

原始黏土矿物由于其特殊的多层结构与复杂的内部及表面结构，大部分在整个 pH 范围内没有等电点，如图 7-24 所示。

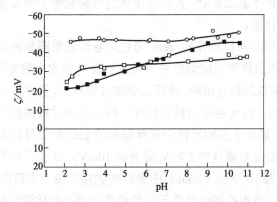

图 7-24　各类黏土矿物在 1×10^{-3} mol/L 的 NaCl 溶液中不同 pH 下的 zeta 电位

○ 皂石(saponite)；■ 贝氏岩(beidellite)；□ 蒙脱石(montmorillonite)

经过碾磨的黏土矿物显示出等电点以及比原始的更强烈的 zeta 电位 pH 依赖性，这可能是盘状颗粒的多层结构遭到了破坏，边缘对总表面的贡献更大了。图 7-25 显示了天然和碾磨的锂云母在 10^{-3} mol/L 的 NaCl 溶液中的 zeta 电位曲线与 pH 值的关系。对颗粒比表面积与 CEC 的测量表明，对于锂云母，碾磨导致比表面积增加 12.3 倍，CEC 增加 3 倍；对于贝氏岩，比表面积增加 1.5 倍，CEC 增加 20%[66]。

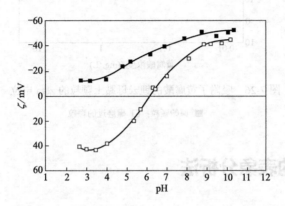

图 7-25　不同锂云母（ripidolite）在 1×10^{-3} mol/L 的 NaCl 溶液中的 zeta 电位

■ 原生态锂云母；□ 碾磨的锂云母

在天然水中，黏土矿物颗粒暴露于各种有机化合物以及不同的物理化学条件下，如温度、氧气、pH 和离子强度。木质素降解产生的酸性生物大分子混合物腐殖物质无处不在，是决定矿物颗粒在天然水生环境中胶体稳定性的主要因素。胶体物质在自然水生环境中的絮凝和沉淀过程，除其他影响外，还受到有机表面改性的影响。吸附的有机物质会掩盖底层表面的物理化学性质，成为覆盖黏土矿物表面有机膜的主要成分，并主导矿物颗粒与水介质的表面相互作用。这些吸附的腐殖物质影响天然水生环境中颗粒和胶体物质的溶解、颗粒形成、吸附、胶体稳定性、凝聚和沉淀[67]。金属离子与腐殖物质的结合是调节天然水和土壤中金属浓度和流动性的一种重要现象[68]。黏土矿物颗粒与这些天然有机化合物之间的相互作用是决定自然环境中无机和有机污染物的运输、分布和去除的最重要过程。

图 7-26 显示了黄腐酸浓度对原始和碾碎的锂云母 zeta 电位的影响。天然锂云母黏土未显示黄腐酸浓度对 zeta 电位的影响，而碾磨的样品显示出随着黄腐酸浓度的增加，负电位显著增加。颗粒大小、黏土矿物类型或比表面积都不决定吸附离子的性质，而是研磨样品新生成的边缘表面造成黄腐酸的吸附，对于贝氏岩的研究也得出同样的结论[66-69]。

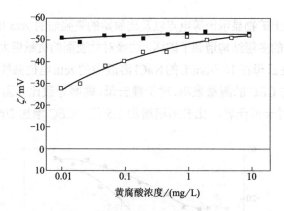

图 7-26　吸附了黄腐酸的锂云母黏土颗粒的 zeta 电位

■ 原始颗粒；□ 碾磨过的颗粒

7.6　三维的表象分析法

前几章介绍的理论很多是基于有明确边界条件的理想体系,但实际分散体系往往不符合这些理想体系的边界条件，由此计算出来的一些参数只能称为是表观的，与真相有一定的差别。另两种比较直观可用于表征实际体系以及这些体系与理想体系差别的方法是指纹法与多参数分析。

7.6.1　电泳迁移率的指纹法表征

颗粒的表面电位以及电动现象不但取决于颗粒本身的化学组成与表面状况，也取决于所分散的环境,即悬浮液体的本质、悬浮液的 pH 与其他离子的种类与浓度，而离子的种类与浓度整体反映在溶液电导率。表面电动现象的表征结果一定是在某个特定环境内才有意义，环境的变化会改变颗粒的 zeta 电位。

颗粒的电泳迁移率取决于颗粒的 zeta 电位，用可测量的 pH 和介质比电导作为电泳迁移率的函数可以做出三维的实验数据指纹图。电泳指纹是带电胶体颗粒系统的特征性质，其可用于表征未知的颗粒系统或通过与理论模型的比较来探索电化学表面的性质。此三维实验数据可与按某一理论（简单的或复杂的）所计算出来的三维图形进行比较。这些计算可以是基于简单的解析式，也可以是根据数值计算得到。理论与实验两类三维图形的比较可以有两类：对于复杂的方程，而又不进行迭代分析，可以对此特定体系有个整体的概念，以某个理论作为参考点，对所表征的颗粒体系（在某一环境下的特定颗粒物）有个对其在此环境中的整体了解，探索电化学表面的性质，以及比较不同颗粒物在同样环境下的表面电状况；也可使用特制的拟合程序将实验指纹数据与通过若干物理化学参数的变化计算的理论指纹进行拟合，从而得出更准确的描述[70,71]。

在指纹法中，电泳迁移率表示为两个状态变量的函数，实验指纹可以用 pH-pK_L-μ 或 pH-κ-μ 坐标系统表示，pK_L 是电导率的负对数。此类三维图形成"电泳形貌"，也可视为等迁移率的等高线图。要得到较细腻的指纹图，通常需要 100～400 个单独的空间点，并对数据进行网格化，以生成轮廓映射和 3D 显示所需的 x-y 平面中规则间隔的数据。需要至少 70 个数据点来绘制有意义的等迁移率等高线图。

电泳指纹已被用作颗粒表面电化学状态的灵敏探针和胶体稳定性的测量，也被应用于生物问题的分析。例如某类胶体指示剂的电泳迁移率可用于诊断和跟踪新生儿囊性纤维化、胎儿肺成熟、脑膜炎和呼吸窘迫综合征等疾病的治疗。与健康人相比，与体液接触的指示剂颗粒的电泳迁移率发生了变化，这表明了疾病引起的体液变化。但是在这个简单的测试中，不同批次的相同类型的颗粒可能会有反应，也可能不会有反应。当在电泳等迁移率等高线图中，在恒定电导率和 pH 值下与理论计算进行比较后发现，无反应颗粒的表面可以用类似于羧酸 pK_a 的单个酸位点解离模型 pK_L 来描述[72]。这类颗粒表面电荷密度低，没有等电点，但在低 pH 值下接近零迁移率，主要具有负电子供体位点。而对体液有反应的颗粒，其表面可以用双位点解离模型来描述。在低离子强度下，响应颗粒表现出两性表面的特征，表面基团更可能是羟基。随着电导率的增加，该表面吸收了大量的 Cl⁻，既有负供体位点，也具有正受体位点，此外，还具有含有吸附的 Cl⁻ 的位点。这些研究清楚地表明，表面化学在指示剂颗粒的生物活性中起着关键作用，电泳指纹是表征生物活性和非活性表面的有力方法。

指纹图可以用来研究不同体系之间的差别，例如具有不同特征（如电荷、表面形态和官能团）的乳胶颗粒，通过电泳指纹图谱可以发现三类乳胶颗粒：①表面带有硫酸盐和羟基的聚苯乙烯乳胶，电泳迁移率取决于介质的电导率以及 pH 值（图 7-27）；②表面带有羟基的聚甲基丙烯酸酯乳胶，电泳迁移率取决于介质的电导率，pH 值的影响较小（图 7-28）；③表面带有铵离子和羟基的聚苯乙烯乳胶，电泳迁移率强烈取决于 pH 值，电导率的影响较小（图 7-29）[73]。

此外，三维图还可以通过与理论模型的比较，探索表面电化学性质。聚合物胶体的电动力学数据可以通过使用涉及完全不同的物理解释的模型来定量解释，例如，滑移面内离子结合层的异常表面电导或离子迁移率，表面层在变化的电化学应力下的膨胀或收缩，以及通过优先离子吸附导致的表面电荷密度变化。已有很多电泳指纹图谱分辨在给定电化学状态下模型聚合物胶体中发生的各类现象，例如电泳弛豫、滑移面膨胀和滑移面内的电导等。

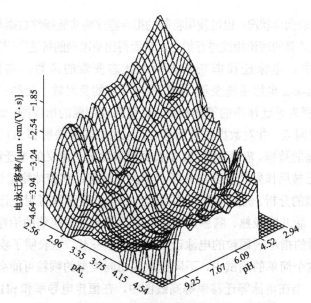

图 7-27　表面带有硫酸盐和羟基的聚苯乙烯乳胶

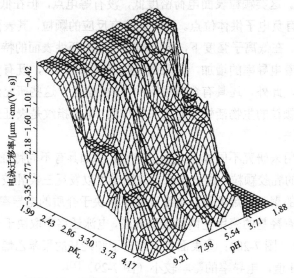

图 7-28　表面带有羟基的聚甲基丙烯酸酯乳胶

　　电泳指纹图谱可以用作"原位表面分析"工具，来了解表面化学和结构的不同机制以及伴随的双电层的作用。下面两个三维图是在聚苯乙烯乳胶球按序吸附 PAH（聚烯丙基胺盐酸盐）、PSS（聚苯乙烯磺酸盐）、PAH 时测量电泳迁移率后，根据理论计算出的表观电荷密度与理论电泳指纹比较的三维图。图 7-30 显示了第一个吸附的 PAH 层的实验指纹与相应理论的比较。理论设定乳胶的表面带电位分布均

图 7-31 显示了 PAH-PSS-PAH 的聚苯乙烯硫酸盐乳胶的指纹（电泳迁移率和 pH 之间

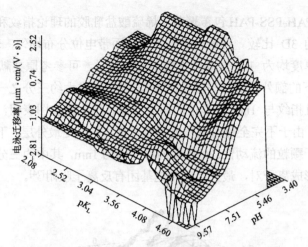

图 7-29　表面带有铵离子和羟基的聚苯乙烯乳胶

匀,表面吸附均匀,PAH吸附层厚度1nm(其余参数不一一列举,可参考原文献[74])。除了在低 pH 下,实验和理论之间有很好的一致性。低 pH 下的差异可以这样理解:考虑到乳胶电荷（羧基）没有解离,因此释放了一些 PAH 电荷,这些 PAH 电荷在高 pH 下通过与乳胶带电基团形成离子对而固定。PAH 在很大程度上取代了乳胶表面吸附的阳离子。大约三分之一的 PAH 电荷和聚苯乙烯羧基形成离子对,只有在这些基团质子化后才具有电泳活性。吸附的 PAH 对乳胶表面的覆盖似乎并不完全。

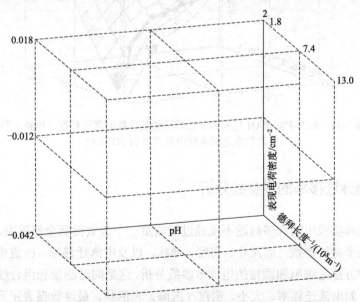

图 7-30　PAH 包覆的聚苯乙烯硫酸盐乳胶的理论指纹（网格）和
实验数据之间表观电荷密度的 3D 比较

图 7-31 显示了 PAH-PSS-PAH 包覆聚苯乙烯硫酸盐乳胶的理论指纹和实验数据之间表观电荷密度的 3D 比较。理论设定乳胶的表面带电位分布均匀，表面吸附均匀，三层吸附层的厚度均为 1nm（其余参数不一一列举，可参考原文献[74]）。依旧观察到在低 pH 下的额外电荷（与理论比较），表明形成大约三分之一的聚离子电荷的离子对，并且指纹与 1nm 层厚度的假设一致。这些指纹图表明，每一层吸附都有电荷过补偿。由于不完全覆盖或聚电解质互穿，不仅是最外层，下层和裸露的乳胶表面也有助于颗粒的流动性。最外层的厚度约为 1nm，其中约三分之一的带电基团与下层电荷形成离子对，最外层的带电基团有反离子吸附[74]。

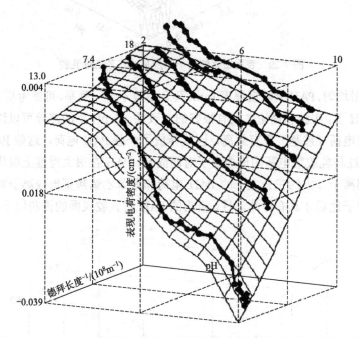

图 7-31　PAH-PSS-PAH 包覆聚苯乙烯硫酸盐乳胶的理论指纹（网格）和
实验数据之间表观电荷密度的 3D 比较

7.6.2　电泳迁移率的多参数分析

在研究和实践中的许多问题不能通过仅测量一个参数得到全部答案，往往需要同时测量几个特征参数，如尺寸、密度、形状，以及电泳迁移率。改进电泳数据分析的另一种方法是细胞和颗粒的电泳多参数分析，这是同时测量和组合细胞（颗粒）特征参数，如电泳迁移率、大小、密度（沉降）和形状。最终数据表示为直方图和二维或三维（2D 或 3D）图，或通过使用统计分析进行比较。电泳迁移率、密度（沉降）和尺寸的测量参数的组合可以提供具有不同斑点（2D 图）或等高线（3D 图）的特征图，如图 7-32 所示[75]。该方法可用于表征表面上电动力学的复杂过程，并检测颗粒或细胞之间的微小差异，可应用于非生物和生物研究以及临床医学新的潜在领域，包括生物医学和临床研究中的病理变化。

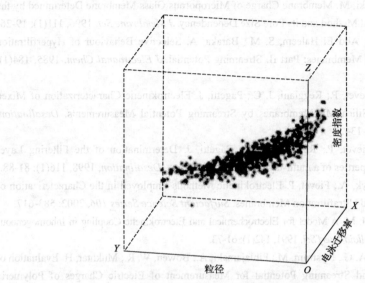

图 7-32　人类红细胞的三维图

x 轴、*y* 轴、*z* 轴均以任意单位表示

参考文献

[1] Möckel, D.; Staude, E.; Dal-Cin, M.; Darcovich, K.; Guiver, M. Tangential Flow Streaming Potential Measurements: Hydrodynamic Cell Characterization and Zeta Potentials of Carboxylated Polysulfone Membranes. *J Membrane Sci*, 1998, 145(2): 211-222.

[2] 王旭亮, 赵静红, 李宗雨, 李强, 潘献辉, 郝军. 离子效应对纳滤膜表面 zeta 电位测定的影响. 化学分析计量, 2018, 27(3): 12-15.

[3] Jun, B. M.; Cho, J.; Jang, A.; Chon, K.; Westerhoff, P.; Yoon, Y.; Rho, H. Charge Characteristics (Surface Charge vs. Zeta Potential) of Membrane Surfaces to Assess the Salt Rejection Behavior of Nanofiltration Membranes. *Sep Purif Technol*, 2020, 247, 117026.

[4] Nyström, M.; Kaipia, L.; Luque, S. Fouling and Retention of Nanofiltration Membranes. *J Membrane Sci*, 1995, 98(3): 249-262.

[5] Pontié, M. Effect of Aging on UF Membranes by a Streaming Potential (SP) Method. *J Membrane Sci*, 1999, 154(2): 213-220.

[6] Christoforou, C. C.; Westermann-Clark, G. B.; Anderson, J. L. The Streaming Potential and Inadequacies of the Helmholtz Equation. *J Colloid Interf Sci*, 1985, 106(1): 1-11.

[7]   Westermann-Clark, G. B.; Anderson, J. L. Experimental Verification of the Space-Charge Model for Electrokinetics in Charged Microporous Membranes. *J Electrochem Sci Te*, 1983, 130(4): 839-847.

[8]   Ricq, L.; Pierre, A.; Reggiani, J. C.; Pagetti, J. Streaming Potential and Ion Transmission During Ultra-And Microfiltration on Inorganic Membranes. *Desalination*, 1997, 114(2): 101-109.

[9]   Takagi, R.; Nakagaki, M. Membrane Charge of Microporous Glass Membrane Determined by the Membrane Potential Method and its Pore Size Dependency. *J Membrane Sci*, 1996, 111(1): 19-26.

[10]   Khedr, M. G. A.; Abd El Haleem, S. M.; Baraka, A. Selective Behaviour of Hyperfiltration Cellulose Acetate Membranes: Part II. Streaming Potential. *J Electroanal Chem*, 1985, 184(1): 161-169.

[11]   Szymczyk, A.; Fievet, P.; Reggiani, J. C.; Pagetti, J. Electrokinetic Characterization of Mixed Alumina-Titania-Silica MF Membranes by Streaming Potential Measurements. *Desalination*, 1998, 115(2): 129-134.

[12]   Szymczyk, A.; Fievet, P.; Reggiani, J. C.; Pagetti, J. Determination of the Filtering Layer Electrokinetic properties of a multi-layer ceramic membrane. *Desalination*, 1998, 116(1): 81-88.

[13]   Ricq, L.; Szymczyk, A.; Fievet, P. Electrokinetic Methods Employed in the Characterization of Microfiltration and Ultrafiltration Membranes. *Surfactant Science Series 106*, 2002: 583-617.

[14]   Jin, M.; Sharma, M. M. A Model for Electrochemical and Electrokinetic Coupling in Inhomogeneous Porous Media. *J Colloid Interf Sci*, 1991, 142(1): 61-73.

[15]   Kim, K. J.; Fane, A. G.; Nystrom, M.; Pihlajamaki, A.; Bowen, W. R.; Mukhtar, H. Evaluation of Electroosmosis and Streaming Potential for Measurement of Electric Charges of Polymeric Membranes. *J Membrane Sci*, 1996, 116(2): 149-159.

[16]   Mullet, M.; Fievet, P.; Reggiani, J. C.; Pagetti, J. Surface Electrochemical Properties of Mixed Oxide Ceramic Membranes: Zeta-Potential and Surface Charge Density. *J Membrane Sci*, 1997, 123(2): 255-265.

[17]   Szymczyk, A.; Fievet, P.; Mullet, M.; Reggiani, J. C.; Pagetti, J. Comparison of Two Electrokinetic Methods-Electroosmosis and Streaming Potential-to Determine the Zeta-Potential of Plane Ceramic Membranes. *J Membrane Sci*, 1998, 143(1-2): 189-195.

[18]   Xu, R.; D'Unger, G.; Winnik, M. A.; Martinho, J. M. G.; d'Oliveira, J. M. R. Kinetics and Isotherm of Block Copolymer Adsorption on Latex Particles. Part 1. *Langmuir*, 1994, 10(9): 2977-2984.

[19]   Ortega-Vinuesa, J. L.; Hidalgo-Alvarez, R.; De Las Nieves, F. J.; Davey, C. L.; Newman, D. J.; Price, C. P. Characterization of Immunoglobulin G Bound to Latex Particles Using Surface Plasmon Resonance and Electrophoretic Mobility. *J Colloid Interf Sci*, 1998, 204(2): 300-311.

[20]   Ohshima, H.; Kondo, T. Electrophoretic Mobility and Donnan Potential of a Large Colloidal Particle with a Surface Charge Layer. *J Colloid Interf Sci*, 1987, 116(2): 305-311.

[21]   Ohshima, H.; Nakamura, M.; Kondo, T. Electrophoretic Mobility of Colloidal Particles Coated with a Layer of Adsorbed Polymers. *Colloid Polymer Sci*, 1992, 270(9): 873-877.

[22]   Serra, J.; Puig, J.; Martin, A.; Galisteo, F.; Gálvez, M.; Hidalgo-Alvarez, R. On the Adsorption of IgG onto Polystyrene Particles: Electrophoretic Mobility and Critical Coagulation Concentration.

Colloid Polym Sci, 1992, 270(6): 574-583.

[23] Ortega Vinuesa, J. L.; Gálvez Ruiz, M. J.; Hidalgo-Alvarez, R. F(ab′) 2-Coated Polymer Carriers: Electrokinetic Behavior and Colloidal Stability. *Langmuir*, 1996, 12(13): 3211-3220.

[24] Martin-Rodriguez, A.; Ortega-Vinuesa, J. L.; Hidalgo-Alvarez, R. Electrokinetics of Protein-coated Latex Particles. *Surfactant Science Series*, 2002, 106: 641-670.

[25] Stoll, S.; Lanet, V.; Pefferkorn, E. Kinetics and Modes of Destabilization of Antibody-Coated Polystyrene Latices in the Presence of Antigen: Reactivity of the System IgG-IgM. *J Colloid Interf Sci*, 1993, 157(2): 302-311.

[26] Ortega-Vinuesa, J. L.; Bastos-Gonzalez, D.; Hidalgo-Alvarez, R. Comparative Studies on Physically Adsorbed and Chemically Bound IgG to Carboxylated Latexes, Ⅱ. *J Colloid Interf Sci*, 1995, 176(1): 240-247.

[27] Ortega-Vinuesa, J. L.; Bastos-González, D. A Review of Factors Affecting the Performances of Latex Agglutination Tests. *J Biomat Sci-Polym E*, 2001, 12(4): 379-408.

[28] Norde, W.; Lyklema, J. The Adsorption of Human Plasma Albumin and Bovine Pancreas Ribonuclease at Negatively Charged Polystyrene Surfaces: Ⅳ. The Charge Distribution in the Adsorbed State. *J Colloid Interf Sci*, 1978, 66(2): 285-294.

[29] Dukhin, S. S.; Semenikhin, V. N. Theory of Double Layer Polarization and its Influence on the Electrokinetic and Electro-Optical Phenomena and the Dielectric Permeability of Disperse Systems. *Colloid J. USSR*, 1970, 32(3): 298-305.

[30] Tamai, H.; Hasegawa, M.; Suzawa, T. Flocculation of Polystyrene Latex Particles by Bovine Serum Albumin. *Colloid Surface*, 1990, 51: 271-280.

[31] Tamai, H.; Oyanagi, T.; Suzawa, T. Colloidal Stability of Polymer Latices Coated with Human Serum Albumin. *Colloid Surface*, 1991, 57(1): 115-122.

[32] Molina-Bolıvar, J. A.; Galisteo-González, F.; Hidalgo-Alvarez, R. The Role Played by Hydration Forces in the Stability of Protein-Coated Particles: Non-Classical DLVO Behaviour. *Colloid Surfaces B*, 1999, 14(1-4): 3-17.

[33] Has, C.; Sunthar, P. A Comprehensive Review on Recent Preparation Techniques of Liposomes. *J Lipos Res*, 2020, 30(4): 336-365.

[34] Daraee, H.; Etemadi, A.; Kouhi, M.; Alimirzalu, S.; Akbarzadeh, A. Application of Liposomes in Medicine and Drug Delivery. *Artif Cell Nanomed B*, 2016, 44(1): 381-391.

[35] Matsumura, H.; Watanabe, K. I.; Furusawa, K. Flocculation Behavior of Egg Phosphatidylcholine Liposomes Caused by Ca^{2+} Ions. *Colloid Surfaces A*, 1995, 98(1-2): 175-184.

[36] Cevc, G. Electrostatic Characterization of Liposome. *Chem Phys Lipid*, 1993, 64(1-3): 163-186.

[37] Eisenberg, M.; Gresalfi, T.; Riccio, T.; McLaughlin, S. Adsorption of Monovalent Cations to Bilayer Membranes Containing Negative Phospholipids. *Biochem*, 1979, 18(23): 5213-5223.

[38] Tatulian, S. A. Effect of Lipid Phase Transition on the Binding of Anions to Dimyristoylphosphatidylcholine Liposomes. *BBA-Biomembranes*, 1983, 736(2): 189-195.

[39] Ermakov, Y. A.; Makhmudova, S. S.; Averbakh, A. Z. Two Components of Boundary Potentials at the Lipid Membrane Surface: Electrokinetic and Complementary Methods Studies. *Colloid Surface A*, 1998, 140(1-3): 13-22.

[40] Hammond, K.; Reboiras, M. D.; Lyle, I. G.; Jones, M. N. The Electrophoretic Properties and Aggregation Behaviour of Dipalmitoylphosphatidylcholine—phosphatidylinositol Vesicles in Aqueous Media. *Colloid Surface*, 1984, 10: 143-153.

[41] Semple, S. C.; Chonn, A.; Cullis, P. R. Interactions of Liposomes and Lipid-based Carrier Systems with Blood Proteins: Relation to Clearance Behaviour in vivo. *Adv Drug Deliver Rev*, 1998, 32(1-2): 3-17.

[42] Matsumura, H.; Mori, F.; Kawahara, K.; Obata, C.; Furusawa, K. Effect of Amino Acids, Polypeptides and Proteins on Electrophoretic Mobilities of Phospholipid Liposomes. *Colloid Surfaces A*, 1994, 92(1-2): 87-93.

[43] Bergers, J. J.; Vingerhoeds, M. H.; van Bloois, L.; Herron, J. N.; Janssen, L. H.; Fischer, M. J.; Crommelin, D. J. The Role of Protein Charge in Protein-Lipid Interactions. pH-dependent Changes of the Electrophoretic Mobility of Liposomes Through Adsorption of Water-Soluble, Globular Proteins. *Biochemistry*, 1993, 32(17): 4641-4649.

[44] De Meulenaer, B.; Van der Meeren, P.; De Cuyper, M.; Vanderdeelen, J.; Baert, L. Electrophoretic and Dynamic Light Scattering Study of the Interaction of Cytochrome c with Dimyristoylphosphatidylglycerol, Dimyristoylphosphatidylcholine, and Intramembranously Mixed Liposomes. *J Colloid Interf Sci*, 1997, 189(2): 254-258.

[45] Liu, C.; Zhang, L.; Zhu, W.; Guo, R.; Sun, H.; Chen, X.; Deng, N. Barriers and Strategies of Cationic Liposomes for Cancer Gene Therapy. *Molecular Therapy-Methods & Clinical Development*, 2020, 18: 751-764.

[46] Zelphati, O.; Uyechi, L. S.; Barron, L. G.; Szoka Jr, F. C. Effect of Serum Components on the Physico-Chemical Properties of Cationic Lipid/Oligonucleotide Complexes and on Their Interactions with Cells. *BBA-Lipid Lipid Met*, 1998, 1390(2): 119-133.

[47] Birchall, J. C.; Kellaway, I. W.; Mills, S. N. Physico-chemical Characterisation and Transfection Efficiency of Lipid-based Gene Delivery Complexes. *Int J Pharm* 1999, 183(2): 195-207.

[48] Sarode, A.; Fan, Y.; Byrnes, A. E.; Hammel, M.; Hura, G. L.; Fu, Y.; Kou, P.; Hu, C.; Hinz, F. I.; Roberts, J.; Koenig, S. G. Predictive High-Throughput Screening of Pegylated Lipids in Oligonucleotide-Loaded Lipid Nanoparticles for Neuronal Gene Silencing. *Nanoscale Adv*, 2022, 4(9): 2107-2123.

[49] Woodle, M. C.; Collins, L. R.; Sponsler, E.; Kossovsky, N.; Papahadjopoulos, D.; Martin, F. J. Sterically Stabilized Liposomes. Reduction in Electrophoretic Mobility but not Electrostatic Surface Potential. *Biophys J*, 1992, 61(4): 902-910.

[50] Sadzuka, Y.; Hirota, S. Physical Properties and Tissue Distribution of Adriamycin Encapsulated in Polyethyleneglycol-Coated Liposomes. *Adv Drug Deliver Rev*, 1997, 24(2-3): 257-263.

[51] Kuhl, T. L.; Leckband, D. E.; Lasic, D. D.; Israelachvili, J. N. Modulation of Interaction Forces Between Bilayers Exposing Short-chained Ethylene Oxide Headgroups. *Biophys J*, 1994, 66(5): 1479-1488.

[52] Myers, D. *Surfaces, Interfaces, and Colloids*, Vol 415, Wiley, 1999.

[53] Furlong, D. N.; Sing, K. S. W.; Parfitt, G. D. The Precipitation of Silica on Titanium Dioxide Surfaces: I. Preparation of Coated Surfaces and Examination by Electrophoresis. *J Colloid Interf*

Sci, 1979, 69(3): 409-419.

[54]　Babler, F. Copper Phthalocyanine Pigment. *U. S. Patent 5931997*, 1999.

[55]　Cowley, A. C. D. Economic Benefits Introduced by Hyperdispersants. *Pigm Resin Technol*, 1987, 16(2): 22-23.

[56]　Croucher, M. D.; Drappel, S.; Duff, J.; Lok, K.; Wong, R. W. Material and Physicochemical Properties of Electrostatically-Based Liquid Developers. *Colloid Surface*, 1984, 11(3-4): 303-322.

[57]　Kornbrekke, R. E.; Morrison, I. D.; Oja, T. Electrophoretic Mobility Measurements in Low Conductivity Media. *Langmuir*, 1992, 8(4): 1211-1217.

[58]　Tosch, R.; Trauzeddel, R.; Lindqvist, U.; Virtanen, J.; Karttunen, A. Electrokinetic Investigations on Offset Material Surfaces. *American Ink Maker*, 1991, 69(10): 16-32.

[59]　Brown, G.; Newman, A. C. D.; Rayner, J. H.; Weir, A. H.; Greenland, D. J.; Hayes, M. H. B. in: *The Chemistry of Soil Constituent*s. ed.　Greenland, D. J.; Hayes, M. H. B. Wiley, 1978: 29-178.

[60]　Laudelout, H. in: *Chemistry of Clays and Clay Minerals*. ed. Newman, A. C. D. Wiley, 1978: 225-236.

[61]　Sposito, G. *The Surface Chemistry of Soils*. Oxford University Press, 1984: 234.

[62]　Sondi, I.; Juračić, M.; Pravdić, V. Sedimentation in a Disequilibrium River-dominated Estuary: the Raša River Estuary (Adriatic Sea, Croatia). *Sedimentology*, 1995, 42(5): 769-782.

[63]　*Fine-grained Sediments: Deep-water Processes and Facies*. ed. Stow, D. V.; Piper, D. W. Special Publication-Geological Society of London, 1984: 35-69.

[64]　李旺, 祖波, 李嘉雯. 电解质对三峡库区泥沙 zeta 电位及絮凝特性影响. 科学技术与工程, 2021, 21(12): 5071-5075.

[65]　周晓朋, 李怡, 李艳坤, 孙雨涵, 谭再坤, 范玮佳. 基于 zeta 电位分析的滨海淤泥质吹填土泥浆絮凝试验研究. 水道港口, 2015, 36(1): 65-71.

[66]　Sondi, I.; Pravdić, V. Electrokinetics of Natural and Mechanically Modified Ripidolite and Beidellite Clays. *J Colloid Interf Sci*, 1996, 181(2): 463-469.

[67]　Beckett, R.; Le, N. P. The Role or Organic Matter and Ionic Composition in Determining the Surface Charge of Suspended Particles in Natural Waters. *Colloid Surface*, 1990, 44: 35-49.

[68]　Kinniburgh, D. G.; van Riemsdijk, W. H.; Koopal, L. K.; Borkovec, M.; Benedetti, M. F.; Avena, M. J. Ion Binding to Natural Organic Matter: Competition, Heterogeneity, Stoichiometry and Thermodynamic Consistency. *Colloid Surface A*, 1999, 151(1-2): 147-166.

[69]　Day, G. M.; Hart, B. T.; McKelvie, I. D.; Beckett, R. Adsorption of Natural Organic Matter onto Goethite. *Colloid Surface A*, 1994, 89(1): 1-13.

[70]　Marlow, B. J.; Fairhurst, D.; Schutt, W. Electrophoretic Fingerprinting and the Biological Activity of Colloidal Indicators. *Langmuir*, 1988, 4(3): 776-780.

[71]　Prescott, J. H.; Shiau, S. J.; Rowell, R. L. Characterization of Polystyrene Latexes by Hydrodynamic and Electrophoretic Fingerprinting. *Langmuir*, 1993, 9(8): 2071-2076.

[72]　Healy, T. W.; White, L. R. Ionizable Surface Group Models of Aqueous Interfaces. *Adv Colloid Interfac*, 1978, 9(4): 303-345.

[73]　Paulke, B. R.; Möglich, P. M.; Knippel, E.; Budde, A.; Nitzsche, R.; Müller, R. H. Electrophoretic

3D-mobility Profiles of Latex Particles with Different Surface Groups. *Langmuir*, 1995, 11(1): 70-74.

[74] Donath, E.; Walther, D.; Shilov, V. N.; Knippel, E.; Budde, A.; Lowack, K.; Helm, C. A.; Möhwald, H. Nonlinear Hairy Layer Theory of Electrophoretic Fingerprinting Applied to Consecutive Layer by Layer Polyelectrolyte Adsorption onto Charged Polystyrene Latex Particles. *Langmuir*, 1997, 13(20): 5294-5305.

[75] Griimmer, G.; Knippel, E.; Budde, A.; Brockmann, H.; Treichler, J. An Electrophoretic Instrumentation for the Multi-Parameter Analysis of Cells and Particles. *Instrum Sci Technol*, 1995, 23(4): 265-276.

附录

附录1 符号与定义

此书涉及多种技术，各技术中所用的符号与定义各异，所以很多符号有多个定义，而同一定义也可能有不同符号。本表中同一符号的多重定义以分号相隔，对应于第3栏中的SI单位也以分号相隔。

符号	定义	SI单位
a	半径	m
A_c	毛细管横截面面积	m^2
A^{ap}_c	表观（外部测量）毛细管横截面积	m^2
A_{ESA}	电动声振幅	Pa
B	Kerr 常数	$m \cdot V^{-2}$
c	电解质浓度	$mol \cdot m^{-3}$
c_i	离子 i 浓度	$mol \cdot m^{-3}$
d	距离；颗粒直径	m; m
d_h	流体动力学直径	m
d^*	复数偶极子	$C \cdot m$
d^{ek}	表面与滑移面之间的距离	m
D_{eff}	离子有效扩散系数	$m^2 \cdot s^{-1}$
D_i	离子扩散系数	$m^2 \cdot s^{-1}$
D_T	颗粒扩散系数	$m^2 \cdot s^{-1}$
Du	Dukhin 数	
e	基本电荷	C
E	电场强度	$V \cdot m^{-1}$
E_{sed}	沉降电场	$V \cdot m^{-1}$
E_t	外场切向分量	$V \cdot m^{-1}$
f	形态因子；作用力	m^{-1}; N
F	法拉第常数	$C \cdot mol^{-1}$

续表

符号	定义	SI 单位
g	重力加速度	$N \cdot m^2 \cdot kg^{-2}$
$G^{(2)}(\tau)$	延迟时间 τ 的自相关函数	
h	高度（或距离，或厚度）	m
I	电流；离子强度；光强	A; $mol \cdot m^{-3}$;—
I_0	零阶第一类修正 Bessel 函数	
I_1	一阶第一类修正 Bessel 函数	
I_c	传导电流	A
I_{CV}	胶体振动电流	A
I_{see}	震电电流	A
I_{str}	流动电流	A
j^σ	表面电流密度	$A \cdot m^{-1}$
j_{str}	单位面积的流动电流	$A \cdot m^{-2}$
J_0	零阶第一类 Bessel 函数	
J_1	一阶第一类 Bessel 函数	
k_B	玻耳兹曼常数	$J \cdot K^{-1}$
K	电导率	$S \cdot m^{-1}$
$K(w)$	Clausius-Mossotti 因子	
K_0	零阶第二类修正 Bessel 函数	
K_1	一阶第二类修正 Bessel 函数	
K_L	离子溶液电导率	$S \cdot m^{-1}$
K_m	悬浮液介质电导率	$S \cdot m^{-1}$
K_p	颗粒电导率	$S \cdot m^{-1}$
$K_{p,eff}$	颗粒有效电导率	$S \cdot m^{-1}$
K_{plug}	颗粒柱塞的电导率	$S \cdot m^{-1}$
K^*	悬浮液的复电导率	$S \cdot m^{-1}$
K^σ	表面电导率	S
$K^{\sigma d}$	扩散层表面电导率	S
$K^{\sigma i}$	滞流层表面电导率	S
K_L^∞	高浓度离子溶液电导率	$S \cdot m^{-1}$
L	长度	m
L_P	水力渗透性	m^2
m	无量纲的离子迁移率	
M_H	非离子型表面活性剂亲水部分的分子量	$kg \cdot mol^{-1}$
M_T	非离子型表面活性剂的分子量	$kg \cdot mol^{-1}$
n	颗粒数量浓度	m^{-3}

符号	定义	SI 单位
N_A	阿伏伽德罗常数	mol^{-1}
n_i	离子 i 的数量浓度	m^{-3}
$n_\parallel$	平行偏振的折射率	
$n_\perp$	垂直偏振的折射率	
$n(t)$	时间 t 时的光子数	
P_a	投影面积	m^2
Q	单个颗粒的电荷	C
Q_{eo}	电渗流速	$m^3 \cdot s^{-1}$
$Q_{eo,E}$	单位电场强度的电渗流速	$m^4 \cdot s^{-1} \cdot V^{-1}$
$Q_{eo,I}$	单位电流的电渗流速	$m^3 \cdot C^{-1}$
r	球或圆柱坐标；半径	—；m
R	气体常数；表面粗超度	$J \cdot mol \cdot K^{-1}$；m
R_b	液体介质电阻	Ω
R_s	悬浮液电阻	Ω
R_s^∞	高浓度悬浮液电阻	Ω
$S(\omega)$	功率频谱	
t	时间	s
t_{cr}	震电效应测量中达到信号第一最高点的时间	s
T	热力学温度；扭矩；测量总时间	K；$N \cdot m$；s
U_{CV}	胶体振动电位	V
U_{flot}	气浮电位	V
U_{sed}	沉降电位	V
U_{str}	流动电位	V
v_e	电泳速度	$m \cdot s^{-1}$
v_{eo}	电渗速度	$m \cdot s^{-1}$
v_{sed}	沉降速度	$m \cdot s^{-1}$
v_{str}	流动液体速度	$m \cdot s^{-1}$
V	电压；体积	V；m^3
W	双电层厚度	m
Y_0	零阶第二类 Bessel 函数	
Y_1	一阶第二类 Bessel 函数	
z	对称电解质或离子所带电荷数	
z_i	离子 i 所带电荷数	
α	电离度	

续表

符号	定义	SI 单位
A	双电层极化弛豫；电解质离解度；电声中的无量纲参数	
Γ_i	劳伦兹半峰宽	s^{-1}
Δn	$n_\parallel - n_\perp$ 悬浮液的诱导双折射	
ΔP_{eo}	电渗反压	Pa
ΔP	压力差	Pa
ΔV_{ext}	外加电压差	V
$\Delta \rho$	颗粒与介质的密度差	$kg \cdot m^{-3}$
ε^*	悬浮液复介电常数	$F \cdot m^{-1}$
ε_r	介质相对介电常数	
ε_{rp}	颗粒相对介电常数	
ε_{rp}^*	颗粒相对复介电常数	
ε_0	真空介电常数	$F \cdot m^{-1}$
ζ	zeta 电位	V
ζ_{app}	未经颗粒浓度矫正的 zeta 电位	V
η	动态黏度	$Pa \cdot s$
κ	德拜长度的倒数	m^{-1}
λ	光波长	m
μ	电泳迁移率	$m^2 \cdot s^{-1} \cdot V^{-1}$
μ_+	阳离子电泳迁移率	$m^2 \cdot s^{-1} \cdot V^{-1}$
μ_-	阴离子电泳迁移率	$m^2 \cdot s^{-1} \cdot V^{-1}$
μ_{eo}	电渗迁移率	$m^2 \cdot s^{-1} \cdot V^{-1}$
μ_d	动态迁移率	$m^2 \cdot s^{-1} \cdot V^{-1}$
ρ	分散体系的密度	$kg \cdot m^{-3}$
ρ_p	颗粒密度	$kg \cdot m^{-3}$
ρ_s	介质密度	$kg \cdot m^{-3}$
σ^d	扩散层电荷密度	$C \cdot m^{-2}$
σ^i	滞流层电荷密度	$C \cdot m^{-2}$
σ^{ek}	电动电荷密度	$C \cdot m^{-2}$
σ_0	可滴定表面电荷密度	$C \cdot m^{-2}$
τ	电容紧凑度；延迟时间；响应时间	m; s; s
φ	颗粒的体积分数	
φ_{sed}	沉积层内的颗粒体积分数	
ψ	电位	V
ψ_{cr}	临界电位	V
ψ_d	扩散层电位	V
ψ_i	内亥姆霍兹面电位	V

续表

符号	定义	SI 单位
ψ_0	表面电位	V
Ω	沉积物的孔隙率；颗粒旋转的角速度	—；rad/s
ω	角频率	s^{-1}
ω_{MWO}	Maxwell–Wagner–O'Konski 特征频率	s^{-1}
ω_{ps}	预频移角频率	s^{-1}

附录2　常用物理常数

名称	符号	数值（SI 单位）	数值（cgs 单位）
阿伏伽德罗常数	N_A	$6.0221 \times 10^{23} mol^{-1}$	$6.0221 \times 10^{23} mol^{-1}$
玻耳兹曼常数	k_B	$1.3807 \times 10^{-23} m^2 \cdot kg \cdot s^{-2} \cdot K^{-1}$	$1.3807 \times 10^{-16} cm^2 \cdot g \cdot s^{-2} \cdot K^{-1}$
法拉第常数	F	$96485 C \cdot mol^{-1}$	$96485 C \cdot mol^{-1}$
牛顿重力常数	G	$6.6743 \times 10^{-11} m^3 \cdot kg^{-1} \cdot s^{-2}$	$6.6743 \times 10^{-8} cm^3 \cdot g^{-1} \cdot s^{-2}$
普朗克常数	h	$6.6261 \times 10^{-34} m^2 \cdot kg \cdot s^{-1}$	$6.6261 \times 10^{-27} cm^2 \cdot g \cdot s^{-1}$
真空中光速	c	$2.9979 \times 10^8 m \cdot s^{-1}$	$2.9979 \times 10^{10} cm \cdot s^{-1}$
真空介电常数	ε_0	$8.8542 \times 10^{-12} F \cdot m^{-1}$	$8.8542 \times 10^{-14} F \cdot cm^{-1}$
基本电荷	e	$-1.6022 \times 10^{-19} C$	$-4.8032 \times 10^{-10} cm^{3/2} \cdot g^{1/2} \cdot s^{-1}$
气体常数	R	$8.3145 J \cdot mol^{-1} \cdot K^{-1}$	$8.3145 \times 10^7 erg \cdot mol^{-1} \cdot K^{-1}$

注：法拉第常数仅用 SI 单位标注。

附录3　名词术语

A

昂萨格倒易关系（Onsager reciprocal relation）：只存在局部平衡的不平衡热力学系统中流动和力之间某些比率的相等性。命名源自美籍挪威裔物理学家，1968年诺贝尔化学奖获得者 Lars Onsager（1903—1976）。

奥氏熟化（Ostwald ripening）：表示小颗粒的溶解和溶解物质在大颗粒表面的再沉积过程。命名源自德籍俄裔化学家 Wilhelm Ostwald（1853—1932）。他是物理化学学科创始人之一，于 1909 年获得诺贝尔化学奖。

B

表面电导率（surface conductivity）：与带电表面相切的，来源于固液界面附近双电层区域中过量反离子的导电，以符号 K^σ 表示（单位：S）。

表面电荷密度（electric surface charge density）：由于液体中离子在表面的特定吸附或表面基团的解离而在单位界面面积上的电荷，以符号 σ 表示（单位：C/m^2）。

表面电位（surface potential）：表面和体液相之间的电位差，以符号 ψ_0 表示（单位：V）。

布朗运动（Brownian motion）：由介质分子的热运动引起的悬浮在液体中颗粒的随机运动，命名源自苏格兰植物学家 Robert Brown（1773—1858）。

C

沉降（sedimentation）：黏性液体中颗粒在重力场或离心场作用下的定向运动。

沉降电位（sedimentation potential）：悬浮液中的颗粒在重力作用下沉降时，两个相距一定垂直距离的电极之间的电位差，以符号 U_{sed} 表示（单位：V）。

D

德拜长度（Debye length）：电解质溶液中双电层的特征厚度，以 $1/\kappa$ 表示（单位：m）。命名源自美籍荷兰裔化学与物理学家、1936 年诺贝尔化学奖获得者 Petrus Debije（即 Peter Debye，1884—1966）。

德拜-休克尔近似（Debye-Hückel approximation）：颗粒表面电位较低时的双电层模型。命名源自 Peter Debye 与德国物理学家 Erich Hückel（1896—1980）。

等电点（isoelectric point）：对应于零 zeta 电位的液体介质条件，通常是 pH 值或其他的离子类型与浓度。

等效球直径（equivalent spherical diameter）：具有与被测颗粒相同物理特性的球的直径，以符号 d 表示（单位：m）。

电动电荷密度（electrokinetic charge density）：由于体液相中相反电荷的累积对表面电荷密度进行了部分补偿后，在滑移面（剪切面）的单位面积上产生的有效电荷密度，以符号 σ^{ek} 表示（单位：C/m^2）。

电动或动电现象(electrokinetic phenomena)：带电表面在液体中与液体的相对运动。

电动声振幅（electrokinetic sonic amplitude，ESA）：悬浮液中电场强度 E 的交流电场产生的声波振幅（单位：Pa）。

电化学宏观动力学（electrochemical macrokinetics）：研究往往是处在不均匀的场内，并且有些还处于热力学不平衡状态的物体，它们的极化特性以及电导和扩散因子对系统的分布参数有综合性的影响。

电扩散电泳（electrodiffusiophoresis）：由外部均匀电场引起的颗粒分散在液体中的运动，使其类似于电泳。

电黏效应（electroviscous effect）：由颗粒的表面电位和介质的离子特性造成悬浮液的黏度与分散液的黏度不同。

电渗（electroosmosis）：外加电场导致液体在带电表面（例如不动的颗粒、多孔塞、毛细管或膜）的运动。此运动是外加电场对液体中的反离子施加力的结果。

电渗反压（electroosmotic counter-pressure）：施加在整个系统上以阻止电渗流动的压差。如果高压位于高电位一侧，则电渗反压为正值，以符号ΔP_{eo}表示（单位：Pa）。

电渗速度（electroosmotic velocity）：远离带电界面液体的匀速运动，以符号v_{eo}表示（单位：m/s）。

电声现象（electroacoustic phenomena）：电声现象是由超声场和含有离子的液体中的电场之间的耦合引起的。这两个场的任何一个都可以成为主要驱动力。液体可以是简单的牛顿液体或复杂的多相分散体、乳液。取决于液体的性质和驱动力的类型，有几种不同的电声效应。

电双折射（electric birefringence）：施加在光学各向异性颗粒上的电场生成的扭矩导致它们的定向，从而影响悬浮液的折射率。

电旋转（electrorotation）：在一旋转电场或不均匀电场内颗粒的转动。

电泳（electrophoresis）：液体中的带电颗粒或聚电解质在外加电场下的运动。

电泳迁移率（electrophoretic mobility）：单位电场强度下颗粒的电泳速度。如果颗粒向低电位（负电极）移动，电泳迁移率为正，反之为负，以符号μ表示[单位：$m^2/(V \cdot s)$]。

电泳速度（electrophoretic velocity）：颗粒电泳时的运动速度，以符号v_e表示（单位：m/s）。

电震效应（electroseismic effect）：高频电场作用下多孔体中产生的非等容电渗压力波。

DLVO：为俄国化学家 Boris Derjaguin（1902—1994），俄国物理学家、1962 年诺贝尔物理学奖获得者 Lev Landau（1908—1968），荷兰化学家 Evert Verwey（1905—1981），荷兰物理化学家 Theodoor Overbeek（1911—2007）的姓氏的首字母缩写。这四位科学家提出了 DLVO 理论。

动态黏度（dynamic viscosity）：牛顿液体的流动阻力特性，通过剪切应力与层流在预设剪切应力或应变下的剪切速率之比计算，以符号η表示（单位：$Pa \cdot s$）。

动态迁移率（dynamic mobility）：高频（MHz）电场中单位电场强度的电泳速

度，以符号μ_d表示[单位：$m^2/(V \cdot s)$]。

Dukhin 数（Dukhin number）：表征表面电导率对电动和电声现象以及非均匀系统的电导率和介电常数的贡献的无量纲数，以符号Du表示。命名源自美籍俄国裔化学家 Stanislav Dukhin。

多普勒位移（Doppler shift）：在波源与观察者有相对运动时观察到的波频率或波长的变化。命名源自奥地利数学与物理学家 Christian Doppler（1803—1853）。

F

反向毛细管电渗（reverse capillary osmosis）：当较高浓度的液体加压通过膜孔时，由浓度差产生的毛细管电渗而导致的液体流动。

范德华力（van der Waals force）：原子或分子之间与距离相关的相互作用力，包括原子、分子和表面之间的吸引力和排斥力，以及其他分子间作用力。命名源自荷兰理论物理学家、1910 年诺贝尔物理学奖获得者 Johannes van der Waals（1837—1923）。

非平衡电表面现象（nonequilibrium electric surface phenomena，NESP）：由双电层的非平衡状态引起的胶体电化学现象。

非周期性电泳（aperiodic electrophoresis）：外加电场是非周期性的交流电场，导致颗粒的电泳漂移，可用来分离颗粒。

分散（dispersion）：指任何相（固体、液体或气体）在另一不同成分或状态的连续相中的不连续均匀分布。固体颗粒分散在液体中的分散体系称为悬浮液；由两个或多个不互溶的液相组成的分散体系称为乳状液；气体分散在液体中的分散体系称为（含）泡液。

分散剂（dispersant）：能够促进分散体系形成的物质。

G

固体颗粒沉淀（deposit of solid particles）：悬浮液中颗粒沉降在固体支撑物上所形成的沉淀物。

广义标准电动模型（generalized standard electrokinetic model，GSEM）：在标准电动模型的基础上考虑滑移面靠近界面一边的传导而且在分子水平上没有表面光滑度的要求。

H

滑移面/剪切面（slipping plane，shear plane）：在剪切力的作用下，液体/固体界面附近液体相对于表面滑动的抽象平面。

I

离子振动电流（ion vibration current，IVI）：由于阴离子和阳离子之间的有效质量或摩擦系数的差异，超声波中不同位移振幅产生的交流电流（单位：A）。

J

Janus 颗粒（Janus particle）：两半有完全不同电性质的球状或雪人状颗粒，往往一半是亲水的，一半是疏水的。命名源自罗马两面神 Janus。

胶体振动电流（colloid vibration current，CVI）：悬浮液中两个电极之间受到超声波场的作用所产生的交流电流（单位：A）。

胶体振动电位（colloid vibration potential，CVP）：悬浮液中两个电极之间受到超声波场的作用所产生的交流电压（单位：V）。

介电电泳（dielectrophoresis）：在随时间变化的非均匀电场中颗粒的平移运动。

介电色散（dielectric dispersion）：分散体系的介电常数和/或电导率对所施加电场频率的依赖性。

聚集体（aggregate）：强束缚或融合在一起的颗粒构成的新颗粒，其外表面积可能显著小于其单个颗粒表面积的总和。

K

颗粒（particle）：有明确物理边界的微小物质。

克劳修斯-莫索提因子（Clausius-Mossotti relation）：材料的相对介电常数与其组成的原子和/或分子或其均匀混合物的原子极化率之间的关系。命名源自德国物理学家 Rudolf Clausius（1822—1888）与意大利物理学家 Ottaviano-Fabrizio Mossotti（1791—1863）。

Kerr 常数（Kerr constant）：光学各向异性物质在电场中由于偏转而与电场二次方成正比的电感应双折射现象，称为 Kerr 电光效应。Kerr 常数是双折射与电场二次方的正比常数，以符号 B 表示（单位：e.s.u.，即电荷静电单位）。命名源自苏格兰物理学家 John Kerr（1824—1907）。

孔（pore）：深度大于宽度的空腔或通道，否则是材料粗糙度的一部分。

孔径（pore size）：内部孔隙宽度（例如，圆柱形孔隙的直径或狭缝相对壁之间的距离），它是多孔材料内部各种尺寸的空隙的代表值，以符号 d 表示（单位：m）。

孔隙率（porosity）：孔隙和空隙的体积与整个物体所占体积的比值。

扩散系数（diffusion coefficient）：单位时间内质点的均方位移，以符号 D_T 表示，（单位：m^2/s）。

扩散泳（diffusiophoresis）：在有溶质浓度梯度的介质中颗粒由于扩散层极化而产生的电泳。

L

雷诺数（Reynolds number）：惯性力与黏滞力之比构成的无量纲数，以符号 Re 表示。命名源自爱尔兰科学家 Osborne Reynolds（1842—1912）。

离心电位（centrifugation potential）：悬浮液中的颗粒在离心力作用下沉降时，两个在离心力方向相距一定距离的电极之间的电位差，以符号 U_{cen} 表示（单位：V）。

粒度分布（particle size distribution）：作为粒度函数的颗粒分布情况。

粒径（particle size）：特定方法和条件下测量得到的颗粒的线性尺度，以符号 d 表示（单位：m）。

临界胶束浓度（critical micelle concentration，cmc）：表面活性剂形成胶束的最低浓度（单位：mol/L）。

零电荷点（point of zero charge）：表面电位为零的点。

流动电流（streaming current）：多孔体中的液体在压力梯度下运动而产生的电流，以符号 I_{str} 表示（单位：A）。

流动电流耦合系数（streaming current coupling coefficient）：由所测的流动电流与外加压力梯度的线性关系的斜率决定的电动现象，以符号 $I_{str}/\Delta P$ 表示（单位：A/Pa）。

流动电位（streaming potential）：由液体在压力梯度下通过毛细管、塞子、隔膜或膜产生的零电流时的电位差，以符号 U_{str} 表示（单位：V）。

流动电位耦合系数（streaming potential coupling coefficient）：由所测的流动电位与外加压力梯度的线性关系的斜率决定，以符号 $U_{str}/\Delta P$ 表示（单位：V/Pa）。

流动振动电流（streaming vibration current，SVI）：超声波通过多孔体时产生的流动电流。当声波以倾斜角度在非孔材料表面反弹时，也可以观察到类似效果（单位：A）。

M

马兰戈尼效应（Marangoni effect）：当一种液体的液膜受外界扰动时（如温度、浓度），它会在表面张力梯度的作用下形成 Marangoni 液流，使液体从低表面张力区域流向高表面张力区域。命名源自意大利物理学家 Carlo Marangoni（1840—1925）。

麦克斯韦-瓦格纳弛豫频率（Maxwell-Wagner relaxation frequency）：与在颗粒

双电层厚度尺度上的离子扩散有关的弛豫频率。命名源自苏格兰数学家 James Maxwell（1831—1879）和德国工程师 Karl Wagner（1883—1953）。

毛细管电渗（capillary osmosis）：双电层附近的液体由于其电解质浓度梯度诱导的电场而产生的电渗。

N

纳维尔-斯托克斯方程（Navier-Stokes equation）：描述黏性不可压缩流体的运动，在数学上表示牛顿流体的动量守恒和质量守恒。自然界中有大量的物理模型，其主部均为 Navier-Stokes 方程，是当今非线性科学研究中最重要的物理模型之一。命名源自法国机械工程师 Claude-Louis Navier（1785—1836）与爱尔兰物理与数学家 George Stokes（1819—1903）。

能斯特-普朗克方程（Nernst-Planck equation）：一个质量守恒方程，用于描述带电化学物质在流体介质中的运动。它扩展了 Fick 扩散定律，适用于扩散颗粒也通过静电力相对于流体移动的情况。命名源自德国化学家、1920 年诺贝尔化学奖获得者 Walter Nernst（1864—1941），与德国理论物理学家、1918 年诺贝尔物理学奖获得者 Max Planck（1859—1947）。

凝聚/聚并（coalescence）：两个颗粒接触时边界消失（通常是液滴或气泡），或者一个颗粒融入颗粒群发生形状改变导致总面积减少的现象。

O

偶极电泳（dipolophoresis）：在导电液体中极性颗粒同时产生的诱导电荷电泳和介电电泳运动。

P

佩克莱数（Péclet number）：一个在连续传输现象研究中经常用到的无量纲数，以符号 Pe 表示。其物理意义为对流速率与扩散速率之比，其中扩散速率是指在一定浓度梯度驱使下的扩散速率。命名源自法国物理学家 Jean Péclet（1793—1857）。

泊松-玻耳兹曼方程（Poisson-Boltzmann equation）：用来计算电解质溶液中离子浓度和电荷密度分布的微分方程。命名源自法国数学与物理学家 Siméon Poisson 与奥地利物理学家 Ludwig Boltzmann（1844—1906）。

泊松方程（Poisson's equation）：数学中一个常见于静电学、机械工程和理论物理的偏微分方程。命名源自法国数学与物理学家 Siméon Poisson（1781—1840）。

Q

亲水亲油平衡（hydrophile lipophile balance，HLB）值：非离子型表面活性剂中亲水基分子量 M_H 与总分子量 M_T 比值的 20 倍，即 HLB=20×（M_H/M_T）。

R

溶剂泳（solvophoresis）：混合溶剂梯度造成的颗粒电泳。

乳析（creaming）：由分散相（液滴）的密度低于连续相的密度而造成的乳浊液中分散相的上升（分离）。

S

上浮（flotation）：当分散体系中的颗粒密度低于连续相密度时，固体分散相向液态连续相顶端迁移的过程。

双电层（electric double layer，EDL）：当物体与液体接触时出现在物体表面和附近的电荷空间分布。

水化动力学直径（hydrodynamic diameter）：液体中颗粒的等效球直径，其扩散系数与液体中的真实颗粒相同，以符号 d 表示（单位：m）。

Stern 电位（Stern potential）：特殊吸附离子层外边界上的电位，也称为扩散层电位，以符号 ψ_d 表示（单位：V）。命名源自美籍德国裔物理学家、1943 年诺贝尔物理学奖获得者 Otto Stern（1888—1969）。

T

团聚体（aggregate）：弱或中等强度结合的颗粒集合，其产生的外表面积与单个颗粒的表面积之和相似。

X

絮凝（flocculation）：分散体系中的颗粒组装成松散的结构，这些结构通过弱物理相互作用保持在一起。

絮状物（floc）：具有高空隙率的松散结构的颗粒集合。

Y

阳离子交换容量（cation exchange capacity，CEC）：在给定的温度、压力、溶液组成和土壤-溶液质量比条件下，黏土矿物可以与其他阳离子交换的过量阳离子的量（单位：mmol/g）。

Z

zeta 电位（zeta potential）：滑移面处的电位与体液相的电位差，以符号 ζ 表示（单位：V）。

震电电流（seismoelectric current）：当超声波传播时，在液体多孔体中产生的非等轴流电流。在无孔表面，当声波以倾斜角度反弹时，也有类似的效果，以符号 I_{see} 表示（单位：A）。

注：有些名词尚无标准中文译法。中文解释源自多种参考资料，来源不一一列举。

附录4　常用液体的物理常数

1.水

（1）折射率

折射率是电磁波的波长或相速在物质中与在真空中之比。它是波长、温度和压力的函数。对于有吸收的物质，复数折射率 $m = n-ik$ 与吸收系数 k 相关，实部表示折射，虚部表示吸收。以下描述水的折射率作为波长（λ，μm）和温度函数的经验方程，适用的温度范围为 0~50℃，波长范围为 0.4~0.7μm[1]。与《CRC 化学与物理手册》[2]中的数字值相比，此公式计算的值精确到 5 位有效数字。

$$n(\lambda,t) = \left(1.75648 - 0.013414\lambda^2 + \frac{0.0065438}{\lambda^2 - 0.11512^2}\right)^{0.5} + 0.00204976 -$$
$$10^{-5}\left[0.124(t-20) + 0.1993(t^2 - 20^2) - 0.000005(t^4 - 20^4)\right]$$

式中，n 为折射率；t 为温度。

（2）黏度

黏度是衡量流体对流动的抵抗力指标，它描述移动流体的内部摩擦。动力黏度的 SI 单位是 Pa·s，或者较小的单位 mPa·s；CGS 单位是 P，或者更常用的 cP（因为水在 20℃的黏度约为 1cP)。它们之间的换算为 1cP = 10^{-2}P = 10^{-3}Pa·s = 1mPa·s。运动黏度是黏度与密度之比，SI 单位为 m^2/s。以下经验方程是温度范围为 5~125℃内水的黏度 η_t（单位为 cP）计算方法[3]。

$$\lg \eta_t = \frac{1301}{998.333 + 8.1855(t-20) + 0.00585(t-20)^2} - 1.30103$$

（3）介电常数

介电常数（D）是衡量某种物质在给定电场中与空气相比所能承受的电荷量的指标。以下经验方程适用于温度范围 0~60℃之间[4]。从公式计算的值与《CRC 化学与物理手册》[2]中的数字值相比，此公式计算的值精确到 4 位有效数字。

$$D = 78.30\left[1 - 4.579 \times 10^{-3}(t-25) + 1.19 \times 10^{-5}(t-25)^2 - 2.8 \times 10^{-8}(t-25)^3\right]$$

2.其他液体

附表 1 列出其他一些常见液体的几个颗粒表征中常用的物理常数。

附表 1　液体的一些物理常数

液体英文名	液体中文名	黏度测定温度/℃	黏度/(mPa·s)	折射率（20℃，钠 D 线）	相对介电常数（20℃）
1,1,2,2-tetrabromoethane	1,1,2,2-四溴乙烷	25	9.00	1.6380	7.0
1,1,2,2-tetrachloroethane	1,1,2,2-四氯乙烷	15	1.844	1.4944	7
1,2-dichloroethane	1,2-二氯乙烷	25/50	0.464/0.362	1.4443	9.3
1,2-propanediol	1,2-丙二醇	25	40.4	1.4324	32
1-octanol	正辛醇	25/50	7.288/3.232	1.4293	10
1-propyl alcohol	1-丙醇	20/30	2.23/1.72	1.3854	20
2,2,4-trimethylpentane	2,2,4-三甲基戊烷	20	0.5	1.3916	1.94
2-ethoxyethanol	2-乙氧基乙醇	20	1.72	1.402	16.9
2-propyl alcohol	2-丙醇	15/30	2.86/1.77	1.377	18
acetaldehyde	乙醛	10/20	0.255/0.22	1.3316	22
acetic acid	乙酸	18/25	1.30/1.16	1.3718	6.15
acetic anhydride	乙酸酐	18/50	0.90/0.62	1.3904	20
acetone	丙酮	20/25	0.326/0.316	1.3589	20.7
acetonitrile	乙腈	20/25	0.360/0.345	1.3460	37.5
acetophenone	苯乙酮	20/25	1.8/1.62	1.5342	17.4
allyl alcohol	烯丙醇	20/30	1.363/1.07	1.4135	22
amyl acetate(iso)	乙酸异戊酯	20	0.867	1.4012	7.252
aniline	苯胺	20/50	4.40/1.85	1.5863	6.89
anisole	茴香醚	20	1.32	1.5179	4.3
benzaldehyde	苯甲醛	20/25	1.6/1.35	1.5463	17.8
benzene	苯	20/50	0.652/0.436	1.5011	2.28
benzyl alcohol	苯甲醇	20/50	5.8/2.57	1.5396	13.1

液体英文名	液体中文名	黏度测定温度/℃	黏度/(mPa·s)	折射率（20℃,钠D线）	相对介电常数（20℃）
benzylamine	苄胺	20	1.59	1.5401	4.6
bromobenzene	溴苯	15/30	1.196/0.985	1.5602	5.5
bromoform	溴仿	15/25	2.15/1.89	1.5980	4.4
carbon disulfide	二硫化碳	20/40	0.363/0.330	1.6280	2.64
carbon tetrachloride	四氯化碳	20/50	0.969/0.654	1.4630	2.24
castor oil	蓖麻油	25	600	1.47	4.0
chlorobenzene	氯苯	20/50	0.799/0.58	1.5248	2.71
chloroform	氯仿	20/25	0.580/0.542	1.4464	4.81
cyclohexane	环己烷	17/20	1.02/0.696	1.4264	2.02
cyclohexanol	环己醇	25/50	47.5/12.3	1.4655	15
cyclohexanone	环己酮	15/30	2.453/1.803	1.451	18.3
cyclohexene	环己烯	20/50	0.696/0.456	1.4451	2.02
cyclopentane	环戊烷	20	0.44	1.406	1.97
delphi liquid	德尔福液体	20		1.2718	
dibutyl phthalate	邻苯二甲酸二丁酯	25/50	16.6/6.47	1.4900	约为8
dichloromethane	二氯甲烷	15/30	0.449/0.393	1.4244	9.09
diethylamine	二乙胺	25	0.346	1.3864	3.7
dimethyl sulfate	硫酸二甲酯	15/30	2.0/1.57	1.3874	55
dimethyl sulfoxide	二甲基亚砜	25	2.0	1.47	4.7
dimethylaniline	二甲基苯胺	20/50	1.41/0.9	1.5582	4.4
dimethylformamide	二甲基甲酰胺	25	0.802	1.42	36.7
dioxane	二噁烷	15/25	1.44/1.177	1.4175	2.2
ether (diethyl)	乙醚（二乙基）	20/25	0.233/0.222	1.3497	4.3
ethyl acetate	乙酸乙酯	20/25	0.455/0.441	1.3722	6.0
ethyl alcohol	乙醇	20/30	1.2/1.003	1.3611	25
ethyl benzene	乙苯	17/25	0.691/0.640	1.49	2.5
ethyl bromide	乙基溴	20/25	0.402/0.374	1.4239	4.9
ethylene bromide	溴化乙烯	20	1.721	1.5379	
ethylene glycol (10%)	乙二醇(10%)	20/30	0.812/0.699		
ethylene glycol (20%)	乙二醇(20%)	20/30	1.835/1.494		
ethylene glycol (50%)	乙二醇(50%)	20/30	4.2/3.11		
ethylene glycol (70%)	乙二醇(70%)	20/30	7.11/5.04		
ethylene glycol (100%)	乙二醇(100%)	20/30	19.9/12.2	1.4310	38.7
formamide	甲酰胺	20/25	3.76/3.30	1.4453	84
formic acid	甲酸	20/50	1.80/1.03	1.3714	58
freon (11 and 113)	氟里昂(11 和 113)	25	0.415	1.36	3.1
furfural	糠醛	20/25	1.63/1.49	1.5261	42

液体英文名	液体中文名	黏度测定温度/℃	黏度/(mPa·s)	折射率（20℃，钠 D 线）	相对介电常数（20℃）
glycerin (10%, quality score)	甘油(10%，质量分数)	20/25	1.311/1.153	1.3448	
glycerin (20%, quality score)	甘油(20%，质量分数)	20/25	1.769/1.542	1.3575	
glycerin (40%, quality score)	甘油(40%，质量分数)	20/25	3.750/3.181	1.3841	
glycerin (100%, quality score)	甘油(100%，质量分数)	20/25	1499/945	1.4729	42.5
heptane	庚烷	20/25	0.409/0.386	1.3876	1.92
hexane	己烷	20/25	0.326/0.294	1.3754	1.89
iodoethane	碘乙烷	25/50	0.556/0.444	1.5168	7.4
isobutyl alcohol	异丁醇	15/20	4.703/3.9	1.3968	15.8
isopar G	Isopar G	20/40	1.49/1.12	1.4186	2.0
isopar M	Isopar M	37.8	34~36.5	1.4362	
isopentane	异戊烷	20	0.223	1.3550	
isopropyl alcohol	异丙醇	15/30	2.86/1.77	1.377	18
isopropyl ether	异丙醚	25/50	0.396/0.304	1.3680	3.85
iso-propylacetate	乙酸异丙酯	20	0.525	1.377	
m-bromoaniline	间溴苯胺	20	6.81	1.6260	13
methanol	甲醇	20/25	0.597/0.547	1.3312	33.6
methyl acetate	醋酸甲酯	20/40	0.381/0.320	1.3614	7
methyl acetate	醋酸甲酯	20/50	0.381/0.286	1.3594	6.7
methyl cyclohexane	甲基环己烷	25/50	0.679/0.501	1.4253	2
methyl ethyl ketone	甲乙酮	20/50	0.42/0.31	1.38	19
methyl iodide	甲基碘	20	0.500	1.5293	7.0
methyl isobutyl ketone	甲基异丁基酮	20/50	0.579/0.542	1.396	18
methylene chloride	二氯甲烷	15/30	0.449/0.393	1.4237	9.08
m-toluidine	间甲苯胺	20	0.81	1.5711	6.0
m-xylene	间二甲苯	15/20	0.650/0.620	1.4972	2.37
n-amyl alcohol	正戊醇	15/30	4.65/2.99	1 4099	13.9
n-butyl acetate	乙酸正丁酯	20	0.73	1.3951	5.0
n-butyl alcohol	正丁醇	20/50	2.948/1.42	1.3993	17.8
n-decane	正癸烷	20/50	0.92/0.615	1.4120	2.0
nitrobenzene	硝基苯	20/50	2.0/1.24	1.5529	35
nitromethane	硝基甲烷	20/25	0.66/0.620	1.3818	39.4
n-nonane	正壬烷	20/50	0.711/0.492	1.4054	1.972
n-octane	正辛烷	20/50	0.542/0.389	1.3975	2.0
n-pentane	正戊烷	0/20	0.277/0.240	1.3570	1.84
n-propylacetate	乙酸正丙酯	20/50	0.537/0.39	1.384	6.3
o-dichlorobenzene	邻二氯苯	25	1.32	1.5515	99

液体英文名	液体中文名	黏度测定温度/℃	黏度/(mPa·s)	折射率（20℃，钠D线）	相对介电常数（20℃）
o-nitrotoluene	邻硝基甲苯	20/40	2.37/1.63	1.5474	27.4
o-toluidine	邻甲苯胺	20	0.39	1.5728	6.34
o-xylene	邻二甲苯	16/20	0.876/0.810	1.5055	2.568
propyl bromide	丙基溴	20	0.524	1.4341	7.2
propylene glycol (10%)	丙二醇(10%)	20/30	1.5/1.2	1.344	
propylene glycol (20%)	丙二醇(20%)	20/30	2.18/1.59	1.355	
propylene glycol (30%)	丙二醇(30%)	20/30	3.0/2.1	1.367	
propylene glycol (100%)	丙二醇(100%)	20/40	56/18	1.433	
p-toluidine	对甲苯胺	20	0.80	1.5532	6.0
p-xylene	对二甲苯	16/20	0.696/0.648	1.4958	2.27
pyridine	吡啶	20	0.95	1.5102	12.5
sec-butyl alcohol	仲丁醇	25/50	3.096/1.332	1.3954	15.8
styrene (vinyl benzene)	苯乙烯(乙烯基苯)	20/50	0.749/0.502	1.55	2.4
sulfuric acid	硫酸	20	0.254	1.8340	84
tert-butyl alcohol	叔丁醇	25/50	4.312/1.421	1.3847	11.5
tetrachloroethylene	四氯乙烯	15	0.93	1.5044	2.5
tetradecane	十四烷	20/50	2.31/1.32	1.429	
tetrahydrofuran	四氢呋喃	20/30	0.575/0.525	1.40	7.6
toluene	甲苯	20/30	0.590/0.526	1.4969	2.4
trichloroethane	三氯乙烷	20	0.2	1.4377	7.5
trichloroethylene	三氯乙烯	20	0.57	1.4784	3.4
triethylamine	三乙胺	25/50	0.347/0.273	1.4003	2.4
water	水	20/25	1.002/0.8904	1.3330	80.2

参考文献

[1] *International Critical Tables of Numerical Data, Physics, Chemistry And Technology*, National Research Council (U.S.), McGraw-Hill, New York, 1926-30.

[2] *CRC Handbook of Chemistry and Physics*，CRC Press, Boca Raton, 2020.

[3] Hardy, R. C., Cottington, R. L. Viscosity of Deuterium Oxide and Water in the Range 5 to 125 C, *J Res NBS*, 1949, 42: 573-578.

[4] Maryott, A.A., Smith, E.R. *Table of Dielectric Constants of Pure Liquids*, NBS Cir. 514, 1951.

附录 5　常用分散剂

常用名称	类型	中文名称	英文名称
aerosol OT	阴	琥珀酸二异辛酯磺酸钠	dioctyl sulfosuccinate sodium salt
calgon	阴	六偏磷酸钠	sodium hexametaphosphate
chelaplex Ⅲ, komplexon Ⅲ, trilon BD	阴	乙二胺四乙酸二钠	disodium dihydrogen ethylene diamine tetra acetate dihydrate
CTAB	阳	十六烷基三甲基溴化铵	cetyl trimethyl ammonium bromide
CTAC	阳	十六烷基三甲基氯化铵	cetyl trimethyl ammonium chloride
daxad 19, lomar PW	阴	聚萘磺酸钠	sodium salt of polynaphthalene sulfonate
daxad 30	阴	聚甲基丙烯酸钠	sodium polymethacrylate
DTAB	阳	十二烷基三甲基溴化铵	decyl trimethyl ammonium bromide
dispersol T	阴	硫酸钠与甲醛萘磺酸钠缩合物的混合物	a mixture of sodium sulfate and a condensate of formaldehyde with sodium naphthalene sulfonate
emulgator E30, mersolat H	阴	氯化硫皂化石蜡油	sulfochlorinated saponified paraffin oils
ethomeen C/15	阳	椰子油胺加合 15 种环氧乙烷	coconut oil amine adduct with 15 ethylene oxide groups
igepal CA-630	非	辛基苯氧基聚乙氧基乙醇	octyl phenoxy polyethoxy ethanol
igepon T	阴	N-甲基-N-油酸钠	sodium N-methyl-N-oleoyltaurate
nacconol 90F	阴	烷基芳基磺酸钠	alkylaryl sulfonate sodium salt
neodol 91-6	非	C_9~C_{11}的线性伯醇乙氧基化物	C_9~C_{11} linear primary alcohol ethoxylate
OLOA 1200	非	聚异丁烯丁二酰亚胺	polyisobutene succinimide
renex 648	非	壬基酚聚氧乙烯醚	nonylphenol ethoxylates
saponin K	非	石油皂+三氯乙烯	petrol soap + trichlorethylene
SDS	阴	十二烷基磺酸钠	sodium dodecyl sulfate
SLS	阴	十二烷基硫酸钠	sodium lauryl sulfate
Span 20	非	山梨醇酐单月桂酸酯	sorbitan monolaurate
Span 40	非	山梨醇酐单棕榈酸酯	sorbitan monopalmitate
Span 60	非	山梨醇酐单硬脂酸酯	sorbitan monostearate
Span 80	非	山梨醇酐单油酸酯	sorbitan monooleate
Sterox	非	聚氧乙烯硫醚	polyoxyethylene thioether
Tamol SN	阴	缩合磺酸钠	sodium salt of condensed sulfonic acid
Teepol	阴	十二烷基苯磺酸钠（主要成分）	sodium dodecyl benzene sulfonate (main component)
Triton X-100	非	聚乙二醇辛基苯基醚	octylphenol ethylene oxide condensate
Tween 20	非	聚氧乙烯山梨糖醇酐单月桂酸酯	polyoxyethylene sorbitan monolaurate
Tween 80	非	聚氧乙烯山梨糖醇酐单油酸酯	polyoxyethylene sorbitan monooleate

注：阴—阴离子表面活性剂；阳—阳离子表面活性剂；非—非离子表面活性剂。